JN202329

最新 橋構造 第3版

倉西　茂・中村俊一　共著

森北出版株式会社

再改訂にあたって

前回の改訂より 15 年を経た．当時は本州四国連絡橋や東京湾アクアラインの建設をはじめとする新設橋梁工事が盛んであったが，現在は既設橋梁の維持・管理・補修に重点がおかれる傾向にある．また，東日本大地震や熊本地震を経験し，津波が構造物に与えた甚大な被害，構造物とそれを支える地盤との境界面における崩壊など，これまでに想定していなかった弱点が露呈した．さらに，道路橋示方書における設計手法が，許容応力度設計法から限界状態設計法，および部分係数法に大きく変更された．

橋梁の構造原理は不変であり，初版より丁寧に記述しており，変更する必要は少ない．一方，設計法に関しては，前版では許容応力度に基づく記述が主体であった．そこで，おもに限界状態設計法および部分係数法に基づく設計手法を解説するため，再改訂することとした．これらの新しい設計法に関しては，初学者のみならず橋梁設計実務者も不慣れであるため，その考え方および使い方を，例題によりわかりやすく記述したつもりである．なお，例題などについては田中寛泰博士（川田工業株式会社）に協力を得た．謝意を表する．

本書が引き続き若手の橋梁技術者および学生諸君の役に立てば，筆者の喜びである．また，改善すべき箇所があれば，知らせていただければ幸いである．

2018 年 6 月

倉西　茂・中村俊一

改訂にあたって

初版より 13 年を経たが，この間に道路橋示方書が二度大きく改訂された．兵庫県南部地震による被害を教訓として耐震設計法が修正されたこと，設計活荷重強度が増大したこと，性能照査設計法が部分的に採用されたこと，耐久性の規定が定められたこと，重力単位系から SI 単位系に変化したことなどが，大きな変更点である．もちろん橋梁の構造原理に関しての変化はないが，橋梁工学を学ぶに際し，最新の設計手法を反映させることが望ましいため，改訂を行った．また，学生および若い橋梁技術者が学びやすいよう，若干の設計例題を追加した．

なお，原著者の倉西茂に加え，中村俊一が著者に加わり，より親しみやすくなるように心がけた．本書が，橋梁工学の理解に多少なりとも役立てば幸いである．

2003 年 10 月

倉西　茂・中村俊一

序

古い昔から現在まで，川や谷あるいは海峡は，人々の社会生活にとってつねに大きな障害となっていることは疑いのないことである．その障害を克服するために橋を架けるということは，人類が行ってきた工学的大事業の一つであった．その時々の社会の要請があって橋は架設されるものであり，その建設にあたっては，まずその橋があることの社会的意義の検討から始まり，架設地点の地形，地質の適否，橋を支える基礎構造や，橋そのものをいかなる構造材料を使いどのような形態とし，十分な強度をもたせて永年の使用に耐えられるように設計するかということを，十分に考慮しなければならないのは当然のことである．

橋は工学的構造物であり，それを支えているのは橋梁工学とよばれる広い工学の一分野であるが，当然，関係してくる学問・技術は広い範囲にわたっている．たとえば，基礎構造の設計には，力学，地質学，土質工学，水理学，振動学，地震学など広い知識が必要であり，さらに，橋そのものの設計にあたって，風の影響を考えるには地球物理の知識も必要であり，塗装の選択には化学の知識も必要となる．

このように，橋梁工学は広い学問分野を包含しているが，工学が，土木，鉱山，機械，電気，化学と分かれていったように，橋梁工学も，それが関連している学問・技術が発展・分化し，それぞれの学問分野で独立して研究が行われているということができよう．しかし，橋をつくるということには多くの学問・技術の分野がつねに関係していることを念頭においておく必要があろう．

かつては多くの大学で橋梁講座が設けられていたが，現在，橋梁講座の名が残っているのは数えるほどしかないものと思われる．大学での講義でも，橋梁工学名で行われているのは，きわめて短い時間となっているのが実状であろう．そこで，このような現状を踏まえ，現時点で大学において，橋梁工学の講義をするとすれば，どのような内容のものでなければならないかを考え，その答えの一つになればと思い本書を著した．

振り返ってみると，大学での橋梁工学の講義は，ともすると，構造力学，すなわち単に応力を計算して求めるということや，設計示方書の解釈という面が非常に強かったように思える．そのために，一部の技術者には，橋梁設計は単に計算をする作業であると考えている方もおられるようだ．

そこで，本書では力学的解析に関係する面はなるべく説明を省略し，橋構造を考えるとき，そのもととなる力学的見方の説明のみにとどめた．そして，力点を橋に採用されているさまざまな構造形式がもつ力学的意味，その特性を明らかにし，さらに，それをどのように実際の形に応用するかということに重点をおいている．そして，何を考えて橋の設計を行えばよいかということを明らかにしようとしている．そのため，本書の内容の理解だけでは，現実の橋の応力計算を主とした設計作業はできないかもしれないが，そのような作業は今日ではコンピュータがする領分であり，それ以前に，設計にあたり何を考えるべきかという点のほうが，現代の技術者に課せられた任務であろう．

本書では，古い橋やその歴史にもたびたび触れるが，それは決して橋梁工学の過去を懐かしむという趣旨ではなく，人間社会にもっとも関係深い工学的構造物である橋が，過去の学問の蓄積・遺産を引き継ぎ，それをもとにして，ますます発展し，よりよい橋がますます多く架設されるのを願い，橋の設計にあたり解決すべき種々の問題に対し一つのヒントを提供するためにある．同好，同学の方々の批判をいただければ幸いである．

1990 年 8 月

仙台にて　倉西　茂

目次

第1章　序　論　1

1.1　橋とは　1
1.2　橋の簡単な歴史　2
1.2.1　古　代　2
1.2.2　中世・近世　4
1.2.3　近代以降　5
1.3　橋の構成　9
1.4　橋の種類　10
1.4.1　構造形式による名称　10
1.4.2　使用材料による名称　12
1.4.3　使用目的による名称　13
1.4.4　床構造の位置により分類した名称　14
1.4.5　橋の平面線形により分類した名称　14
1.4.6　主桁の可動法により分類した名称　14
演習問題1　15

第2章　橋の設計法　16

2.1　概　説　16
2.2　強度設計　17
2.2.1　強度設計の基本　17
2.2.2　二つの強度設計法　20
2.2.3　設計の流れ　25
2.3　性能照査設計　26
2.3.1　橋の耐荷性能に関する基本事項　27
2.3.2　橋の限界状態　28
2.3.3　鋼部材の耐荷性能の照査　28
2.4　耐久性の検討　29
2.4.1　疲労設計　29

2.4.2 防錆・防食 30
2.5 橋梁の造形 …… 30
演習問題 2 …… 31

第3章 作 用 32

3.1 作用の種類と組合せ …… 32
3.2 死荷重 …… 33
3.3 活荷重 …… 33
3.4 風荷重 …… 38
3.5 地震荷重 …… 39
3.6 温度荷重 …… 42
演習問題 3 …… 43

第4章 材 料 44

4.1 一 般 …… 44
4.2 鋼材の種類 …… 45
4.3 鋼材の切欠きぜい性 …… 47
4.4 鋼材強度の特性値 …… 47
4.5 コンクリートの強度の特性値 …… 47
4.6 木 材 …… 49
演習問題 4 …… 51

第5章 耐荷性能に関する鋼部材の設計 52

5.1 鋼部材の耐荷性能に関する基本事項 …… 52
5.2 鋼橋の限界状態 …… 52
5.3 鋼部材の耐荷性能の照査 …… 53
5.3.1 軸方向引張力を受ける部材 54
5.3.2 軸方向圧縮力を受ける部材 55
5.3.3 曲げモーメントを受ける部材 58
5.3.4 せん断力を受ける部材 60
5.3.5 軸方向力および曲げモーメントを受ける部材 61
演習問題 5 …… 64

第6章　桁　橋　65

6.1　桁橋とは …… 65
6.2　構造形状 …… 67
6.3　設　計 …… 70
　6.3.1　I形鋼桁橋　70
　6.3.2　鉄筋コンクリート橋　71
　6.3.3　プレストレスト・コンクリート橋　72
演習問題6 …… 74

第7章　プレート・ガーダー　75

7.1　プレート・ガーダーとは …… 75
　7.1.1　プレート・ガーダーの原理　75
　7.1.2　プレート・ガーダーの形態　76
　7.1.3　断面構成　79
7.2　プレート・ガーダーの設計 …… 81
　7.2.1　曲げモーメントに対する断面の決定　81
　7.2.2　せん断力に対する断面の設計　84
　7.2.3　補剛材の設計　85
　7.2.4　対傾構，横構，および横桁（荷重分配桁）の設計　85
　7.2.5　その他　86
7.3　部材の接合 …… 86
　7.3.1　溶接接合　87
　7.3.2　高力ボルトによる摩擦接合　90
演習問題7 …… 96

第8章　合成桁　97

8.1　合成桁とは …… 97
8.2　合成桁の設計 …… 100
　8.2.1　弾性設計　100
　8.2.2　ずれ止め　104
　8.2.3　終局強度設計法　105
演習問題8 …… 110

第9章 トラス橋 111

9.1 トラス橋とは ……111
9.2 トラスの形式 ……114
9.3 トラス橋の構造 ……116
9.4 トラスにはたらく応力 ……118
9.5 トラスの設計 ……119
9.5.1 設計の概要 119
9.5.2 部材力の算定（影響線解析） 120
9.5.3 部材断面の設計 122
9.5.4 格 点 123
演習問題 9 ……127

第10章 アーチ橋 128

10.1 アーチ橋とは ……128
10.1.1 アーチの原理 128
10.1.2 アーチの形状および名称 129
10.2 アーチの簡単な歴史 ……133
10.3 アーチ橋の力学的性質 ……139
10.3.1 微小変形理論による応力 139
10.3.2 アーチの変形の特徴 142
10.3.3 座 屈 143
10.3.4 アーチの振動 144
10.3.5 設計荷重に対する有限変位の影響 145
10.4 設計法 ……145
10.4.1 アーチ軸線形状 145
10.4.2 構造形式 146
10.4.3 応力解析および強度設計 148
演習問題 10 ……150

第11章 吊 橋 151

11.1 吊橋とは ……151
11.2 吊橋の力学的性質 ……156
11.2.1 ケーブル 156

11.2.2 鉛直荷重を受ける吊橋の解析 158
11.2.3 水平側方荷重を受ける吊橋の解析 159
11.2.4 吊橋の振動 160
11.3 吊橋の設計 …… 162
11.3.1 形 状 162
11.3.2 ケーブル 163
11.3.3 アンカー・フレームおよびアンカー・ブロック 165
11.3.4 主 塔 166
11.3.5 補剛桁 168
11.3.6 耐風設計 169
演習問題 11 …… 171

第 12 章 斜張橋 172

12.1 斜張橋とは …… 172
12.2 斜張橋の力学的特徴 …… 175
12.3 斜張橋の設計 …… 178
演習問題 12 …… 183

第 13 章 その他の構造 184

演習問題 13 …… 186

第 14 章 床版・床組・付属物 187

14.1 床版と床組 …… 187
14.2 付属物 …… 192
演習問題 14 …… 193

付録：構造用語解説 **194**
演習問題 解答とヒント **197**
索 引 **215**

第1章

序　論

1.1　橋とは

「橋」あるいは「橋梁」とよばれているものは，地表上の障害を越え，しかもその下方に空間をもち，人や物の移動を可能にする機能を有する，細長い構造物であるといえよう．

われわれが目にする，河川や海を渡り，あるいはほかの交通路を越えて架設されている橋の多くは水平方向に長く，しかもそれらを支持する離れ離れに設けられた構造物（下部構造とよぶ）の上に載っている．建築物が人や物を内在させ，鉛直方向に高く，しかも広く面積をとり，それらが地上に直接載っているようにみえる点で，橋と建築物との間には外見上の大きな違いがある．橋も建築物も人間生活に密接な関係をもった構造物ではあるが，その使用目的は異なっている．そのため，それぞれにより適した構造形式が用いられているのも当然である．そこで，本書は，どのような構造形式をとれば，よりよい橋を設計できるかということをおもに議論することにする．

よりよいということの判断は，人々の主観に委ねられるものではあるが，少なくとも，橋は安心して使え，使いやすく，美しく，長寿命であり，しかも経済的にできていなければならない．

安心して使えるということは，橋は自動車列や群衆のような荷重が載っても大きな変形を示さず，荷重に十分に耐えることができるということを意味している．すなわち，橋は十分な剛度*†と強度* をもっていなければならない．使いやすいということは，快適に橋を通過することができるということである．道路橋なら，自動車は大きな衝撃や振動を感じることなく，その運転になんら緊張が伴わないような線形（平面および高低形状）・構造となっていなければならない．橋は人々の共有の構造物であり，架設されている地点で一つの景観を形づくり，それをみる人たちに気持ちよさを与えなければならない．単に使用して便利であるというだけでは，公共の場所を占拠する価値はない．美しさは橋に与えられるべき素質でなければならない．しかも，

† 以降，*マークの付いた単語の詳細については，p.194 構造用語解説を参照のこと．

多くの人々の共通財産となるべきものであるから，長くその価値を失わず，維持管理が容易でなければならない．しかし，その価値以上に架設に費用がかかってはいけない．少ない費用でより数多くの橋が架設され，より多くの人に橋の便利さが享受されるべきである．

橋は，本来自然のもつ恵みと峻厳さのさまざまな様相を示す川や海に接しながら，人々の生活と密接にかかわった構造物である．橋との接し方は，人間社会の自然に対する対応の仕方を象徴しているともいえよう．どのような橋を架設するかということは，その社会の文化の反映するところとなる．

1.2　橋の簡単な歴史

1.2.1　古　代

人類がいつのころから橋を架けだしたかということについては，誰も知るすべはない．しかし，川や谷を渡る必要があれば，自然の地形を利用し，簡単に手に入る材料，木丸太や植物の繊維やかずら，あるいは石版を使って橋を架けたということは間違いないであろう．

文献に現れる最初の橋は，バビロニアのバビロンに紀元前 780 年ごろに架けられた木橋である．遺跡としてはより古く，イギリスの東部でストーン・ヘンジ時代のものともいわれる石版の橋が残されているし（写真 1.1），エジプトでもこの種の遺跡が残っている．また，こういった原始的な形式の橋は，現在でも世界各地でみることができる．構造形式としては，これらは単純支持の桁橋ということができよう．さらに，この形式は木杭や石積柱で支えられたものに進歩していき，近年まで橋構造の主流をなしていた．

一端より張り出す片持ち構造も，杖などを使用して自分の手を長くすることを古くより人は知っていたことを考えると，人々がかなり早い時期に試みていたものと考え

写真 1.1　古代の石版橋，Clapper 橋（イギリス）

写真 1.2　張出し形式の甲斐の猿橋（山梨県）

られている．しかし，両岸より張り出せる利点はあるが，固定端をつくることの困難さから，広く使用されることはなかった．わが国の甲斐（山梨県）の猿橋（写真 1.2）は，この形式の数少ない例の一つである．後で述べるカンチ・レバー形式橋（ゲルバー橋）はこの発展形式と考えられる．

人類の英知の象徴であり，その記念碑と目される，最初の秀でた工学的構造物であるアーチが誰により発明されたかについてもまったく知られていない．古代遺跡の調査から，ナイル川およびチグリス・ユーフラテス川の河口地域で葦(あし)を 2 列に植え，互いに穂先を結び，これを泥で固めたのがアーチ形状のものの始まりと考えられている．これが人類最初の文明の起こった地域の一つ，チグリス・ユーフラテス川流域の乾燥地帯にどのように伝わったかは定かではない．紀元前 3500 年ごろより，メソポタミアの人々は乾燥粘土の煉瓦を用いて構造物をつくり始めており，その屋根にアーチが使われている．

これらは，河口域のアーチ形状のものに関する知識が伝えられたのか，あるいは独自に積み上げた土煉瓦の一部を取り除いて空間をつくっても壁は壊れない，といったことにヒントを得ているのかは，いまのところ不明である．後者はコーベル・アーチ（corbel arch，**図 1.1**(a)）とよばれるものではあるが，真のアーチ作用はない．やがて，丸い空間の縁に沿ってリング状に土煉瓦を並べることにより，その縁の部分が落ちてこないで，強度の高い構造，すなわち真のアーチが形成されることを知ったのではないかとも想像される（図 1.1(b)）．文献でも，紀元前 30 世紀にはすでにアーチの存在を匂わせているが，アーチ構造が遺跡で確認されるのは新バビロニア時代（紀元前 7 世紀）のこととなる．

（a）コーベル・アーチ　　（b）真のアーチ

図 1.1　アーチ

このアーチに関する知識・技術は，続いて起こった中近東のいくつかの文明に引き継がれ，ローマにおいて花開き，本格的なアーチ橋が架設されることになる．ローマ人は，経験的技術によったとは考えられるが，いまなおローマ市内やその植民地に残されているような，壮大な石造アーチ橋を数多く架設している．写真 1.3 は，南フランス・ニーム近郊に残されている石造アーチの Pont du Gard（ガール水道橋）で，紀元前 19 年に架設されたといわれている．

写真 1.3　ローマ時代のガール水道橋（フランス）

写真 1.4　商店街が並ぶ Vecchio 橋（イタリア）

1.2.2 中世・近世

中世となり，ローマ帝国が衰退し，教会と封建領主の時代となると，橋のように莫大な公共の費用を要するものを建設できる経済力も，また文明もなくなった．大帝国維持のために大軍を送り出す，あるいは大量の物資を輸送する必要もなくなり，大規模な橋の架設は行われなくなり，文明はアラブ社会のほうへ引き継がれることになる．この時期のヨーロッパ社会において，巡礼者や旅人の便を図るため川に木橋などを架けたり，渡し船を用意し交通の便の確保に努めたのは，「橋の兄弟」とよばれる教団であった．これは，わが国でも中世において架橋に関係したのはおもに僧侶であったこととも一致する．もちろん，教会建築などを通して石工の技術は受け継がれる．

中世も終わりごろともなると，商業都市の繁栄とともに市民が経済力をつけ，貿易や交通も盛んになり，再び架橋の必要性が生じてくる．このような橋の例の一つとして，14 世紀にイタリアのフィレンツェに架設された Vecchio（ヴェッキオ）橋を写真 1.4 に示す．その当時のほかの多くの橋と同様，橋の上は商店街をなしている．南フランスの Avignon（アヴィニョン）橋（1181 年）や，イギリスの旧 London（ロンドン）橋（1209 年），チェコのプラハにある Karls（カールス）橋（1357 年），少し遅れてヴェネチアの Rialto（リアルト）橋（1592 年）などが石造アーチとして架設されたのはこの時期である．

沖縄を除いて，わが国でアーチが建設されるようになったのは 17 世紀になってからであり，九州各地に石造アーチが，また木造アーチの錦帯橋の原形もこのころ架設されている．中国では 7 世紀に支間 37.4 m の趙州橋を完成させており，現在でも優美な姿をみることができる．

ルネサンスの到来とともに，橋の架設技術にも科学，すなわち力学の光があたるようになる．イタリア人の Palladio（パラディオ）は 1570 年に本を著し，トラスの原理を説き，橋梁のためのトラスの形態を論じている．以後ゆっくりではあるが，力学の進歩とともに，鉄という材料の質の改善と大量生産に応じて，橋構造も発展していくことになる．

鉄の鎖を張り渡す原始的な吊橋を除けば，世界で最初の鉄の橋は，1779 年イギリスのセヴァーン川に鋳鉄アーチとして架設された The Iron Bridge（アイアンブリッジ）である．19 世紀に入ると，引張強度の低い鋳鉄を圧縮部材に，引張強度を期待できる錬鉄を引張部材とする，各種形式のトラス橋が試みられるようになる．写真 1.5 はその中の一つボルマン・トラスといわれる形式のトラスである．さらに，錬鉄板を用い，プレート・ガーダーの一形式であるボックス・ガーダーが，19 世紀半ばにイギリスで Robert Stephenson（ロバート・スティーヴンソン）らにより架設されている．写真 1.6 はいまもイギリス・コンウェイに残るボックス・ガーダーの例であり，汽車がボックスの中を走る構造となっている．またこの時期には，ケーブルに鉄線やチェーンを用いた種々な形状の吊橋も試みられている．

写真 1.5　ボルマン・トラスの例（アメリカ）

写真 1.6　19 世紀のボックス・ガーダー鉄道橋（イギリス）

1.2.3　近代以降

含有炭素が少なく，延性と靱性に富んだ鋼* は，19 世紀後半に入ると大量に生産されるようになり，巨大な橋の建設が可能になる．1874 年には，ミシシッピ河を渡る，鋼を大量に使用したアーチ形式の Eads（イーズ）橋がアメリカのセント・ルイスに完成している（写真 1.7）．このとき，ミシシッピ河の河床を掘り下げ，大規模なニューマチック・ケーソンを用いて橋脚が建設されている．ケーソン病もこのとき知られるようになった．なお，ニューマチック・ケーソンそのものは，小規模ながらイギリスですでに試みられていた．

支間長 500 m を超す巨大カンチ・レバー・トラス橋の一つ，イギリスの Forth（フォース）鉄道橋（写真 1.8）は 1889 年，また，この形式で最長支間のカナダの Quebec（ケベック）橋は 1910 年の完成である（写真 6.3 参照）．鋼材の発達とともに，橋の部材も細長いものとなる．このため，Quebec 橋では架設途中に部材の座屈* が起こり，世の構造設計者に広く座屈現象の重要さを認識させた．

写真 1.7　大量生産鋼が使われた Eads 橋（アメリカ）

写真 1.8　19 世紀の偉業である Forth 鉄道橋（イギリス）

さらに，巨大鋼アーチ橋の始まりとして，南アフリカのヴィクトリア瀑布を越える支間 150 m の Zambesi（ザンベジ）橋が 1907 年に完成している．なおこの橋の架設にあたって，深い峡谷を越える最初のロープはロケットを使用して渡されている．続いて，ニューヨークの Hell Gate（ヘル・ゲート）鉄道橋は支間 308 m をもって 1916 年に，長い間鋼アーチとして世界最長支間を誇ったアメリカの Bayonne（ベイヨン）橋は支間 503.6 m で 1931 年に，オーストラリアの Sydney Harbour（シドニー・ハーバー）橋は 1932 年に完成している．Sydney Harbour 橋は，Bayonne 橋より支間が 0.635 m 短い 502.9 m であった．

鋼，あるいは鉄の鎖を張り渡して交通の便に供した原始的吊橋は，紀元前にさかのぼるかなり古い時代より，インドや中国で実用化されていたと考えられている．また，植物性のロープを用いた吊橋も，16 世紀ごろよりヨーロッパで軍用として使用していたことが歴史書にみられる．やがて植物性のロープは鉄線あるいは錬鉄のチェーンにとって代わられ，さらにイギリス，フランス，スイス，アメリカで床版をもった鉄の吊橋の架設が試みられる．

しかし，吊橋は初期のころより鉄線の腐食，風による損傷や荷重による振動に悩まされることになる．錬鉄のチェーンに補剛桁を吊るした本格的吊橋は，1826 年にイギリスの大土木技術者 Telford（テルフォード）によって架けられた Menai（メナイ）吊橋より始まるとみることができる．続いて，鋼線をケーブルに用いた本格的近代吊橋として，1883 年に 486 m の支間をもつニューヨークの Brooklyn（ブルックリン）橋（写真 1.9）が Röbling（ローブリング）技師親子の偉大な努力により完成する．

さらに，20 世紀の前半までに，ニューヨークの Manhattan（マンハッタン）橋，George Washington（ジョージ・ワシントン）橋，サンフランシスコの Golden Gate（ゴールデン・ゲート）橋や San Francisco Oakland Bay（サンフランシスコ・オークランド・ベイ）橋などの長大吊橋が続けて架設される．吊橋の解析も進歩を遂げ，Manhattan 橋の設計には有限変位理論* が導入されるようになった．

写真 1.9 最初の近代的吊橋 Brooklyn 橋（アメリカ）

しかし，アメリカ・シアトル郊外に 1940 年に架設された Tacoma（タコマ）橋は，有限変位理論の適用により補剛桁の曲げ剛性がきわめて小さく設計されたため，わずか風速 19 m/s の風により自励振動を起こして落橋し，長大橋に対する耐風設計の重要さを再び設計者に認識させた．

天然のセメントはローマ時代より使用されているし，中国では古く 5,000 年前に石を焼いてセメントをつくったといわれるが，その知識は一度忘れられ，18 世紀の初めになり再び広く使用される．18 世紀の終わりになると，人造のポルトランド・セメントが天然のものにとって代わって使用されるようになる．コンクリート材は，人造石として天然石にとって代わり，アーチ構造として，20 世紀初めごろには支間 100 m 級の橋が建造されている．また，1867 年にはフランス人 Monnier（モニエ）が，コンクリートの高い圧縮強度と鋼材の高い引張強度を一体化した鉄筋コンクリートの基本特許をとり，コンクリートは近代橋梁架設の重要な担い手の一つとして誕生する．1875 年には，最初の鉄筋コンクリート橋がフランスで完成している．その後，鉄筋コンクリート橋はアーチとして数多く架設されるが，中でもスイスの技術者 Maillart（マイヤール）によって設計された鉄筋コンクリート・アーチ橋は，その形態の優美さで長く歴史に残るものであろう．

1942 年には，支間 210 m の鉄筋コンクリート・アーチがスペインで架設されている．しかし，桁橋としては特筆するような長支間のものは建設されることはなかった．写真 1.10 は，フランス・パリに 1939 年架設された鉄筋コンクリート製の Carrousel（カルーセル）橋であり，表面は大理石で化粧されている．コンクリート材を用いた橋について，いろいろな試みはなされてきたが，プレストレスト・コンクリート（PC, prestressed concrete）が第三の近代的構造要素として登場するのは，1928 年のフランス人技師 Fressinet（フレッシネー）のその実用化の成功に始まるといえよう．写真 1.11 は，Fressinet の設計によるフランス・ツールーズの Saint Michel（サン・ミシェール）橋である．

写真 1.10　鉄筋コンクリート製の Carrousel 橋（フランス）

写真 1.11　フレッシネー工法でつくられた PC 桁の Saint Michel 橋（フランス）

写真 1.12　初期の斜張橋 Düsseldorf–Nord 橋（ドイツ）

写真 1.13　流線形補剛桁と斜吊材をもつ Humber 橋（イギリス）

第二次大戦後で橋の歴史に残る出来事は，まず，近代的装いをもって再登場したドイツにおけるボックス・ガーダーの架設であろう．続いてこれまた，ドイツでの近代的斜張橋である Düsseldorf–Nord（デュッセルドルフ・ノルド）橋が 1957 年に完成し（写真 1.12），その後，斜張橋は橋の一形式として世界で広く好んで架設されることになる．1966 年に完成したイギリスの Severn（セヴァーン）吊橋は，補剛桁に流線形断面のボックス・ガーダーを採用し，さらに吊材をトラス化して耐風性を改善し，吊橋や斜張橋の建設に新風を吹きこんだ．写真 1.13 の吊橋は，同形式で最長支間 1,410 m をもつ Humber（ハンバー）橋（1981 年完成）である．なお，現在最長の支間を有する橋は，写真 1.14 に示した明石海峡大橋である．

また，プレストレスト・コンクリートの普及とその長足な発達は，それまでの，長大橋は鋼製，という概念を大きく塗り変え，橋の設計の自由度を広め，橋梁工学に新しい流れをつくった．その他，鋼とコンクリートの合成桁の実用化，都市交通の発達とともに，わが国における多数の曲線橋の建設も一つの歴史をつくっているといえよう．

写真 1.14　世界最長支間の明石海峡大橋（兵庫県）

1.3　橋の構成

標準的な橋の構成を図 1.2 に示す．道路橋では，橋床面上に載った自動車や群衆荷重は，その床構造を支えている主桁から支承に伝わり，そこから基礎構造，また基礎構造から地盤に伝えられる．主桁には，歴史の項で触れたようにいろいろな構造形式のものが考案されているが，図では桁構造のものが示されている．主桁は，荷重に耐え，支承に荷重を伝える役目をもち，支承は，桁の力学的条件を満足させる機構をもつ．また，主桁は下方に空間を必要とするので，橋台または橋脚上に置かれる．橋台は橋の両端で，橋脚は中間で桁を支持する．支承より上方にある構造を総称して上部構造，下部にあるものを下部構造とよぶ．

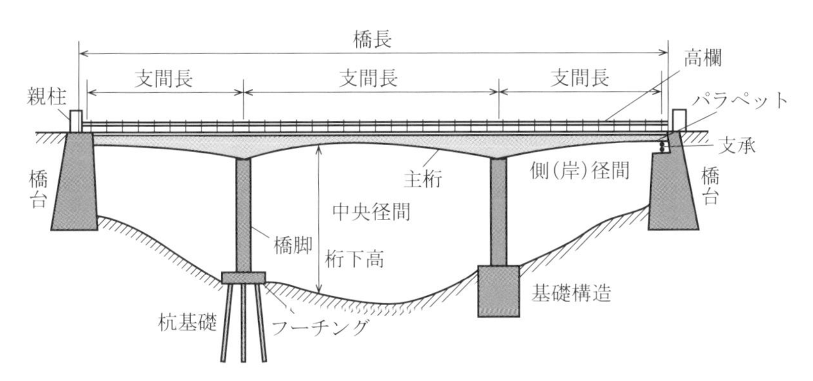

図 1.2　橋の構成

支承から支承までの距離を支間長（スパン）といい，橋の全長を橋長とよぶ．橋脚または橋台間を径間，それらの内面間の距離を径間長，主桁の下方にある空間の高さを桁下高，両者を含めて桁下空間とよぶ．桁下空間は，桁下を通過するものの規模，すなわち航路の規格や洪水時の予測出水量などにより定まる．また，床面上には車両などが通行できるだけの空間がなければならない.

床構造には種々の形式のものが考案されているが，一般に，荷重が直接載る床版と，それらを支え主桁に荷重を伝える役目をする床組よりなっている．図 1.3 には現場打鉄筋コンクリート床版の例が示されている．床版の両側には地覆と高欄または防護柵が設けられる．その他，橋が立体構造としての強度と剛度を発揮させるのに必要な構造部材が設けられるが，それらについては各構造についての各論の章で述べる.

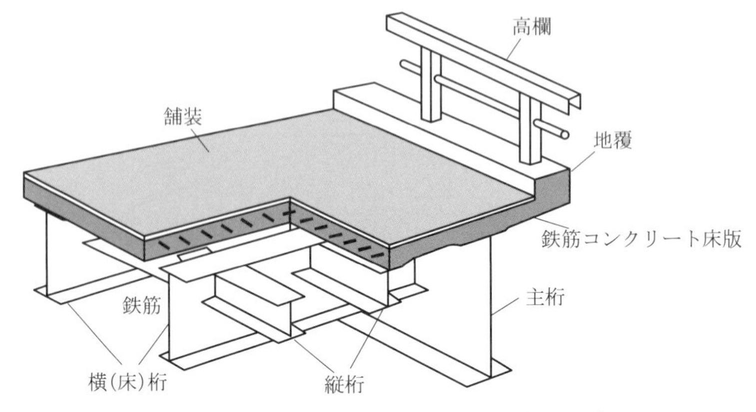

図 1.3　橋の床構造（鉄筋コンクリート床版の例）

1.4　橋の種類

1.4.1　構造形式による名称

広く使用されている主桁の構造形式により，次のような名称が与えられている．また，それぞれの簡単な一般図は図 1.4 に示されている.

a.　桁橋：　おもに曲げに抵抗する主桁をもつ橋の総称．狭義には中実断面のはり（梁）を主桁とする橋．支承条件により単純桁，連続桁，カンチ・レバー（ゲルバー）桁などとよばれる.

b.　プレート・ガーダー：　鋼板を組み立てて主桁を形づくっている桁橋.

c.　ボックス・ガーダー（箱桁）：　プレート・ガーダーの一種，断面が中空の箱形をなすもの.

d.　合成桁：　鉄筋コンクリート床版がプレート・ガーダーと一体となってはたらくよう合成されているもの.

e.　トラス橋：　3 本の棒で構成されるトラス構造を基本としてできている桁橋.

f.　アーチ橋：　アーチ構造を主桁とする橋.

g.　ラーメン橋：　剛結された柱とはりよりなる橋．箱形ラーメンを横に結合して

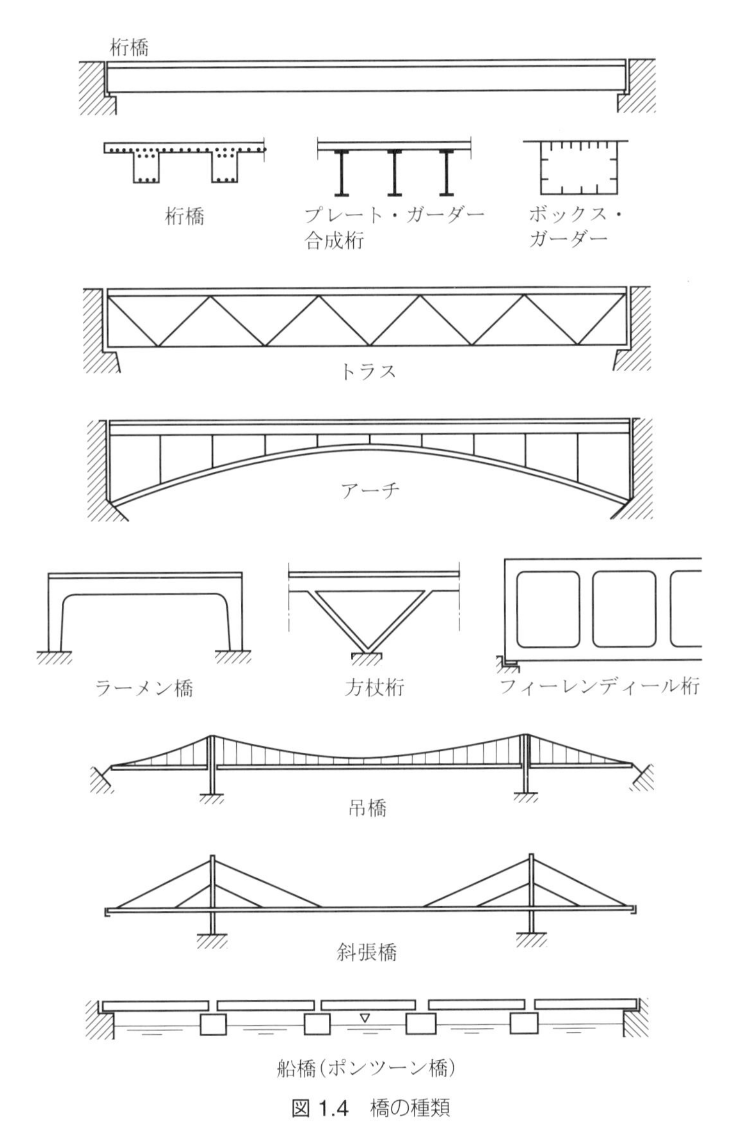

図 1.4 橋の種類

はりとしているフィーレンディール橋や，傾斜した脚により支えられている方杖桁もこれに含まれる．

h. 吊橋： 二つの固定点間に張り渡されたケーブルにより桁や床を吊っている形式の橋．

i. 斜張橋： 塔よりケーブルによって桁を直接吊っている形式の橋．

j. 船橋（ポンツーン橋）： 船や浮箱により支えられている橋．写真 1.15 はアメリカのシアトルに架かる船橋である．

写真 1.15　船橋（アメリカ）

写真 1.16　ルツェルン湖に架かる屋根付きの橋，Kapel 橋（スイス）

k.　その他

上記の形式を基本として，各種の形式のものが考案されている．変わった橋の例として屋根付きの橋がある．アメリカでもその架設の例が多いが，写真 1.16 は 11 世紀よりスイスのルツェルン湖に架かっている Kapel（カペル）橋である．

これらの構造形式のうち，広く使用されているものの特徴や設計法については，それぞれ各章で詳述する．また，一つの橋の中に上記形式のものが複数使用されている場合もある．写真 1.17 は，プレート・ガーダーとトラスを併用しているザルツブルグの鉄道橋の例である．

写真 1.17　プレート・ガーダーとトラスの複合形式の鉄道橋（オーストリア）

1.4.2　使用材料による名称

橋は，構造物を形成する材料の種類により次のようによばれる．

a.　鋼橋

b.　プレストレスト・コンクリート橋

c.　鉄筋コンクリート橋

d.　コンクリート橋

e.　木橋

f.　石橋

g.　その他

なお，橋梁では異種材料でできた構造部分を接合して一つの構造部分としているものを合成構造，一つの構造に異なった材料や形式の構造が用いられているときは複合構造，構造部分に質の異なる材料を使用しているものをハイブリッド構造と一般によんでいる．写真 1.18 は，短い側径間で長い中央径間とバランスをとるために，側径間に重いコンクリート補剛桁を，中央径間に比較的軽量な鋼材の補剛桁を用いた瀬戸内しまなみ海道の生口橋の例である．

写真 1.18　中央径間の鋼と側径間のコンクリート補剛桁の複合斜張橋の生口橋（瀬戸内しまなみ海道）

1.4.3　使用目的による名称

使用目的により次のようによばれる．

a.　道路橋：　道路を通すための橋

b.　鉄道橋：　鉄道を通すための橋

c.　水路橋：　水路・運河を支えるための橋

d.　水管橋：　上水道の通水管などを支えるための橋

e.　歩道橋：　歩道の用をなす橋

f.　陸橋（高架橋）：　桁下が陸地であるような橋

g.　跨線橋：　おもに鉄道線路上に架けられている陸橋

h.　ガス管橋：　ガス管を支えるための橋

i.　桟橋：　船舶を係留接岸するための橋

j.　その他

1.4.4　床構造の位置により分類した名称

橋は，床構造と主桁の相対位置により，**図 1.5** に示したように，上路橋，中路橋および下路橋に分類される．

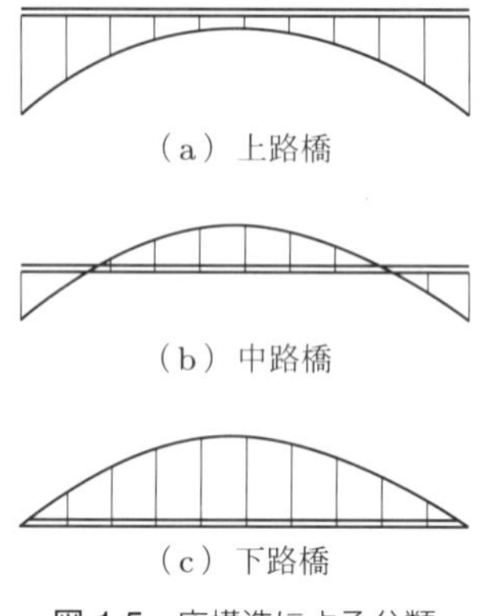

図 1.5　床構造による分類

1.4.5　橋の平面線形により分類した名称

主桁が直線をなすものを直線橋，曲線をなすものを曲線橋とよぶ．越える河川に直交して架けられているものを直橋，斜交しているものを斜橋とよび，その角度は**図 1.6** に示すように，橋の軸の方向に対して，川の流れ方向の角度が 90° より小さくなるように表す．図は橋の軸方向からみて右回りなので右 θ である．

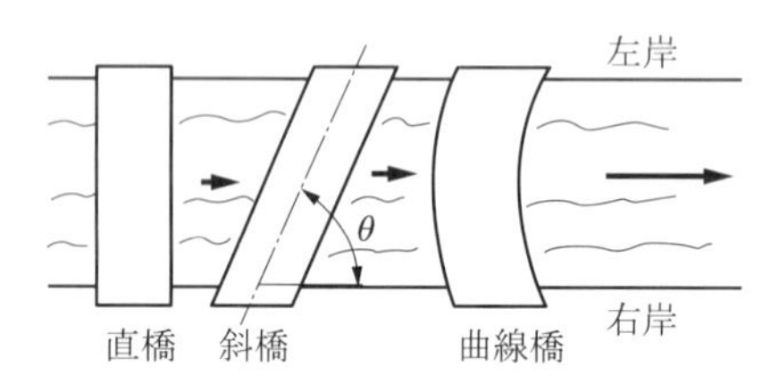

図 1.6　平面線形による分類

1.4.6　主桁の可動法により分類した名称

通常，橋は大地に対して固定されているが，船舶の運行のため主桁を可動にする場合がある．そのようなものを可動橋とよび，その運動方法により下記のように分類される．

a.　跳開橋：　**図 1.7**(a) に示すように，水平軸周りに回転して上に開く橋
b.　昇開橋：　図 (b) に示すように，上方に移動する橋
c.　旋回橋：　図 (c) に示すように，中央の橋脚周りに回転する橋

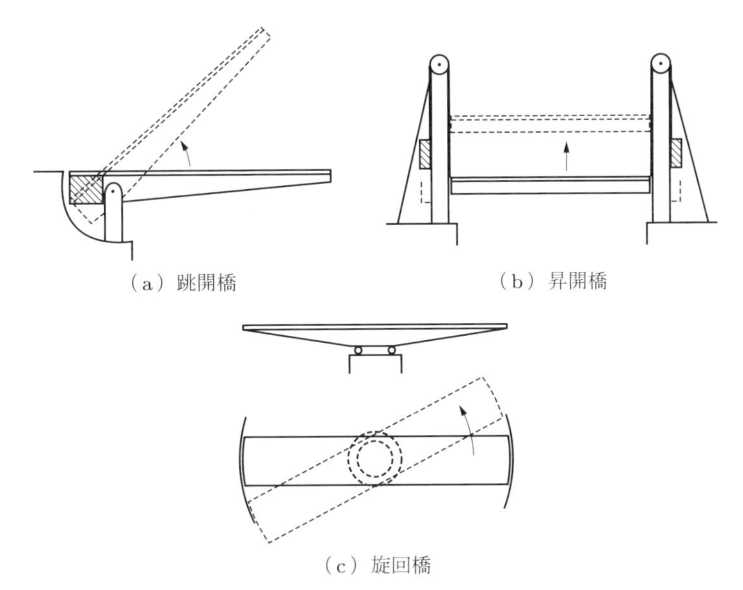

（a）跳開橋　（b）昇開橋

（c）旋回橋

図 1.7　主桁の固定・可動による分類

最近では，桁を引き出す形式や浮体を利用する形式の可動橋も架設されている．

演習問題 1

1.1 それぞれの形式の橋が身近なところでどのように使われているか調べよ．

1.2 橋の桁下高はどれだけ必要か，また一般の自動車の最大高さはいくらか．

1.3 上路式橋梁とはどのような橋梁で，その特徴は何か．

1.4 橋長と支間長の違いは何か．

1.5 現在までに架設された，それぞれの形式の橋の最大支間はいくらか．

第2章

橋の設計法

2.1 概 説

橋の架設を計画するにあたっては，まず架橋の必要性の検討から始まるが，それには全般的な交通計画と地域住民の意向や地形的・経済的情勢などが関係している．次に，前記の条件のほか，その特性や強度あるいは経済性を勘案して，実際に架設される橋の規模や橋の形式が決定される．そこで架設される橋に使用される材料や，構造寸法を決定するための強度設計が行われるが，ここではその手順について述べる．

架橋地点が決まり，架設される橋の道路幅員と橋長が与えられると，次にどのような構造形式の橋をどのような支間割りにするか，すなわち支間長と径間数の決定が行われる．これには，架設地点の地盤の状態，架設される河川の規模，周囲の風景，使用条件などを考慮して選択される．いままでに蓄えられてきた経験，類似の架橋条件の場所に架設された例なども当然参考にする．もちろん，前例を参考にすることは大切なことではあるが，その物真似であってはいけない．世の中には同一の場所はないのだから，設計者はつねにその場所に似つかわしい，しかも，その橋を通して，自分自身の橋に対しもっている理念を具体化するような設計に努めなければならない．そうでなければ，単なる生活の便のためだけの道具を人前にさらす作業をしたことになる．

各橋形式のもつ特徴はそれらを取り扱っている各章で述べるが，それぞれの構造形式は特有の構造特性をもっているので，それらをよく考えて選択する必要がある．たとえば，アーチや吊橋は等分布荷重に対しては大きな耐荷力をもっている．橋の自重（死荷重とよぶ）は等分布荷重に近い形なので，アーチや吊橋は長径間の橋の形式として適するが，よい地盤を必要とする．トラスは軽量な部材で構成され，それぞれの部材は軸力のみを受ける，能率のよい構造であるが，長大なトラス橋は，部材も普通に設計したのでは長過ぎるようになる．板構造* は板の面に垂直な荷重に対する抵抗性は低いが，面内にはたらく荷重に対しては大きな強度を発揮する．コンクリート構造は重くなるし，鋼構造は比較的軽量になる．

次に，その橋構造の強度設計に入ることになる．強度設計にあたっては，まず自重と，車や列車などの荷重（主荷重とよぶ）に対して十分な強度をもつように橋の主構造を設計する．次に，地震や風などの偶発的な荷重にも耐えうるように二次的部材（たとえば横構など）を配するとともに，橋が立体的強度を有するようにする．さらに，必要に応じて特殊荷重にも耐えられるようにする．

なお，橋の設計にあたっては，適切な維持管理が行われることを前提に，橋が性能を発揮することを期待する期間として設計供用期間が定められる．道路橋示方書（以下，道示とよぶ）では 100 年を標準としている．

2.2 強度設計

2.2.1 強度設計の基本

ここで，構造物にある強さを与える，ということを考えてみよう（図 2.1）．いま，手元に割り箸があるとしよう．手にして押してみると，少しの力では折れない．すなわち強度があることがわかる．また，簡単には形を変えない．すなわち剛度があることがわかる．強度というものはどれだけの荷重に耐えられるかということを意味し，剛度は力を加えたときの変形の起こりにくさを意味している．これらは構造物には必要な性質であり，構造物である橋梁が，受けると考えられる荷重に対して，橋としての機能を発揮しつつ強度と剛度をもつように，その形状や材料を定める作業が強度設計である．

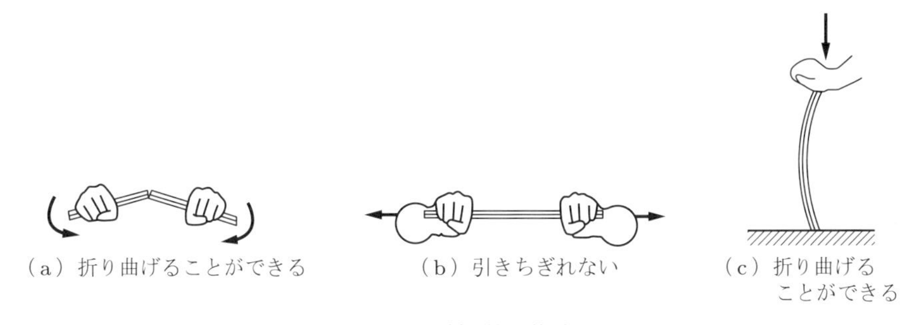

図 2.1 割り箸と荷重

また，割り箸に戻って，これを折ることは簡単であろう．しかし，両端を引っ張ってみよう．折ることはできても，まず引きちぎることはできないであろう．次に両端を押してみよう．少し強く押せばくの字形に曲がって折れるだろう．このように，割り箸を一つの構造体と考えれば，それを壊すのに要する力は，そのかけ方によって異なってくる．逆にいえば，同じ材料・形をもっていても，荷重の加え方によって，それに対する抵抗の度合いは変わってくる．つまり，荷重に抵抗できるように構造設計をするかどうかで，設計の上手下手の違いが生じる．

さらに，構造力学で学んだ知識を利用して，引っ張ったときに生じる応力，曲げモーメント* を加えたときの応力を求めてみると，引っ張ったときも曲げたときも，生じる応力が同じような値になったときに割り箸は破壊（ちぎれたり，折れたり）することに気がつくはずである．また，両端を押したときは座屈応力に近い値で折れるはずである．ここで応力（度）というものは，荷重により単位面積あたりに構造物内部に生じていると考えられている力で，目にはみえないが，これが材料やその集合体である構造物の強度に大きく関連していることが知られている．

すなわち，構造力学を応用して，荷重に対して構造物に生じる応力を求めると，構造物を構成している材料が破壊する応力に近づくか，あるいは大きな変形をするかどうかということがわかる．さらに，それが構造物の全体の崩壊をもたらすようなら，その強度を推定することができる．もちろん，学んだ構造力学の知識の程度によって，真の強度にどの程度まで近づけるかどうかは変わってくる．

一般に，材料の強度は，それが耐えられる応力で表される．鋼材では引張試験により，コンクリートでは圧縮試験により，応力とその変形の度合い（ひずみ）の関係が得られる．**図 2.2** に一般的な鋼材の応力とひずみの関係を，**図 2.3** にコンクリートの応力とひずみの関係を示す．鋼材では，材料が弾性を失ってもなお大きなひずみまで応力に耐えられることがわかる．コンクリートは引張応力にはほとんど抵抗できないし，圧縮応力に対しても応力とひずみの関係は比例していないことがわかる．こういった性質も，構造物を設計するときに考慮しなければならない事項である．

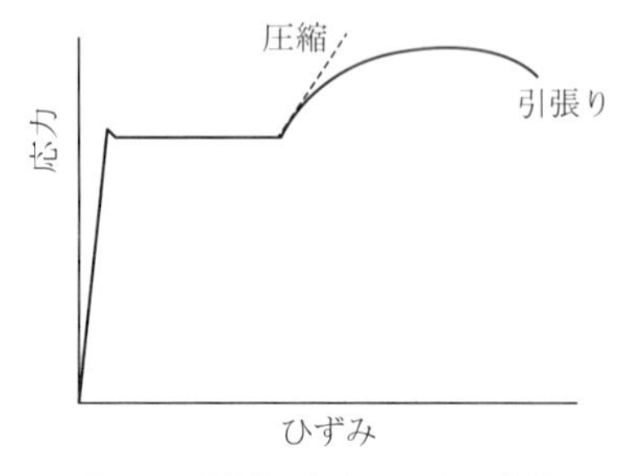

図 2.2 鋼材の応力 - ひずみ曲線

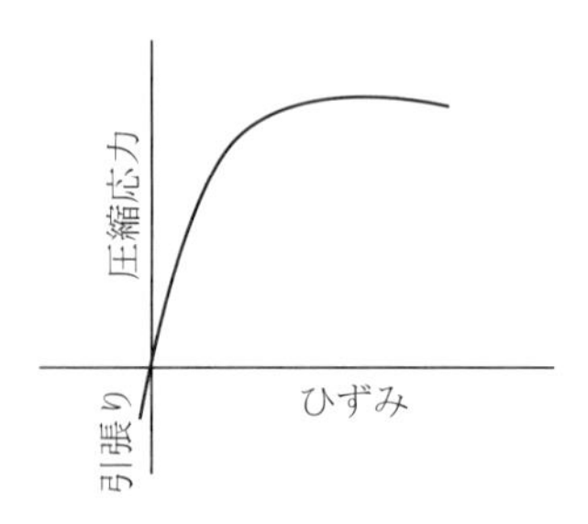

図 2.3 コンクリートの応力 - ひずみ曲線

また，同じようにみえる割り箸でも，その材料の強度は同一でなくばらつきがあり，その寸法もさまざまである．このように，強度も確定的な値をもたないし，橋に加わる荷重も，自動車荷重群で考えてみてもわかるとおり，その分布や重量がどのような値になるかということは確率の問題である．このような強度と荷重の確率論的性格を考慮して，それらの関係には安全率が導入されている．

また，箸でものを挟むとき，あまりに曲がりやすければ使いにくいものになる．すなわち強度ばかりでなく剛度も必要となってくる．箸として使用できる限界の太さや長さも，箸がもっていなければならない大事な性質である．

橋の場合は，完成された橋に荷重を加えて崩壊に至らしめ，強度を知るということはできない．そこで，机上でその強度を予想し設計をしなければならない．それには，構造解析により，橋構造の内部に生じるであろう力や，橋の変形などを予測し，構造物がそれに抵抗しうるかどうかを照査する作業がまず必要となる．

構造物の荷重に対する抵抗能力を判断することは，一般には困難な作業となる．そこで，構造力学の知識を用いて，荷重による応力（作用応力）が，構造物を構成している材料が抵抗できる上限の値である許容値（許容応力度）に達しているかどうか調べ，その材料の抵抗能力をもって構造物の抵抗能力を判断しようという方法が考案されている．

この方法には，構造物の形状や寸法に関係なく，応力を求められれば構造物の強度設計が可能となる利点がある．応力が引張りならば，材料の引張試験からこの許容値は簡単に定めることができる．圧縮の場合は，材料の強度の代わりに，構造物の最小要素である部材の圧縮（座屈）強度でもって，材料強度とみなして許容値を与えることができる．こういった，各種応力下でのその材料が抵抗しうる許容応力度は，多くの実験的，理論的研究結果や，過去の使用実績により定められている．

しかし，荷重による作用応力と許容応力度とを比較しただけでは，構造物全体の強度を正確に予測することはできない．というのは，構造物を構成している材料の一部が弾性を失い塑性化したり，あるいは許容応力度を超えていると判断されても，ほかの構造要素が構造物の全体の崩壊を防いでくれる作用を期待できる場合が多いからである．たとえば，連続桁では中間支点の上で断面の一部が塑性化し，その断面が抵抗力を失っても，中間の桁は，端部で曲げモーメントを受けている単純ばりの状態に近づき，桁の崩壊には至らないことは容易に理解できよう．

構造物を構成している小さい要素部分についてみても同じことが起こる．すなわち，応力により起こされる材料の塑性化などによる抵抗能力の喪失は，その構造物の中で応力の再配分を招くが，必ずしも構造物の崩壊とは結びつかない．そのため，構造物のもっているこのような性質を考慮に入れないことには，経済的な橋の設計とはならない場合がある．そこで，材料の破壊を基準とせず，構造全体が破壊されたとみなせる荷重をもって，あるいは簡単な構造物では，ある断面での抵抗能力をもって強度を表現したほうがより合理的であり，経済的設計にも結びつくことにもなる．

2.2.2　二つの強度設計法

橋の強度設計法には，大きく分けて２通りの方法が用いられている．

一つは，最初に述べたように，応力で表した材料の強度は構造物の強度と密接な関係があるとの考えから出発したものであり，許容応力度設計法とよばれている．荷重により構造部材に生じる応力が，その材料に定められているある許容値（特性値，許容応力度）以下になるように，その寸法・断面を与える方法である．この方法は広く知られており，しかも一般性のある弾性構造解析法を適用しやすい．

すなわち，荷重・変形・応力の関係は比例関係にあるので，構造物に生じるであろう応力が予測できる．許容値は応力で与えられているので，不静定構造物であっても，弾性解析により応力を求め，その応力により構造寸法を定めることができ，構造物がどのような寸法となるかを検討するときにも利用しやすい．また，単純な構造物の強度をよく表現することもできるなどの利点を有している．疲労破壊のように，疲労クラックの伸展がその近傍の応力に大いに関係している現象を取り扱う疲労設計にも適用しやすい．しかし，学問が十分に進歩していない時期では，この許容値が構造の破壊とは関係なく，きわめて保守的に定められている場合もあったことには注意を要する．

もう一つの方法は，材料強度という形でなく，構造物そのものの強度をより忠実に評価し設計しようとするもので，終局強度設計法とよばれる．最終的に構造物が耐えられなくなる荷重を基準として設計しようとするものである．鋼構造物では，不静定構造物の設計はこの方法によらなければ，合理的かつ経済的とはならない．コンクリート構造では，静定であっても，生じる応力と断面の抵抗力が，材料を弾性体と仮定することにより得られるような簡単な関係ではないので，はり理論で求められる応力で設計することは合理的なものとはならない．少なくとも，各断面力のもつ強度で表示することになる．

しかし，両設計法とも，基本的にはつねに構造が限界状態に至らないように設計する方法である．許容応力度設計法では，応力を求め，材料なり部材が限界となる応力を基準として設計する．これに対して，終局強度設計法では，それ以上の荷重に耐えることができなくなる状態を終局限界状態とする．その限界値は必ずしも応力という形では表現しない．そこで両者とも限界状態設計法と総称することができるが，狭義に解釈し，許容応力度設計法と終局強度設計法を分けて考える場合もある．しかし，静定鋼構造物では両者は実質的に一致している場合がある．不静定構造物では，不静定力がその構造物に対し余力としてはたらくので，構造物全体として強度を考慮しなければならない．

終局限界ばかりでなく，その構造物が機能を損なわれずに使用できる限界（使用限界）なども限界状態となる．たとえば，桁のたわみの過多による走行性の阻害に対する制限や，コンクリート構造物の寿命に関係するクラック幅の制限などがこれに相当する．また，一般に終局限界は材料が塑性域に入った後に生じるので，骨組構造ではとくに，その状態を考慮に入れた塑性設計とよばれる設計法が用いられることもある．

もう少し具体的に考えてみよう．許容応力度設計法では，設計荷重により構造物に生じる応力は，

$$(\text{設計荷重による応力}) \leqq (\text{応力で表した終局強度})/(\text{安全率}) \tag{2.1}$$

であるように定めればよい．すなわち，通常使用されている，荷重と変位，変位と応力の線形関係を仮定した構造力学の知識を利用して，静定，不静定構造を問わず応力計算を行い，式 (2.1) を満足するように断面を定めれば，強度設計は終わることになる．

終局強度設計法では，終局強度はその構造物がどれだけの荷重に耐えられるかということでしか表現できないので，安全率の決定問題はさておき，基本的には，

$$(\text{設計荷重}) \times (\text{安全率}) \leqq (\text{終局強度}) \tag{2.2}$$

なる関係式を満足するように設計する．なお，荷重をある係数倍した形をしているので，荷重係数法ともよぶ．本来，強度というものはどれだけの荷重に耐えられるかということで定められるので，合理的な表現といえる．しかし，すべての構造形式で終局荷重の求め方が確立しているわけではない．式 (2.2) の表現で比較的簡単に設計できる構造は，たとえば静定構造物や不静定構造物では，いわゆる塑性設計が可能な形鋼で組み立てられたラーメン構造，あるいは合成桁のようなものに限られることになる．

圧縮力による構造不安定が生じる構造では，なお多くの解決すべき問題を抱えている．いままで行われてきた設計法との関連，現実の設計作業や，構造に含まれる各種確率的要素を考えると，式 (2.2) の表現は必ずしも十分なものとはなっていない．

そこで現実的には，終局強度設計法での安全率に関係する量をいくつかに分け，

$$\begin{aligned}&\gamma_f \times (\text{設計荷重}) \times (\text{設計荷重に対する構造物の終局限界状態と関連した応答値})\\&\quad < (\text{構造物の終局限界状態を表す限界値})/\gamma_R\end{aligned} \tag{2.3}$$

といった表現式が提案され，一般に終局限界状態設計法とよばれている．ここで γ_f は，予期しえないような事象に対する安全性と，従来の許容応力度設計法とのバランスを考えた係数である．先に述べたように，設計荷重は基準としている公称荷重にそのばらつきを考えた係数（荷重係数）をそれぞれにかけて求める．たとえば，橋自体

の重量に対しては荷重係数を1.05，自動車荷重のようにばらつきの大きい荷重に対する荷重係数は1.5として設計荷重とする，といったように定める．さらに，死荷重と活荷重（車や列車などの荷重）といったようにこれらの荷重の組合せに対しても，それが起こる確率を考えて，組み合わされた荷重にそれぞれある係数を乗じ，それらを足し合わせて設計荷重を定めることになる．一方，抵抗できる断面力も，材料や寸法のばらつきを考慮する抵抗係数とよばれる係数 γ_R を，公称値に除して抵抗値とするようなことが行われている．なお，より一般的に，式(2.3)の断面力は荷重による影響といった表現で表されることもある．本式では応答値として，応力ではなく断面力が用いられるため，許容応力度設計法と異なり，断面力と応力の比例関係をもち込む必要がない．とくに静定のコンクリート構造では，終局強度に近い形で断面強度の照査ができる．

次の例題で，許容応力度設計法，終局限界状態設計法のそれぞれによる部材の照査の具体例を示す．

例題 2.1　引張部材の許容応力度設計法による照査

図2.4に示すように，断面積 A の鋼棒に，死荷重（D）により引張軸力 N_D，活荷重（L）により引張軸力 N_L が作用している．この $D+L$ が作用している場合，許容応力度設計法により鋼部材の安全性を照査せよ．ただし，$A=9{,}600\,\mathrm{mm}^2$，鋼材（SM400）の許容応力度は $140\,\mathrm{N/mm}^2$，$N_D=800\,\mathrm{kN}$，$N_L=500\,\mathrm{kN}$ とする．

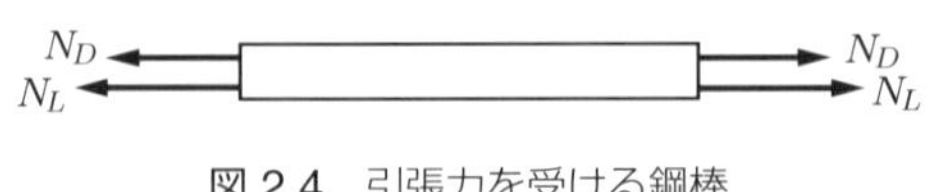

図2.4　引張力を受ける鋼棒

解答

$$\sigma=\frac{800000+500000}{9600}=135.4\leqq\sigma_a=140\,\mathrm{N/mm}^2$$

これは $\sigma\leqq\sigma_a$ を満たす．

例題 2.2　引張部材の終局強度設計法による照査

図2.4に示すように，断面積 A の鋼棒に，死荷重（D）により引張軸力 N_D，活荷重（L）により引張軸力 N_L が作用している．$D+L$ が作用している場合，終局強度設計法により鋼部材の安全性を照査せよ．ただし，$A=9{,}600\,\mathrm{mm}^2$，鋼材（SM400）の限界強度（降伏強度）は $235\,\mathrm{N/mm}^2$，荷重係数は，死荷重に対しては1.05，活荷重に対しては1.5，抵抗係数は1.2，$N_D=800\,\mathrm{kN}$，$N_L=500\,\mathrm{kN}$ とする．

解答

$$N = 1.05 \times 800 + 1.5 \times 500 = 1590 \leqq N_U = \frac{235 \times 9600/1000}{1.2} = 1880\,\mathrm{kN}$$

これは $N \leqq N_U$ を満たす．

AASHTO（アメリカ道路協会）では，許容応力度設計法のほかに，LRFD（load and resistance factor design）とよばれる設計法があり，断面が塑性化することによる余力も考える．さらに，鋼材はコンクリート材と異なり強度のばらつきが小さく，しかも公称の強度より強度の低い材料が少ないことを考え，式 (2.3) と同様の強度照査式を提案している．

橋構造の強度をどのように評価するか，あるいはどのように与えるかという問題に対しては，一般に示方書で提示されている．式 (2.1)，(2.3) のどちらを用いても，静定構造の橋梁に関しては，多くの研究に裏づけられた終局強度に基づいており，安全率のとり方によってはほぼ同じ結果が得られる．しかし，構造として合理的な形式である不静定構造の橋梁の設計に関しては，終局強度の与え方にはなお多くのアプローチが残されている．また現在では，後で述べる性能照査設計が導入され，その強度が合理的な研究により広く認められているのならば，それに基づき強度を評価することができる．

また，構造物の設計にあたっては，その寿命や使用性に影響する過度の変形，変位，疲労，振動などに対する限界状態についての照査が必要なことはいうまでもない．これらは終局強度により設計され，寸法が与えられた構造に対し検討される．なお，一般には，安全率は設計示方書の諸条項の中に規定されており，設計者自身は設計にあたってはそれらの値を用いることになる．設計法一般については専門書を参照されたい．

許容応力度設計法と終局強度設計法の比較の単純な例として，それぞれの支間中央に集中荷重を受ける鋼製の 2 径間連続ばりを考えてみよう（**図 2.5**）．まず，許容応力度設計法で代表される設計では，等断面を仮定し弾性一次構造解析を行う．次に，得られた曲げモーメントから，許容曲げ応力度と断面係数* より一義的に断面が決定できる．より精密な解析を行うには，次に，得られた断面を用い，変断面として解析し同じ操作を繰り返すことにより，各断面とも作用力に対し等しい抵抗力をもつ，いわゆる等強度設計とすることもできる．また少ない材料を使用して，終局抵抗曲げモーメントをもっとも大きくなるように断面を選ぶことにもなる．

なお，このように変断面で設計された場合には，D，B，E の 3 点で同時に応力が許容値に達し，終局状態となっているとみなすことになる．しかし現実には，終局状態付近では，弾性一次解析で仮定している荷重と変形の比例関係が失われているので，

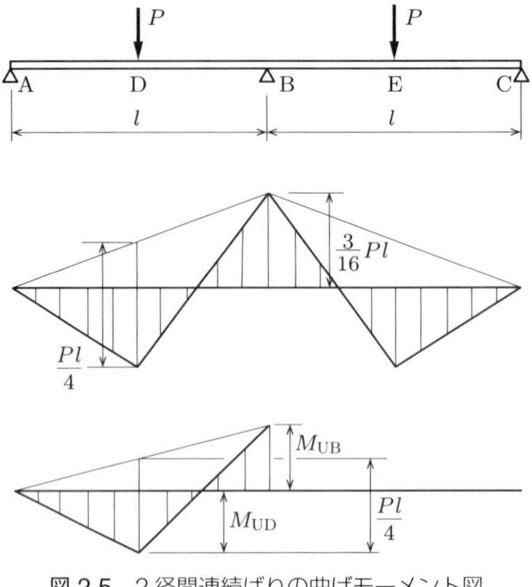

図 2.5 2径間連続ばりの曲げモーメント図

D, B, E 断面が同時に終局状態に達するかどうかは不明である. A, B 断面が次々と破壊し, 所定の強度を発揮できなくなる危険性も含んでいる. また, この桁が橋梁であるならば, 影響線* により設計することになり, D 断面と B 断面を設計する荷重分布は異なることになり, 問題はより複雑化する.

一方, 終局強度設計法では, 大きい曲率となる変形まで断面が抵抗断面力を維持できるようなものを選ぶことができるので, 中間支点上で変形に関係なくある抵抗曲げモーメント（塑性モーメント）M_{UB} を期待できる. そこで, B 点以外に, AB 間で曲げモーメントがもっとも大きくなる $l/2$ 点（この場合は D, E 点）でも終局抵抗曲げモーメント $M_{\mathrm{UD,E}}$ となったとき, 終局状態とみなす. すると, 終局状態は, AB を単純支持ばりとして得られる曲げモーメントを M_0 とし, 支間では支間中央で曲げモーメントが最大になるので,

$$M_0 = \frac{\gamma W l^2}{4} < M_{\mathrm{UD,E}} + \frac{M_{\mathrm{UB}}}{2} \tag{2.4}$$

となる. ここで W は設計荷重である. そこで, 設計としては A 点と D, E 点の断面は式 (2.4) を満足さえしていればよく, $M_{\mathrm{UD,E}}$ と M_{UB} の組合せは自由であり, 一義的には定まらない. すなわち, 両点での断面はかなり自由に選んでよいことになる. しかし, 一般には製作の容易な一様断面の桁を選ぶことになろう. 許容応力度設計法では, 等断面では D, E 点の応力が許容値まで必ずしも達せず, 不経済な設計となる. このように終局強度設計法では, 使用される断面形状は許容応力度設計法で規定されているものより大きな曲率に耐えるものとなるので, 一般には幅に比較して分厚い板

を用いることとなる．これに対し，許容応力度設計法で採用される断面形状は，生じる応力がなるべく小さくなるような薄い板で構成されることになる．すなわち，採用する設計法によって断面構成が変わってくる．

そこで，一般の場合，どちらの設計法がより経済的になるかの判断は難しい問題となろう．構造によって，使用法によって，あるいは製作費によって，より適した設計法を選ぶことになる．設計される構造物は多様であり，現在各設計法もなお発展の段階にあり，それぞれ長所をもっていることを考えれば，多様な強度設計法が存在する理由にもなっている．設計者はよくその特徴を心得て，採用すべき設計法を定めるべきである．

2.2.3 設計の流れ

許容応力度設計法では，骨組形状が与えられると，通常行われる応力解析結果により一義的に近い形で構造寸法が定められるが，必ずしもつねに終局状態を考えた設計にはならない．式 (2.3) の表現をとっても，その応答値の計算法に工夫をする余地が残されている．現在コンピュータでの計算にも広く使用される，一般の弾性計算を基礎とした不静定構造物の応答計算では，その自由度は制限され，必ずしも真の意味の終局状態を考えた設計とはならない．終局強度設計法では，あらゆる形式の構造物の終局強度の算出法が確立されているわけではないし，初期形状を定める基準を与えるのが一般に困難である．ただ，構造によっては，設計はきわめて簡単な作業となる．

しかし，ここで応力解析を行うと寸法が定まる．すなわち初期寸法を与えやすいという長所をもっているため，橋梁設計ではいままで許容応力度設計法が広く採用されてきた．一方，限界状態設計法も，現段階では強度照査法が異なる場合があるだけで，ほとんど同じ過程で設計される．しかも，前述のように，不静定構造物には余力があるため，一般に構造物は不静定構造物で設計するのが好ましい．こういった構造物に対する終局強度設計法が必ずしも確立していないが，最近の研究成果を踏まえ，2017 年 11 月から，道示では限界状態設計法を用いた部分係数法が採用された．

許容応力度設計法による場合には，構造形式および部材の構成は，まず，適切であると思われる主桁の構造形状・断面を想定する．設計にあたって，荷重である外力に対し，構造物の内部に生じる力が，水が流れるように，無理なく支点を通り基礎に導かれるような構造であることが望ましい．こうして想定した構造について，おおよその床構造を設計し，主構造と合わせ自重を仮定する．さらに，考慮すべき活荷重とその衝撃の影響を求める．

次に，構造の寸法・断面を決定するのに必要な，点あるいは断面に生じる応力の影響線を，構造力学の知識を応用して求める．通常の場合，橋梁の応力などの影響線は弾性一次構造解析理論による．次に，載荷すべき荷重を定める．たとえば道路橋であれば，橋の等級，重車両の交通状態などを考慮し，載せるべき活荷重が定まる．これらの荷重の載荷位置は影響線により，その点の応力がもっとも大きくなるように決定し，その荷重状態と，床構造なども含めた死荷重により各部材に生じる最大断面力を求める．ここで，断面を仮定し，各断面の最大応力を求め，それが許容応力度以内になるようにする．

こうして部材の断面寸法が定まれば，これらを接合し組み立て，構造全体を形成するため接合部の設計を行う．もちろん，必要に応じ，架設時の応力などの検討も必要である．

できあがった主桁構造が立体的な強度と剛性が発揮できるように，風荷重や地震力を側方より加え，それに抵抗できるように横構や対傾構* を設計する．さらに，考慮する必要がある荷重があれば，それらを載荷し，その構造に許容応力度以上の応力がはたらかないようにする．もし，それまでの過程で応力が許容応力度を超えるようであれば，超えないように構造寸法・断面を変更する．

さらに，床版およびそれを支える床組などの細部構造，高欄，支承，伸縮継手，排水設備などの細部の設計を行う．これらの部分は橋の寿命や使い勝手に大きく影響を与えるものであるから，とくに慎重に設計することが必要である．以上のような作業を行い，許容応力度設計法による強度設計は終了する．

終局強度設計法は，基本的には許容応力度設計法とは変わらないが，限界値は必ずしも応力では与えられていないので，単純な構造では応力の代わりに断面力に対して上記の方法により構造寸法を定める．複雑な構造に対しては，構造全体の終局強度を知るには，通常の構造力学で学ぶこと以上の知識を必要とする．しかし，上手に設計を行えば，より強度の高い合理的な構造物の設計ができる．

2.3　性能照査設計

近年，新しい設計体系が提唱され，道示にも 2017 年 11 月から本格的に導入された．従来は，種々の項目を規定された許容値や耐力や形状・寸法を満足するように設計する，いわゆる仕様規定型の設計法であった．一方，要求する性能のみを示し，その性能をどのように満足するかは設計者に委ねる，いわゆる性能規定型の方法を性能照査型設計法という．これにより，設計の自由度が高まり，新規性に富み，合理的で経済的な橋が建設されると期待されている．

しかし，要求される性能を満足するかどうかの判断は，必ずしも容易ではない．道示では，荷重や抵抗値のばらつきも考慮したうえで，設計状況に対して橋や部材の限界状態を確実に達成できるように，従来の許容応力度設計法に代わり，部分係数法が採用された．詳しくは第5章で解説するが，本節では，この新しい手法に基づく橋の設計方法の概要を示す．以下で触れる，作用やそれにかかわる係数の詳細については，第3章を参照されたい．

2.3.1 橋の耐荷性能に関する基本事項

橋の設計にあたっては，次の3種類の状況を考慮する．

1) 永続作用による影響が支配的な状況（構造物の自重など）
2) 変動作用による影響が支配的な状況（自動車，風など）
3) 偶発作用による影響が支配的な状況（最大級地震，衝突など）

さらに，設計供用期間中に生じる下記の橋の状態を考慮する．

1) 橋として荷重を支持する能力が，損なわれていない状態
2) 部分的に荷重を支持する能力が低下しているが，あらかじめ想定する範囲内にある状態
3) 橋として荷重を支持する能力の低下が生じ進展しているが，落橋等の致命的ではない状態

これらを踏まえて，2種類の橋の耐荷性能を定義する．橋の耐荷性能1は，以下を満足する性能である．

1) 永続作用および変動作用下において，部分的にも損傷が生じておらず，荷重を支持する能力が損なわれていない．
2) 永続作用および変動作用下において，落橋等の致命的な状態に至らないだけの十分な終局強度を有している．
3) 偶発作用下において，橋として荷重を支持する能力の低下が生じ進展しているが，落橋等の致命的な状態でない．

橋の耐荷性能2は，以下を満足する性能である．

1) 永続作用および変動作用下において，部分的にも損傷が生じておらず，荷重を支持する能力が損なわれていない．
2) 永続作用および変動作用下において，落橋等の致命的な状態に至らないだけの十分な終局強度を有している．
3) 偶発作用下において，直後に橋として荷重を支持する能力を速やかに確保できる．
4) 偶発作用下において，橋として荷重を支持する能力の低下が生じ進展しているが，落橋等の致命的な状態でない．

2.3.2　橋の限界状態

橋が所要の耐荷性能をもつかどうか照査するために，橋としての荷重を支持する能力および橋の構造安全性の観点から，橋の限界状態1～3を設定する.

橋の限界状態1：橋としての荷重を支持する能力が損なわれていない限界の状態
橋の限界状態2：部分的に荷重を支持する能力が低下しているが，橋としての荷重を支持する能力に及ぼす影響は限定的であり，あらかじめ想定する範囲内にある状態
橋の限界状態3：これを超えると構造安定性が失われる限界の状態

2.3.3　鋼部材の耐荷性能の照査

橋の耐荷性能の照査は，橋を構成する部材を照査することにより行う．その際，永続作用および変動作用下において部材が限界状態1および限界状態3を超えないこと，偶発作用下において部材が限界状態1または2および限界状態3を超えないこと，を照査する.

部材の耐荷性能は，次式により照査する.

$$\sum S_i(\gamma_{pi}\gamma_{qi}P_i) \leqq \xi_1\xi_2\Phi_R R \tag{2.5}$$

ここで，

P_i：作用の特性値
S_i：作用効果であり，作用の特性値に対して算出される部材の応答値
R：部材の抵抗にかかわる特性値で，材料の特性値や寸法の特性値を用いて算出される
γ_{pi}：荷重組合せ係数
γ_{qi}：荷重係数
ξ_1：調査・解析係数
ξ_2：部材・構造係数
Φ_R：抵抗係数

である.

式(2.5)では，作用側は作用側で，抵抗側は抵抗側で，それぞれ必要な信頼性水準が得られるような部分係数を与える．本式の左辺は，荷重係数や荷重組合せ係数を作用の組合せに考慮して作用の応答値を得るものである．作用は，着目する部材にもっとも不利な状態が生じるよう載荷する．荷重組合せ係数は，荷重の同時載荷状況を考慮するための係数で，荷重係数は設計供用期間中に橋に与える影響の極値を考慮するための係数である.

式 (2.5) の右辺は，限界状態を代表する抵抗の特性値を算出した後に，抵抗係数，調査・解析係数および部材・構造係数を考慮し，抵抗の制限値を得るものである．抵抗係数は，抵抗値の評価に関し，その確率統計的な信頼性の程度を考慮するための係数である．調査・解析係数は，橋のモデル化および作用効果を算出する過程に含まれる不確実性を考慮する係数であり，部材・構造係数は，部材の非弾性域における強度特性の違いを考慮する係数である．

2.4 耐久性の検討

橋は貴重な社会資本であり，長期にわたり使用されるべきである．イギリスの The Iron Bridge（アイアンブリッジ）は，200 年以上経た今日でも使用されている．また，アメリカの吊橋である Brooklyn（ブルックリン）橋は，100 年以上，ニューヨーク市民の交通手段として活躍している．このように橋を長期間保つためには，その耐久性に配慮した設計が不可欠である．鋼橋においては，とくに疲労と防食が重要である．コンクリート橋にあっては材料の劣化と鉄筋の錆（さび）が問題となる．

2.4.1 疲労設計

鋼部材に繰り返し力が作用すると，比較的小さい作用力であっても，局所的な亀裂が生じることがある．この亀裂がさらに広がり，部材そのものが破断する場合もあり，非常に危険な現象である．

一般に，発生応力範囲（S）と疲労亀裂が発生するまでの繰り返し回数（N）には，図 2.6 に示す関係がある．これを，S–N 曲線という．応力範囲が大きいほど，疲労亀裂が発生するまでの回数は少ない．ただし，ある応力範囲より小さい場合には，無限の繰り返し回数に対しても疲労亀裂は発生しない．S–N 曲線は，鋼材の種類や溶接状態によって異なり，等級別に分類されている（参考：日本道路協会，鋼道路橋の疲

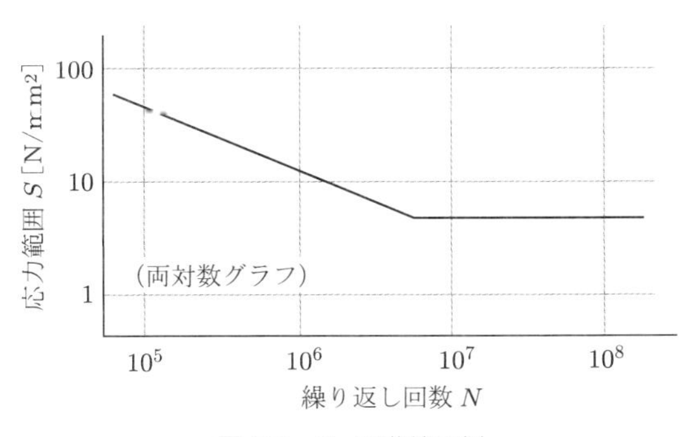

図 2.6　S–N 曲線の例

労設計指針）.

2.4.2 防錆（せい）・防食

鋼材は，水と酸素が共存する環境で腐食する．これに塩化物や硫黄などが加わると，腐食はさらに激しくなる．腐食を防ぐ（防食）ためには，鋼材の表面に塗装するのがもっとも一般的である．塗装には多くの種類があり，腐食環境や要求される期間に応じて，適切な種類を選定しなければならない．また，塗装する前には，鋼材表面は汚れを除去すると同時に適度な粗度にし，塗装との密着性を確保することが重要である．

また，鋼材に適量の銅・ニッケル・クロムなどを添加することで，鋼そのものの耐候性を高めることができる．これらの元素により，鋼材表面に緻密な不動態被膜が形成され，腐食の進展が抑制されるためである．これは耐候性鋼材とよばれ，塗装を必要としないため，経済的で維持管理上も優れている．しかし，飛来塩分の多い地区では緻密な不動態被膜が破壊されやすいこともあり，注意を要する．

2.5 橋梁の造形

設計された橋は美しくなければならないことはすでに述べた．それでは，美しい橋を設計するにはどうすればよいかとなると，これはまた非常に難しい問題となる．一つの方法は，世界中の多くの橋をみて，美しい橋と，醜いあるいは訴える力のない橋とに分け，それらがなぜそのように感じるかを分析することにより，一般則を見出すことである．これを行うには，長い年月の知識の集積と経験が必要となる．その一般則については，一般の美学，あるいは橋梁美学の書籍に譲ることにし，ここでは，少なくとも，どうすれば醜くない橋を設計できるかについて考えてみることにする．

荷重が橋梁構造の中を流れる力となり，大地に伝わり，橋梁としての役目を果たすことはすでに述べたとおりである．この流れが，自然であり，気持ちのよいものであれば，われわれは美しいと感じる．長い年月をかけて発達してきた橋梁形式そのものは，全体としてみたとき，一般的にいって美しい形をしているといえよう．そこで，第一に，その力の流れ方のよい形と細部構造を選ぶことが大事になる．それはまた，力学的に合理的な構造を選ぶということを意味している．しかし，その力の流れのみでは橋は成り立たない．その流れが成り立つように構造物の形状が与えられ，それを助ける二次的部材，細部構造，いろいろな細工や付属物が橋には必要となる．それらのもつ形状，位置が，その美しい流れを妨げているような，余計なものがついているような感じを与えるものであってはいけない．

また，機構や機能部分というものを直接的にみせるのは，必ずしもみるものによい感じを与えない．たとえば，人間の体でいえば，歯をいつも剥きだしているのはよい感じを受けないし，内臓をみるのは抵抗を感じる．身体のそれぞれの部分の大きさ，形状，それらのバランスによっては，美しくも，強そうにも，優雅にもみえ，無意味なものに対してよい感じをもたない．写真 2.1 に，ウィーンにあるプレート・ガーダーの機構部分である支承の設計の例を示すが，この部分が橋台に隠されていることに注意されたい．

写真 2.1　支承を隠して設計しているプレート・ガーダーの例（オーストリア）

結局，つねに美しいものを設計しようと心掛けていれば，おのずと美しい橋が設計できるようになると思われる．さらに，ほかの芸術作品と同様に自分の心に描く橋のあるべき姿を具象化できれば，橋梁設計技術者としてさらに素晴らしいことになる．

演習問題 2

2.1 2 本の割り箸を用意し，1 本は両端を支え，その真ん中に，1 本は万力などで一端を支えて先端におもりを加える．これらの場合に折れる重さを調べよ．

2.2 終局限界状態設計法が許容応力度設計法より優れている点は何か．

第3章

作　用

3.1　作用の種類と組合せ

道路橋では群衆や自動車列が橋に載り，鉄道橋ならば列車がその上を走る．このような群衆，自動車，列車の重量が，橋に対して力として作用する．これらは荷重とよばれる．もちろん，橋自身の重量，台風による風圧も荷重として橋に作用する．また，コンクリートのクリープ・乾燥収縮や温度変化の影響も橋に作用する．このような荷重または影響を，作用と称する．これらの作用を**表 3.1** に示す．

表 3.1　作用特性の分類

	永続作用	変動作用	偶発作用
1) 死荷重（D）	○		
2) 活荷重（L）		○	
3) 衝撃の影響（I）		○	
4) プレストレス力（PS）	○		
5) コンクリートのクリープの影響（CR）	○		
6) コンクリートの乾燥収縮の影響（SH）	○		
7) 土圧（E）	○	○	
8) 水圧（HP）	(○)*	○	
9) 浮力および揚圧力（U）	(○)*	○	
10) 温度変化の影響（TH）		○	
11) 温度差の影響（TF）		○	
12) 雪荷重（SW）		○	
13) 地盤変動の影響（GD）	○		
14) 支点移動の影響（SD）	○		
15) 遠心荷重（CF）		○	
16) 制動荷重（BK）		○	
17) 風荷重（WS, WL）		○	
18) 波圧（WP）		○	
19) 地震の影響（EQ）		○	○
20) 衝突荷重（CO）			○

*水位の変動幅や荷重効果の変動幅によっては，永続荷重として取り扱う場合がある．

橋は，このような種々の作用，しかもそのいかなる組合せに対しても十分に抵抗できなければならない．そこで，設計にあたって，橋にとってもっとも不利になるような作用の組合せをみつけ，それを作用させて部材寸法を決める．しかし，これはきわめて煩雑な作業を行うことになる．

そこで，作用を永続作用，変動作用，偶発作用に3分類する（表3.1）．そして，これらの作用の組合せ，各組合せに対する荷重組合せ係数および荷重係数 γ_q を**表3.2**に示す．荷重係数は，作用の特性値のばらつきを考慮するもので，設計供用期間中（100年）の変動の特性から得られる最大値分布に基づき，個々の作用値が極値を下回らないように補正したものである．荷重組合せ係数は，橋が置かれる状況を荷重の組合せとして与えるにあたって，その同時載荷状況に応じて個々の荷重の規模を補正するものである．

橋梁の設計にあたっては，まず，表3.1の作用のうち，実際に部材にはたらいている作用の組合せを考慮する．このとき，作用の組合せによって，永続作用，変動作用，偶発作用のうちいずれが支配的な状況であるかをみて，表3.2から荷重係数，荷重組合せ係数を決定し，第5章で述べる性能照査の計算などに用いることになる．本章では，表3.1に示した作用のうち主なものについて，その性質や計算方法を解説する．

橋は，すべて一定の規格で設計されていなければ，安心して通行することはできない．そこで，わが国の道路橋で考慮すべき作用は道示に規定されている．世界各国とも，それぞれ自分の国の橋についてこのような示方書をもっている．

3.2 死荷重

死荷重とは橋自体の重量のことであり，固定荷重ともよばれる．設計にあたっては，以前に設計された類似の橋梁の重量を参照して仮定することになるが，設計が終了した時点で，あらためて設計された構造物の寸法と単位重量により求める．**表3.3**に，死荷重の算出に用いる材料の単位重量を示す．

3.3 活荷重

活荷重は群衆や自動車による荷重を指し，これらは橋の上の任意の位置に移動できるので，移動荷重ともよばれる．自動車荷重は，大型車の交通状況に応じてA活荷重とB活荷重に区分される．A活荷重は市町村道などに適用し，B活荷重は高速自動車道や一般国道などの幹線道路に適用される．設計荷重は総重量245 kNの大型自動車を基準に設定されており，A活荷重はこの大型車の走行頻度が低い状況を想定し，

表 3.2　おもな作用の組合せに対する荷重組合せ係数および荷重係数

設計状況の区分	作用の組合せ	荷重組合せ係数 γ_p と荷重係数 γ_q の値																			
		D		L		PS, CR, SH		E, HP, U		TH		TF		GD, SD		WS		EQ		CO	
		γ_p	γ_q	γ_p	γ_q	γ_p	γ_q	γ_p	γ_q	γ_p	γ_q	γ_p	γ_q	γ_p	γ_q	γ_p	γ_q	γ_p	γ_q	γ_p	γ_q
永続作用支配状況	D	1.00	1.05			1.00	1.05	1.00	1.05			1.00	1.00	1.00	1.00						
変動作用支配状況	$D+L$	1.00	1.05	1.00	1.25	1.00	1.05	1.00	1.05			1.00	1.00	1.00	1.00						
	$D+TH$	1.00	1.05			1.00	1.05	1.00	1.05	1.00	1.00	1.00	1.00	1.00	1.00						
	$D+TH+WS$	1.00	1.05			1.00	1.05	1.00	1.05	0.75	1.00	1.00	1.00	1.00	1.00	0.75	1.25				
	$D+L+TH$	1.00	1.05	0.95	1.25	1.00	1.05	1.00	1.05	0.75	1.00	1.00	1.00	1.00	1.00						
	$D+WS$	1.00	1.05			1.00	1.05	1.00	1.05			1.00	1.00	1.00	1.00	1.00	1.25				
	$D+TH+EQ$	1.00	1.05			1.00	1.05	1.00	1.05	0.5	1.00	1.00	1.00	1.00	1.00			0.50	1.00		
	$D+EQ$	1.00	1.05			1.00	1.05	1.00	1.05			1.00	1.00	1.00	1.00			1.00	1.00		
偶発作用支配状況	$D+EQ$	1.00	1.05			1.00	1.05	1.00	1.05					1.00	1.00			1.00	1.00		
	$D+CO$	1.00	1.05			1.00	1.05	1.00	1.05					1.00	1.00					1.00	1.00

表 3.3　材料の単位重量

材料	単位重量 [kN/m^3]
鋼・鋳鋼・鍛鋼	77.0
鋳鉄	71.0
アルミニウム	27.5
鉄筋コンクリート	24.5
コンクリート	23.0
木材	8.0
アスファルト舗装	22.5

B 活荷重はこの大型車の走行頻度が高い状況を想定している．

道示では，直接荷重を受ける床版と床組などに対しては，T 荷重を載荷する．T 荷重は，大型自動車の後輪荷重を，橋軸方向には 1 台，幅員方向には並べられるだけ並べて載荷する（図 3.1）．B 活荷重を適用する場合には，表 3.4 に掲げた係数倍して床版などの設計を行う．この係数は 1.5 を超えてはならないので，その場合は支間長 L を調整する必要がある．

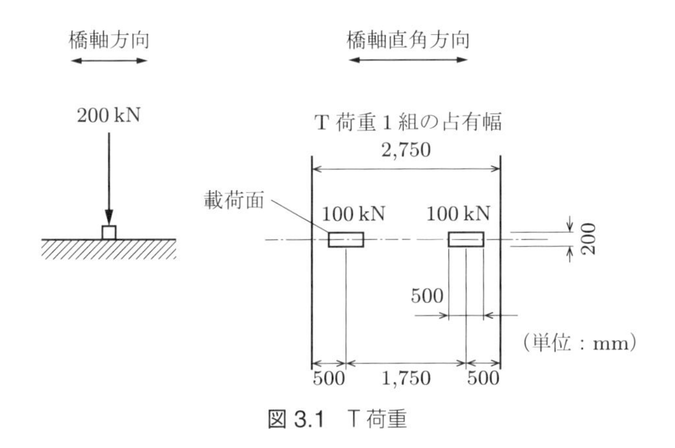

図 3.1　T 荷重

表 3.4　B 活荷重を適用する際に床組などの設計に用いる係数

部材の支間長 L [m]	$L \leqq 4$	$L > 4$
係数	1.0	$\frac{L}{32} + \frac{7}{8}$

橋の主構の設計の際には，2 種類の等分布荷重 p_1，p_2 よりなる L 荷重を載荷する（図 3.2，表 3.5）．橋の幅 5.5 m までは p_1，p_2 の 100% を，残りの部分にそれらの 50% を載荷する．L 荷重は，車両が任意の位置に載ることを考慮し，その載荷位置は影響線を使用して影響量が最大となるように定める．また，歩道には表 3.6 に示す等分布荷重を載荷する．

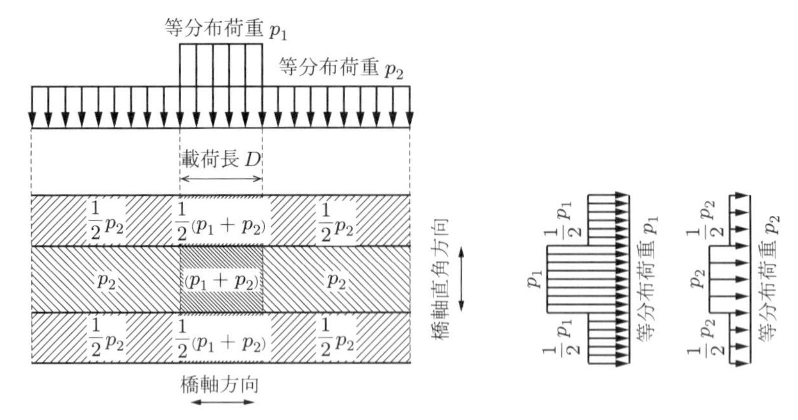

図 3.2　L 荷重

表 3.5　L 荷重

荷重	主載荷荷重（幅 5.5 m）						従載荷荷重
	等分布荷重 p_1			等分布荷重 p_2			
	載荷長 D [m]	荷重 [kN/m^2]		荷重 [kN/m^2]			
		曲げモーメントを算出する場合	せん断力*を算出する場合	$L \leqq 80$	$80 < L \leqq 130$	$130 < L$	
A 活荷重	6	10	12	3.5	$4.3 - 0.01\,L$	3.0	主載荷荷重の 50%
B 活荷重	10						

表 3.6　歩行者荷重

支間長 L [m]	$L \leqq 80$	$80 < L \leqq 130$	$L > 130$
等分布荷重 [kN/m^2]	3.5	$4.3 - 0.01\,L$	3.0

衝撃は，活荷重が動的に橋に載る影響を表しており，通常，活荷重をある割合で割り増して考慮する．これを衝撃係数 i とよび，支間長 L [m] の鋼橋に対しては次式で表される．

$$i = \frac{20}{50 + L} \tag{3.1}$$

この式は，橋の支間が長くなるほど，動的効果が小さくなるということに基づいている．L は鋼単純桁の場合の支間長であるが，他形式の橋の支間は道示で定めている換算式を用いて求める．

例題 3.1　死荷重および活荷重の計算

図 3.3 に示す，支間長 20 m の歩道橋を考える．歩行者の幅員は 5.0 m，全幅員

は5.5 m，RC床版（30 cm厚），アスファルト舗装（7 cm厚），2本の鋼I桁，を仮定する．このとき，

(1) 主桁1本の単位長さあたりに作用する死荷重を求めよ．

(2) 歩行者が橋全体に載っている場合，主桁1本の単位長さあたりに作用する活荷重を求めよ．

(3) 主桁中央での死荷重による曲げモーメント M_D，活荷重による曲げモーメント M_L を求めよ．

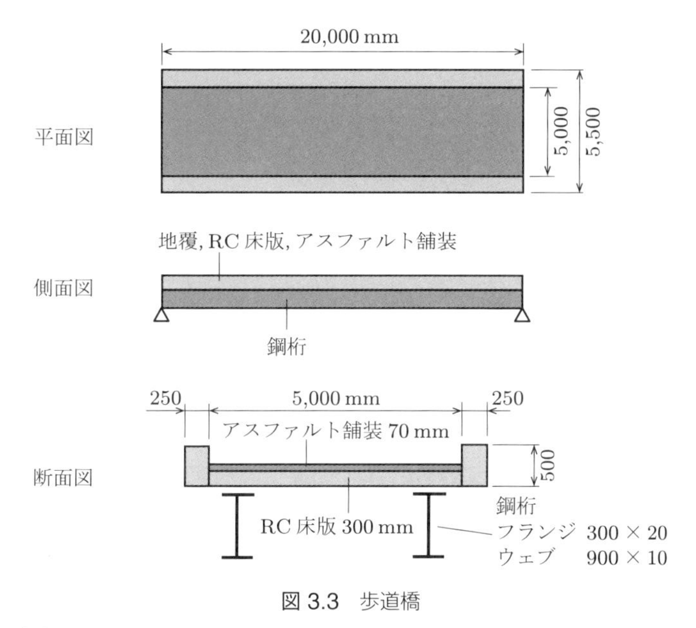

図3.3 歩道橋

解答 (1) 主桁1本の単位長さあたりに作用する死荷重は，橋を構成する部材ごとに求める．

アスファルト舗装	$5.0 \times 0.07 \times 22.5/2 =$	3.937
RC床版	$5.0 \times 0.3 \times 24.5/2 =$	18.375
地覆	$0.25 \times 0.5 \times 24.5 =$	3.062
鋼桁	$(0.3 \times 0.02 \times 2 + 0.9 \times 0.01) \times 77.0 =$	1.617
合計		26.991 kN/m

(2) 歩行幅員は5.0 mであり，この部分に3.5 kN/m^2 が載荷される．したがって，主桁1本の単位長さあたりに作用する活荷重は，

$$3.5 \times 5.0/2 = 8.75\,\mathrm{kN/m}$$

である．

(3) 主桁には等分布荷重が載荷するため，主桁中央での曲げモーメントは

$$M_D = 26.991 \times 20^2/8 = 1349\,\mathrm{kN{\cdot}m}$$
$$M_L = 8.75 \times 20^2/8 = 438\,\mathrm{kN{\cdot}m}$$

となる．

3.4　風荷重

橋に作用する，単位面積あたりの風荷重 $p\,[\mathrm{kN/m^2}]$ は次式で表される．

$$p = \frac{1}{2}\rho U_d^2 C_d G \tag{3.2}$$

ここで，ρ：空気密度（$1.23\,\mathrm{kg/m^3}$），U_d：設計基準風速，C_d：抗力係数，G：ガスト応答係数である．設計基準風速は高度 10 m における平均風速であり，40 m/s としている．物体に作用する気流方向の力を抗力というが，これは物体の形状に依存する．抗力係数は，この影響を表したものであり，水平方向に扁平な物体に対しては小さく，鉛直壁などに対しては大きい．風速は時間とともに変動するが，これを風の乱れ，またはガストとよぶ．ガスト応答係数はこの影響を表しており，1.9 を標準としている．風荷重は，橋を鉛直面に投影した面積に垂直に，規定された等分布荷重強度を載荷する．幅員 B と高さ D を有する桁橋の場合には，**表 3.7** に示す式より算出される．B と D のとり方は**図 3.4** に示す．なお，風上側の桁にはこの値，風下側の桁にはその 2 分の 1 を載荷する．

表 3.7　桁橋の風荷重

断面形状	風荷重 $[\mathrm{kN/m^2}]$
$1 \leqq B/D < 8$	$(v/40)^2\{4.0 - 0.2(B/D)\}D \geqq 6.0$
$8 \leqq B/D$	$(v/40)^2 2.4D \geqq 6.0$

v：設計基準風速

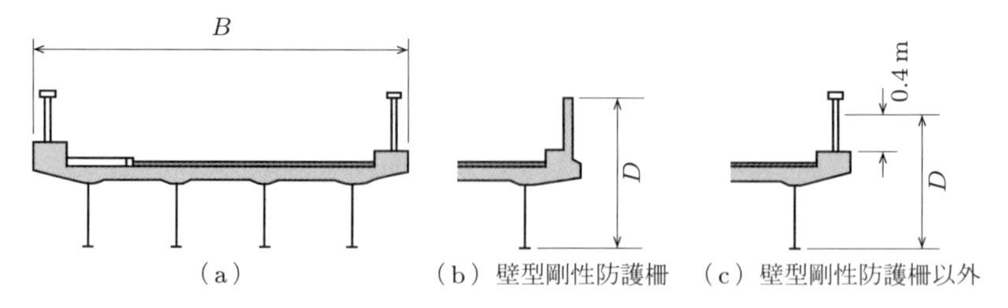

図 3.4　鋼桁の B と D のとり方

長径間の橋では，架設位置や地形を考慮に入れた風圧，あるいは風による動的な影響も検討する必要がある．一般に，剛度が低く振動減衰率の小さい橋は動的影響を受けやすい．動的耐風性を高めるには，一般には，風の吹き抜けのよいトラス構造を用いるか，流線形断面の桁を用いる．さらに，橋構造の減衰を高める装置を設ける，一様な渦の発生を防ぐなどの工夫を行うのも一案である．

3.5　地震荷重

橋の耐震設計においては，2 種類の地震動を考慮する．橋の設計供用期間中にしばしば発生する地震動である「レベル 1（L1）地震動」，および，橋の設計供用期間中に発生することはきわめて稀であるが，いったん生じると橋に及ぼす影響が甚大であると考えられる地震動である「レベル 2（L2）地震動」である．

地震を考慮した橋の設計には，地震動により生じる振動加速度を基準化した震度を構造物の自重に乗じた水平荷重として載荷する（**図 3.5**）．これが震度法であり，次式で表される．

$$H = k_h W \tag{3.3}$$

$$k_h = C_Z k_{h0} \tag{3.4}$$

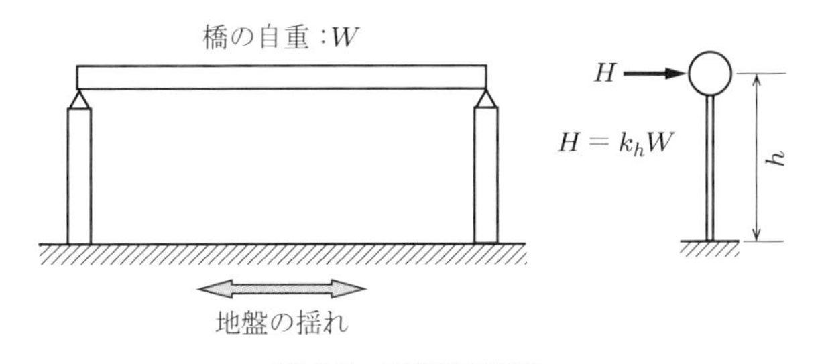

図 3.5　震度法の概念

ここで，H：地震による水平荷重，k_h：水平震度，W：自重，k_{h0}：標準水平震度，C_Z：地域別補正係数である．地域別補正係数は地震動の強さの地域依存性を考慮して 3 種類に分類したもので，A 地域では 1.0，B 地域では 0.85，C 地域では 0.7 とする．レベル 1 地震動に対する標準水平震度を**表 3.8** と**図 3.6** に示すが，地盤の種類（I 種，II 種，III 種）および構造物の固有周期に応じて設定されている．これは，橋の地震応答特性が，地盤の種類および構造物の固有周期に依存することを考慮したものである．

レベル 2（L2）地震動には，プレート境界型の地震を想定した「レベル 2（L2）地震動，タイプ I」と，内陸直下型の地震を想定した「レベル 2（L2）地震動，タイプ

表 3.8 レベル 1 地震動の設計水平震度 k_{h0} の標準値

地盤種別	固有周期 T に対する k_{h0} の値		
I 種	$T < 0.10$ $k_{h0} = 0.431T^{1/3}$ ただし，$k_{h0} \geqq 0.16$	$0.10 \leqq T \leqq 1.10$ $k_{h0} = 0.20$	$1.10 < T$ $k_{h0} = 0.213T^{-2/3}$
II 種	$T < 0.20$ $k_{h0} = 0.427T^{1/3}$ ただし，$k_{h0} \geqq 0.20$	$0.20 \leqq T \leqq 1.30$ $k_{h0} = 0.25$	$1.30 < T$ $k_{h0} = 0.298T^{-2/3}$
III 種	$T < 0.34$ $k_{h0} = 0.430T^{1/3}$ ただし，$k_{h0} \geqq 0.24$	$0.34 \leqq T \leqq 1.50$ $k_{h0} = 0.30$	$1.50 < T$ $k_{h0} = 0.393T^{-2/3}$

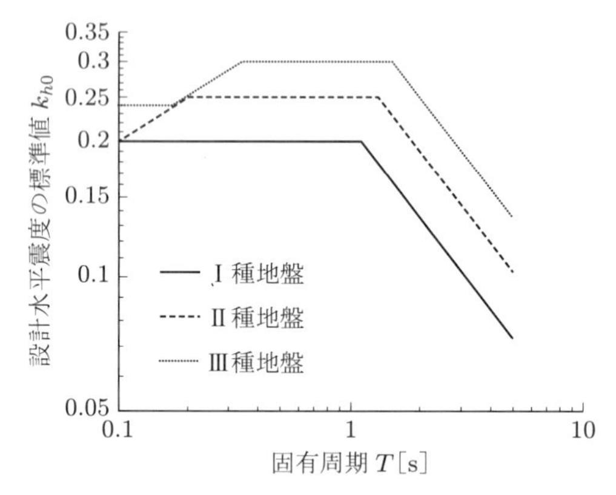

図 3.6 レベル 1 地震動の設計水平震度 k_{h0} の標準値

II」の 2 種類を考慮する．これらの標準水平震度を表 3.9 と図 3.7，および表 3.10 と図 3.8 に示すが，レベル 1（L1）地震動に比べ大幅に高い．

これらの地震力に対して，橋の満たすべき耐荷性能は以下である．すなわち，L1 地震動に対して，部材は弾性域に留まらなくてはならず，軽微な損傷も許されない．一方，L2 地震動に対して，部材は塑性域に至ってもよく，軽微な損傷は許されるが，大規模な損傷や崩壊は許されない．

表 3.9 レベル 2 地震動（タイプ I）の設計水平震度 $k_{\mathrm{I}h0}$ の標準値

地盤種別	固有周期 T に対する $k_{\mathrm{I}h0}$ の値		
I 種	$T < 0.16$ $k_{\mathrm{I}h0} = 2.58T^{1/3}$	$0.16 \leqq T \leqq 0.60$ $k_{\mathrm{I}h0} = 1.40$	$0.60 < T$ $k_{\mathrm{I}h0} = 0.996\ \mathrm{T}^{-2/3}$
II 種	$T < 0.22$ $k_{\mathrm{I}h0} = 2.15T^{1/3}$	$0.22 \leqq T \leqq 0.90$ $k_{\mathrm{I}h0} = 1.30$	$0.90 < T$ $k_{\mathrm{I}h0} = 1.21T^{-2/3}$
III 種	$T < 0.34$ $k_{\mathrm{I}h0} = 1.72T^{1/3}$	$0.34 \leqq T \leqq 1.40$ $k_{\mathrm{I}h0} = 1.20$	$1.40 < T$ $k_{\mathrm{I}h0} = 1.50T^{-2/3}$

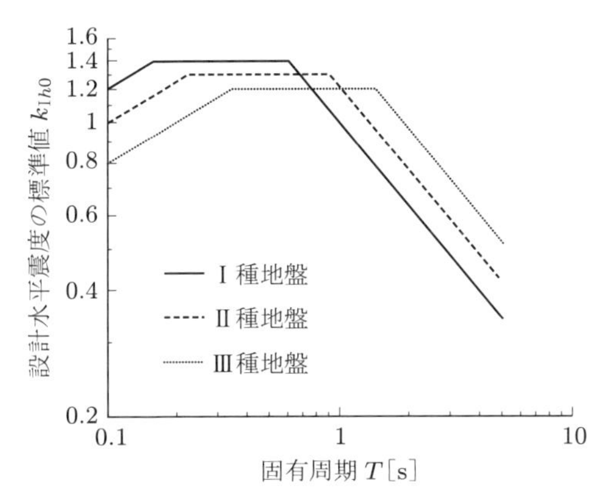

図 3.7　レベル 2 地震動（タイプⅠ）の設計水平震度 $k_{\mathrm{I}h0}$ の標準値

表 3.10　レベル 2 地震動（タイプⅡ）の設計水平震度 $k_{\mathrm{II}h0}$ の標準値

地盤種別	固有周期 T に対する $k_{\mathrm{II}h0}$ の値		
Ⅰ種	$T < 0.30$ $k_{\mathrm{II}h0} = 4.46T^{2/3}$	$0.30 \leqq T \leqq 0.70$ $k_{\mathrm{II}h0} = 2.00$	$0.70 < \mathrm{T}$ $k_{\mathrm{II}h0} = 1.24T^{-4/3}$
Ⅱ種	$T < 0.40$ $k_{\mathrm{II}h0} = 3.22T^{2/3}$	$0.40 \leqq T \leqq 1.20$ $k_{\mathrm{II}h0} = 1.75$	$1.20 < T$ $k_{\mathrm{II}h0} = 2.23T^{-4/3}$
Ⅲ種	$T < 0.50$ $k_{\mathrm{II}h0} = 2.38T^{2/3}$	$0.50 \leqq T \leqq 1.50$ $k_{\mathrm{II}h0} = 1.50$	$1.50 < T$ $k_{\mathrm{II}h0} = 2.57T^{-4/3}$

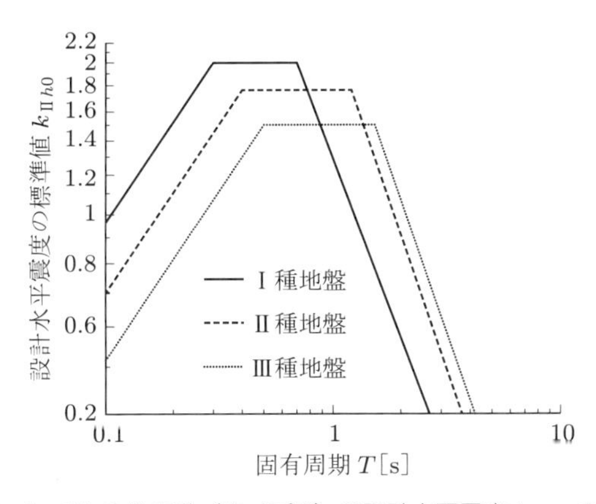

図 3.8　レベル 2 地震動（タイプⅡ）の設計水平震度 $k_{\mathrm{II}h0}$ の標準値

また，この地震力以外に，予期できないような作用を地震により受けても，大きな損傷や落橋が生じないように構造を工夫することが大切である．長径間あるいは特殊な橋では，震度法による強度の検討以外に，地震時に実際に橋に生じるであろう振動応答を計算で求め，橋の各部が受ける応力や変形を検討する必要がある．振動解析法としては，モーダル・アナリシス* による応答解析か，時刻歴応答解析が用いられる．こういった応答解析結果は荷重としては表現されていないので，それによって直接構造寸法を定めることは難しい．しかし，応答解析の結果を正しく判断し，適切な構造剛度や強度あるいは形状・寸法を与え，設計に反映させる必要がある．

例題 3.2　地震荷重の計算

図 3.5 のように，橋の上部構造が 2 本の橋脚（上部構造中心から橋脚下端までの距離 h）で支えられている．以下の条件下での，水平震度，地震による水平力，橋脚下端における曲げモーメントを求めよ．なお，地域別補正係数 C_Z は，1.0 として考えよ．

(1) レベル 1（L1）地震動，I 種地盤，固有周期 0.7 秒

(2) レベル 1（L1）地震動，II 種地盤，固有周期 2.0 秒

(3) レベル 2（L2），タイプ I 地震動，III 種地盤，固有周期 0.5 秒

(4) レベル 2（L2），タイプ II 地震動，I 種地盤，固有周期 0.7 秒

解答　(1) 水平震度は 0.2（表 3.8），地震による水平力は $0.2W$，橋脚下端における曲げモーメントは $0.2Wh$

(2) 水平震度は 0.188（表 3.8），地震による水平力は $0.188W$，橋脚下端における曲げモーメントは $0.188Wh$

(3) 水平震度は 1.2（表 3.9），地震による水平力は $1.2W$，橋脚下端における曲げモーメントは $1.2Wh$

(4) 水平震度は 2.0（表 3.10），地震による水平力は $2.0W$，橋脚下端における曲げモーメントは $2.0Wh$

3.6　温度荷重

温度変化の範囲は，一般の地域では 60℃ と定められている．しかし，基準の温度のとり方は，責任ある技術者に任せてもよい．鋼材の標準的線膨張係数は 1.2×10^{-5} である．温度変化により応力が生じない構造とするのが基本であるが，アーチやラーメンのような不静定構造物では温度変化により応力が生じるのを防ぐことはできない．この場合は温度応力を考慮する．直接日照を受ける部分と日陰部分では構造物内で温度差が生じるが，この温度差は道示では一般には 15℃ としている．合成桁ではコンクリート床版と鋼桁間に生じる温度差を 10℃ とする．

演習問題 3

3.1 T 荷重と L 荷重の違いは何か.

3.2 活荷重と死荷重の性格の違いは何か.

3.3 40 m の単純桁の衝撃係数はいくらか.

3.4 道示において, L 荷重を幅方向に 5.5 m 部分に 1 とすると, その他はその半分の荷重強度のものを載荷するとしている理由を考えよ.

3.5 橋の側方から加わる荷重にはどのようなものがあるか.

第4章

材　料

4.1　一　般

現在，橋に使用される材料は，おもに鋼とコンクリートである．鋼は，溶鉱炉で磁鉄鉱を還元してつくられる，鉄以外の多くの元素を含んでいる銑鉄を，さらに精製してつくられる．鋼は，刀の材料になるくらい高い強度とねばり強さをもっており，厳しい品質管理のもとで得られる高い信頼性があり，構造材としても基本的によい性質をもっている．

コンクリートは，粘土と石灰岩をキルンでよく焼いてできるクリンカーを砕いたセメントを水と混ぜ，それにより生じる凝結作用により細骨材と粗骨材を結合させてつくる一種の人工石である．水と混ぜた状態では流動性があるために，型枠で自由な形につくることができ，鋼に比べて低いが，適度な強度をもっている．しかし，引張りに対してはその強度は期待できない．そのために，引張りに対して強度をもつ鉄筋といった鋼材と，つねに複合して用いられる．また，コンクリート構造は現場でつくられるために，その品質は現場での品質管理の良し悪しに大きく左右される．

18 世紀までは橋に使われてきた材料はおもに石と木であり，石でつくられたローマのアーチ橋は 2,000 年の風雪に耐えて今日でも使われている．しかし，引張りに耐える材料ではないために，構造的に圧縮がおもなアーチ橋に採用されている．木材は同じように古くから使われてきたが，基本的に耐久性に欠けるために今日まで残ることはなかった．しかし，環境にやさしい自然材として見直され，その特性を生かせる場所には今日でも架設されている．また木材そのままではなく，接着剤を用いて積層材としても使用されている．

鋼とコンクリートの構造材としての簡単な比較を**表 4.1** にまとめて示すが，これらの材料の特徴をよく考えて橋の設計を行うことが望まれる．

表 4.1　鋼とコンクリートの比較

項目	鋼	コンクリート
強度特性	引張りと圧縮ともに同じ強度をもつが，圧縮強度は座屈により制限される場合がある	引張強度は期待できない
強度	400～600 MPa	21～60 MPa
単位体積(m^3) あたり質量	7.8 Mg	2.2 Mg
単位質量(Mg) あたり価格	4～8 万円	0.5 万円
単位質量あたり強度	50～100 MPa/Mg	10～30 MPa/Mg
材質変化	変化なし	乾燥収縮，クリープおよび中性化あり，経年とともに強度増加
耐久性	腐食と疲労を防げば半永久的	環境と施工の影響を受ける，良好に施工されれば 50 年以上
環境との調和性	再利用可，生産時の CO_2 排出量はコンクリートより大	産業廃棄物となる
施工方法	工場での鋼板などの切断，溶接された部材の現場での組み立て	現場での鉄筋の組み立てと型枠内への生コンの打ち込み

注：$Mg = 10^6$ g

4.2 鋼材の種類

鋼橋に使用される鋼材は，強度・伸び・靱性などの機械的性質，化学組成，有害成分の制限，形状寸法などの特性や品質が確かなものでなければならない．したがって，JIS（日本工業規格）に規定されている一般構造用圧延鋼材（SS 鋼）や溶接構造用圧延鋼材（SM 鋼）が用いられる．代表的な鋼材の化学成分の規格値を**表 4.2** に，機械的性質の規格値を**表 4.3** に示す．ここで，SS や SM の記号は鋼種を，400 や 570

表 4.2　代表的な鋼板の化学成分の規格値

鋼種		化学成分 [%]					
		C	Si	Mn	P	S	N
SS400		—	—	—	0.050 以下	0.050 以下	—
SM400	A	0.23 以下	—	2.5 × C 以上	0.035 以下	0.035 以下	—
	B	0.20 以下	0.35 以下	0.60～1.50	0.035 以下	0.035 以下	—
	C	0.18 以下	0.35 以下	0.60～1.50	0.035 以下	0.035 以下	—
SM490	A	0.22 以下	0.55 以下	1.65 以下	0.035 以下	0.035 以下	—
	B	0.20 以下	0.55 以下	1.65 以下	0.035 以下	0.035 以下	—
	C	0.18 以下	0.55 以下	1.65 以下	0.035 以下	0.035 以下	—
SM490YA, B		0.20 以下	0.55 以下	1.65 以下	0.035 以下	0.035 以下	—
SM570		0.18 以下	0.55 以下	1.70 以下	0.035 以下	0.035 以下	—
SBHS400		0.15 以下	0.55 以下	2.00 以下	0.020 以下	0.006 以下	0.006 以下
SBHS500		0.11 以下	0.55 以下	2.00 以下	0.020 以下	0.006 以下	0.006 以下

表 4.3　代表的な鋼板の機械的性質の規格値

鋼種	引張試験							衝撃試験	
	降伏点または耐力 [N/mm^2] 鋼材の厚さ [mm]				引張強さ [N/mm^2]	伸び		記号	シャルピー吸収エネルギー [J]
	16以下	16を超え40以下	40を超え75以下	75を超えるもの		鋼材の厚さ [mm]	伸び [%]		
SS400	245以上	235以上	215以上	215以上	400〜510	16以下	17以上	—	—
						16を超え50以下	21以上		
						40を超えるもの	23以上		
SM400	245以上	235以上	215以上	215以上	400〜510	16以下	18以上	A	—
						16を超え50以下	22以上	B	27以上
						40を超えるもの	24以上	C	47以上
SM490	325以上	315以上	295以上	295以上	490〜610	16以下	17以上	A	—
						16を超え50以下	21以上	B	27以上
						40を超えるもの	23以上	C	47以上
SM490Y	365以上	355以上	335以上	325以上	490〜610	16以下	15以上	A	—
						16を超え50以下	19以上	B	27以上
						40を超えるもの	21以上		
SM570	460以上	450以上	430以上	420以上	570〜720	16以下	19以上	—	47以上
						16を超えるもの	26以上		
						20を超えるもの	20以上		
SBHS400	400以上	400以上	400以上	400以上	490〜640	16以下	15以上	—	100以上
						16を超え50以下	19以上		
						40を超えるもの	21以上		
SBHS500	500以上	500以上	500以上	500以上	570〜720	16以下	19以上	—	100以上
						16を超えるもの	26以上		
						20を超えるもの	20以上		

は引張強度を表す．なお，SBHS400 および SBHS500 は，従来の鋼材に対して降伏強度が高く，溶接予熱の省略や低減が可能な，施工性を向上させた橋梁用高降伏点鋼材（JIS G 3140）であり，東京ゲートブリッジにおいて本格的に採用された．また，SBHS400W および SBHS500W は耐候性を有している．

鋼の主元素である純鉄は，比較的軟らかい素材であるが，少量の炭素（C）を加えると強度を増すことができる．ただし，あまり炭素を増やすと，鋼は硬く，かつもろくなり，溶接性も悪くなる．したがって，炭素の含有量を 0.2% 以下におさえ，ほかの合金元素を添加する．ケイ素（Si）とマンガン（Mn）は脱酸作用があり，ニッケル（Ni）とクロム（Cr）は鋼にねばりを与え，アルミニウム（Al）は鋼組織を微細化し，銅（Cu）は耐候性を向上させる．また，焼入れや焼戻しの熱処理によっても強度と靱性に優れた金属組織に改善できる．この熱処理を施した鋼板を調質鋼とよぶ．たとえば，SM570 は調質鋼である．

4.3　鋼材の切欠きぜい性

鋼材に過大な衝撃力が加わると，十分な伸び変形を伴わず破断する．これは，ぜい性破断* という危険な破壊形態である．鋼板に切欠きがあると，応力集中* が生じると同時に，変形が局所的に拘束され，もろくなる．このような性質を，切欠きぜい性という．

切欠きぜい性に対する安全性を判断する検査法として，シャルピー衝撃試験が行われている．これは，試験片にV形の切欠きを付け，ハンマーを落下させて衝撃を与えて破損させ，これによって吸収されるエネルギー（シャルピー吸収エネルギー）を計測する方法である．橋梁用鋼材では，少なくとも27J以上のシャルピー吸収エネルギーが要求される．なお鋼材は，同一強度でも，シャルピー吸収エネルギーに応じてA，BおよびC材に規格化されている（表4.3）．

4.4　鋼材強度の特性値

鋼材の基準となる強度に関しては，材料強度の規格値，すなわち下限に相当する値を基本に設定されている．ほとんどの鋼材では，JIS（日本工業規格）やJSS（日本鋼構造協会規格）により材料の機械的性質が規定されており，これらの強度規格値を強度の特性値としている．構造用鋼材の強度の特性値を**表4.4**に示す．

表4.4　代表的な構造用鋼材の強度の特性値 [N/mm^2]

	鋼材厚 [mm]	SS400 SM400	SM490	SM490Y	SBHS400	SM570	SBHS500
引張降伏 圧縮降伏	40以下	235	315	355	400	450	500
	40を超え75以下	215	295	335		430	
	75を超え100以下			325		420	
引張強度	—	400	490	490	490	570	570
せん断降伏	40以下	135	180	205	230	260	285
	40を超え75以下	125	170	195		250	
	75を超え100以下			185		240	

4.5　コンクリートの強度の特性値

コンクリート桁や床版に用いられるコンクリートには各種のものがあり，通常のセメントを用いたコンクリートでは，18～80 N/mm^2 程度の圧縮強度のものが用いられている．コンクリートの品質は，構造設計上の必要に応じて，圧縮強度ばかりでなく，種々の材料特性を表す諸量によって表示される．材料特性は，強度特性や変形特性などの力学特性，物理特性および化学特性などに大別される．強度特性は，圧縮強度，引張強度，曲げ強度，付着強度などの静的強度や，疲労強度の諸量で表される．変形特性は，時間依存性のヤング係数やポアソン比，あるいは時間依存性のクリープ係数や収縮ひずみで表される．さらに，応力 - ひずみ関係のように二つの力学因子間の関係で表される力学特性もある．

コンクリートが適切に養生されている場合，その圧縮強度は材齢とともに増加し，標準養生を行った供試体の材齢 28 日における圧縮強度以上となることが期待できる．この点を考慮し，コンクリート強度特性は，コンクリート標準試験体の材齢 28 日における試験強度に基づいて定められる．コンクリートの設計強度を**表 4.5** に示す（コンクリート標準示方書，土木学会）．

表 4.5　各種設計強度 [N/mm^2]

（終局限界状態）

設計基準強度 f'_{ck}	18	24	30	40	60	80
設計圧縮強度 f'_{cd}	13.8	18.5	23.1	30.8	40.0	52.3
設計曲げ強度 f_{bd}	2.2	2.7	3.1	3.8	4.3	5.2
設計引張強度 f_{td}	1.2	1.5	1.7	2.1	2.4	2.8
設計付着強度 f_{bod}	1.5	1.8	2.1	2.5	2.9	3.4

（使用限界状態）

設計基準強度 f'_{ck}	18	24	30	40	60	80
設計曲げ強度 f_{bd}	2.9	3.5	4.0	4.9	6.4	7.8
設計引張強度 f_{td}	1.6	1.9	2.2	2.7	3.5	4.3

コンクリートの応力 - ひずみ曲線は，コンクリートの種類・材齢・作用する応力状態・載荷方法によって相当に異なるが，棒部材断面の終局耐力にはあまり大きい影響を及ぼさない．したがって，簡易的に**図 4.1** に示す曲線が用いられる．また，使用限

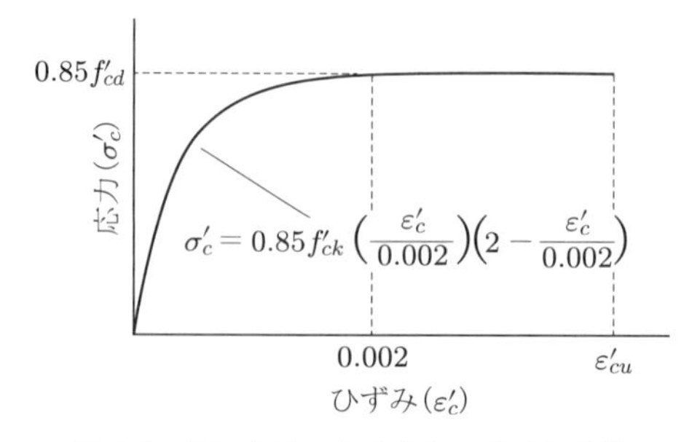

図 4.1　コンクリートの応力 - ひずみ曲線

表 4.6 ヤング係数 [kN/mm^2]

設計基準強度 f'_{ck}		18	24	30	40	50	60	70	80
ヤング係数	普通コンクリート	22	25	28	31	33	35	37	38
	軽量骨材コンクリート	13	15	16	19	—	—	—	—

界状態における応力度，弾性変形または不静定力の計算には，**表 4.6** に示すヤング係数が用いられる．

鉄筋コンクリート部材の限界状態は，部材断面に生じる曲げモーメントが，軸方向力を考慮した制限曲げモーメントを超えないことを照査する．その際，以下を仮定する．

1) 維ひずみ（断面内のひずみ）は中立軸からの距離に比例する（平面保持の法則）
2) コンクリートの引張強度は無視する
3) コンクリートの応力 - ひずみ曲線は，図 4.1 とする
4) 鉄筋の応力 - ひずみ曲線はバイ・リニア（2 本の折れ線で構成）とする

なお，鉄筋の設計基準強度を**表 4.7** に示す．

表 4.7 各種設計強度 [N/mm^2]

鉄筋の種類	降伏強度	引張強度
SD345	345	490
SD390	390	560
SD490	490	620

4.6 木 材

木材は強くて軽いため，中小規模の橋梁としても用いられる．写真 4.1 にその一例を示す．木材は，天然の高分子材料中に一方向に並んだ高分子細胞の長い管よりなる繊維補強複合材料とみなすことができ，管の配列方向に平行な方向では大きな引張強

写真 4.1 カナダにある屋根付き木橋の外観と内部

度を発揮する．

木材は，針葉樹（アカマツ，クロマツ，エゾマツ，スギ，モミなど）と広葉樹（ミズナラ，オーク，カエデ，ブナ，ケヤキ，カバ，ラワンなど）に分類される．一般に，広葉樹は家具などに使用され，針葉樹は土木構造材に用いられる．

主要な木材の密度および弾性係数を**表 4.8** に示す．木材の密度は，木材構成物質と水分または抽出成分の含有量によって決まる．木材中の水分は，木材の質量を増大させるとともに膨張を引き起こすので，密度に大きな影響を及ぼす．

表 4.8　各種樹木の密度および弾性係数

樹木	密度 [Mg/m^3]	弾性係数 [kN/mm^2]
スギ	0.32	7.6
マツ	0.35	8.3
モミ	0.48	13.8
カエデ	0.48	1.03
カバ	0.62	13.8
オーク	0.68	12.4

注：密度は含水率 12% 時のもの

いずれの種類の樹木においても，木材中の細胞の縦方向の引張強度は約 690 N/mm^2 であるが，このような細胞で構成される木材の力学的性質は，含水率，年輪の分布状態，欠陥の有無によって影響を受ける．これらの要因のうち，もっとも重要なのは含水率{(水の重量/乾燥した木材の重量) × 100}である．一般的に，含水率が低いほど，すなわち乾燥しているほど，圧縮強度は高い．

木材の強度は，木目に対して平行方向と垂直方向で大きく相違する．繊維の軸に平行な方向よりも，垂直な方向のほうが，より容易に木材を構成する細胞壁が破壊される．また，同一の木材であっても，その力学的性質は，方向，試験片の形状と寸法によっても影響される．一般に，圧縮強度，曲げ強度，引張強度の順で強度が低下する．

木材の典型的な応力 - ひずみ曲線を**図 4.2** に示す．ある荷重レベルまでは直線に近い．引張応力下における比例限度は引張強度の約 60% であるが，圧縮強度下における比例限度は圧縮強度の 30〜50% である．建築基準法で設定されている構造用製材の基準強度を**表 4.9** に示す．

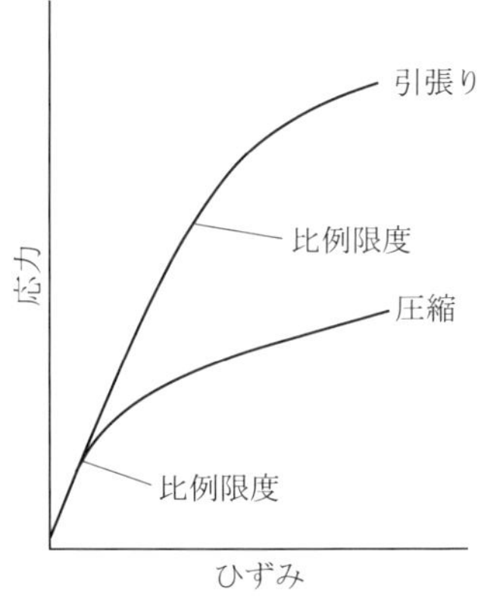

図 4.2　木材の応力 - ひずみ曲線

表 4.9　各種樹木の基準強度 $[\mathrm{N/mm^2}]$

樹木	圧縮強度	引張強度	曲げ強度	せん断強度
アカマツ	27.0	20.4	33.6	2.4
ベイマツ	27.0	20.4	34.2	2.4
カラマツ	23.4	18.0	29.4	2.1
ダフリカカラマツ	23.8	21.6	36.0	2.1
ヒバ	28.2	21.0	34.8	2.1
ヒノキ	30.6	22.8	38.4	2.1
ベイツガ	21.0	15.6	26.4	2.1
エゾマツ，トドマツ	27.0	20.4	34.2	1.8
スギ	21.6	16.2	27.0	1.8

演習問題 4

4.1 鋼材の強度試験法を調べよ．

4.2 コンクリートの強度試験法を調べよ．

4.3 鋼橋において経済的な橋をつくるためには，どのようなことを考えて材質を選べばよいか．

4.4 鋼材に生じる錆に対して，どのような対策をとればよいか．

4.5 コンクリートの中性化は，鉄筋コンクリートにどのような影響を与えるか，またどのようにして防げばよいか．

4.6 木橋の架設例を調べよ．

第5章 耐荷性能に関する鋼部材の設計

2.3 節で述べたように，道示では，性能照査設計において，荷重や抵抗値のばらつきも考慮したうえで，設計状況に対して橋や部材の限界状態を確実に達成できるように，許容応力度設計法に代わり，部分係数法が採用された．本章では，この新しい設計法に基づく鋼部材の設計方法を示す．

5.1 鋼部材の耐荷性能に関する基本事項

鋼部材の耐荷性能の照査にあたっては，次の 3 種類の状況を考慮する．

1) 永続作用による影響が支配的な状況（構造物の自重など）
2) 変動作用による影響が支配的な状況（自動車，風など）
3) 偶発作用による影響が支配的な状況（最大級地震，衝突など）

また，鋼部材の状態は以下の 3 種類を考慮する．

1) 部材として荷重を支持する能力が低下していない状態
2) 部材として荷重を支持する能力が低下しているものの，その程度は限定的で，あらかじめ想定する範囲内にある状態
3) 部材として荷重を支持する能力が完全には失われてはいない状態

そして，鋼部材が設計供用期間中において，前述の 3 種類の状況に対して，3 種類の状態に所要の信頼性をもって留まるような耐荷性能を満足しなければならない．

5.2 鋼橋の限界状態

鋼橋の限界状態 1 は，1) 上部構造の挙動が可逆性を有する限界の状態か，2) 橋が有する荷重を支持する能力を低下させる変位および振動に至らない限界の状態，とする．

鋼橋の限界状態 2 は，上部構造に損傷が生じているものの，耐荷力が想定できる範囲で確保できる限界の状態とする．

鋼橋の限界状態 3 は，鋼橋の上部構造に損傷が生じているものの，それが原因で落

橋等の致命的な状態には至ることがない限界の状態とする．

5.3　鋼部材の耐荷性能の照査

第 3 章に示した作用の組合せに対して，鋼部材の限界状態 1，2，3 を各々に必要な信頼性をもって超えないことを，次式により照査する．このうち，式 (5.1) を満たしていれば限界状態 1 または 2 を超えないとみなし，式 (5.2) を満たしていれば限界状態 3 を超えないとみなす．

$$\sum S_i(\gamma_{pi}\gamma_{qi}P_i) \leqq \xi_1\Phi_{RS}R_S \tag{5.1}$$

$$\sum S_i(\gamma_{pi}\gamma_{qi}P_i) \leqq \xi_1\xi_2\Phi_{RU}R_U \tag{5.2}$$

ここで，

P_i：作用の特性値

S_i：作用効果であり，作用の特性値に対して算出される部材の応答値

R_S：部材の限界状態 1 または 2 に対応する部材の抵抗にかかわる特性値

R_U：部材の限界状態 3 に対応する部材の抵抗にかかわる特性値

γ_{pi}：荷重組合せ係数

γ_{qi}：荷重係数

ξ_1：調査・解析係数

ξ_2：部材・構造係数

Φ_{RS}：部材の限界状態 1 または 2 に対応する部材の抵抗にかかわる抵抗係数

Φ_{RU}：部材の限界状態 3 に対応する部材の抵抗にかかわる抵抗係数

である．

荷重組合せ係数は荷重の同時載荷状況を考慮するための係数，荷重係数は設計供用期間中に橋に与える影響の極値を考慮するための係数である．抵抗係数は，抵抗値の評価に関し，その確率統計的な信頼性の程度を考慮するための係数である．調査・解析係数は橋のモデル化および作用効果を算出する過程に含まれる不確実性を考慮する係数であり，部材・構造係数は部材の非弾性域における強度特性の違いを考慮する係数である．

以下に，軸方向引張力を受ける鋼部材，軸方向圧縮力を受ける鋼部材，曲げモーメントを受ける鋼部材，せん断力を受ける鋼部材，軸方向力および曲げモーメントを受ける鋼部材に関する限界状態の設計法を示す．

5.3.1　軸方向引張力を受ける部材

軸方向引張力を受ける部材においては，部材に生じる軸方向応力度が式 (5.3) に示す制限値以下の場合は限界状態 1 を，(5.4) に示す制限値以下の場合は限界状態 3 を超えないとみなす．

$$\sigma_{tyd} = \xi_1 \Phi_{Yt} \sigma_{yk} \tag{5.3}$$

$$\sigma_{tud} = \xi_1 \xi_2 \Phi_{Ut} \sigma_{yk} \tag{5.4}$$

ここで，

σ_{tyd}, σ_{tud}：軸方向引張応力度の制限値 [N/mm^2]

σ_{yk}：鋼材の降伏強度の特性値 [N/mm^2]

ξ_1：調査・解析係数（**表 5.1** および**表 5.2**）

ξ_2：部材・構造係数（表 5.2）

Φ_{Yt}：抵抗係数（表 5.1）

Φ_{Ut}：抵抗係数（表 5.2）

である．

表 5.1　調査・解析係数および抵抗係数（限界状態 1）

荷重組合せ	ξ_1	Φ_{Yt}
$D+L$	0.90	0.85
$D+EQ$ (L1)	0.90	1.00
$D+EQ$ (L2)	1.00	1.00

表 5.2　調査・解析係数，部材係数および抵抗係数（限界状態 3）

荷重組合せ	ξ_1	ξ_2	Φ_{Ut}
$D+L$	0.90	1.00	0.85
$D+EQ$ (L1)	0.90	1.00 / 0.95*	1.00
$D+EQ$ (L2)	1.00	0.95*	1.00

*SBHS500, SBHS500W

例題 5.1　引張部材の照査

図 5.1 に示す鋼箱形断面の部材に，死荷重（D）により引張軸力 N_D，活荷重（L）により引張軸力 N_L が作用している．$D+L$ が作用している場合，鋼部材

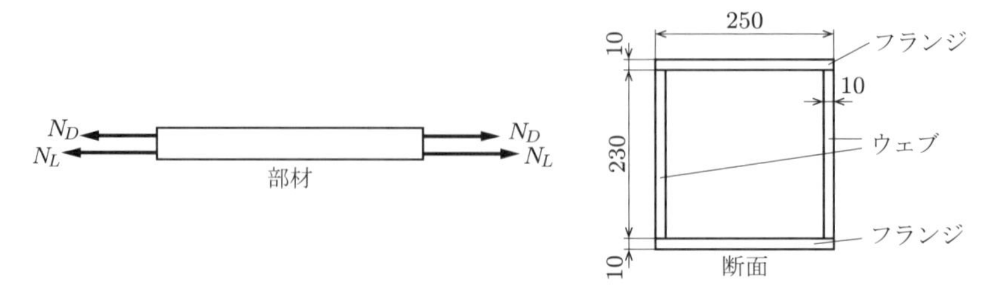

図 5.1　引張力を受ける鋼部材（単位：mm）

が限界状態 1 を超えないか照査せよ．ただし，鋼は SM400（降伏強度の特性値 $235\,\mathrm{N/mm^2}$），$N_D = 800\,\mathrm{kN}$，$N_L = 500\,\mathrm{kN}$ とする．

解答 まず，断面積を下記のように求める[†]．

		A [mm^2]
UFlg	250 × 10	2,500
2-Web	230 × 10	4,600
LFlg	250 × 10	2,500
		9,600

作用応力 σ_{td} は，

$$\sigma_{td} = \frac{\gamma_{p1}\gamma_{q1}N_D + \gamma_{p2}\gamma_{q2}N_L}{A} = \frac{1.0 \times 1.05 \times 800000 + 1.0 \times 1.25 \times 500000}{9600} = 152.6\,\mathrm{N/mm^2}$$

である．一方，制限値 σ_{tyd} は

$$\sigma_{tyd} = \xi_1 \Phi_{Yt} \sigma_{yk} = 0.90 \times 0.85 \times 235 = 179.8\,\mathrm{N/mm^2}$$

であるため，

$$\sigma_{td} \leqq \sigma_{tyd}$$

となり，限界状態 1 を超えない．

5.3.2 軸方向圧縮力を受ける部材

軸方向圧縮力を受ける部材においては，部材に生じる軸方向応力度が式 (5.5) に示す制限値以下の場合は，限界状態 3 を超えないとみなす．軸方向圧縮力を受ける部材は，細長比* パラメータおよび幅厚比* パラメータにより，柱としての全体座屈および板の局部座屈* の影響を受ける．この影響は，本式中に二つの補正係数として導入されている．なお，幅厚比パラメータが大きい領域では，降伏* に至る前に軸方向変位や面外変位が生じる．そこで，圧縮力を受ける部材に関しては，限界状態 3 を超えなければ限界状態 1 も超えないとみなす．

$$\sigma_{cud} = \xi_1 \xi_2 \Phi_U \rho_{crg} \rho_{crl} \sigma_{yk} \tag{5.5}$$

$$\rho_{crg} = \begin{cases} 1.00 & (\lambda \leqq 0.2,\ 0.34^*) \\ 1.059 - 0.258\lambda - 0.19\lambda^2 & (0.2,\ 0.34^* < \lambda \leqq 1.0) \\ 1.427 - 1.039\lambda - 0.223\lambda^2 & (1.0 < \lambda) \end{cases} \tag{5.6}$$

*SBHS500

† U, L, Flg はそれぞれ upper（上），lower（下），flange（フランジ）の略．

$$\lambda = \frac{1}{\pi}\sqrt{\frac{\sigma_{yk}}{E}}\frac{l}{r} \tag{5.7}$$

$$r = \sqrt{\frac{I}{A}} \tag{5.8}$$

ここで,

σ_{cud}：軸方向圧縮応力度の制限値 [N/mm^2]

σ_{yk}：鋼材の降伏強度の特性値 [N/mm^2]

ρ_{crg}：柱としての全体座屈に対する圧縮応力度の特性値に関する補正係数
（一例として，溶接箱形断面の場合を式 (5.6)，**図 5.2** に示す）

λ：細長比パラメータ

l：有効座屈長*[mm]

r：部材の断面二次半径

I：断面二次モーメント*

E：ヤング係数

A：断面積*

ρ_{crl}：局部座屈に対する特性値に関する補正係数
（両縁支持板，自由突出板，補剛板*，幅厚比に依存する．詳細は道示を参照）

ξ_1：調査・解析係数．局部座屈を考慮しない両縁支持板の場合を**表 5.3** に示す

ξ_2：部材・構造係数．局部座屈を考慮しない両縁支持板の場合を表 5.3 に示す

Φ_U：抵抗係数．局部座屈を考慮しない両縁支持板の場合を表 5.3 に示す

である．

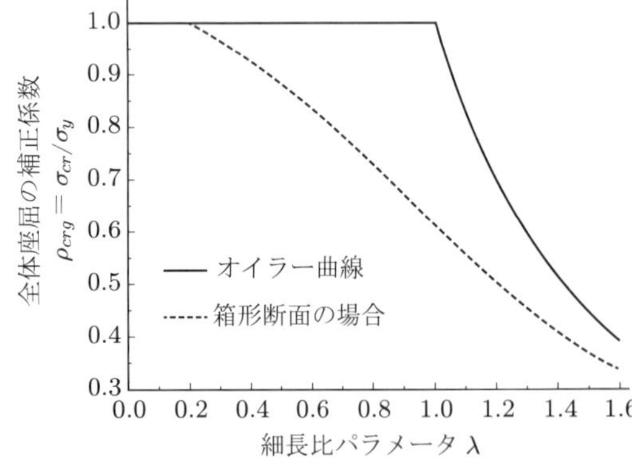

図 5.2 全体座屈に関する基準耐荷力曲線

表 5.3 調査・解析係数，部材係数および抵抗係数（限界状態 3）

荷重組合せ	ξ_1	ξ_2	Φ_U
$D+L$	0.90	1.00	0.85
$D+EQ$ (L1)		0.95*	1.00
$D+EQ$ (L2)	1.00		

*SBHS500, SBHS500W

例題 5.2 **圧縮部材の照査**

図 5.3 に示す鋼箱形断面の部材に，死荷重（D）により圧縮軸力 N_D，活荷重（L）により圧縮軸力 N_L が作用している．$D+L$ が作用している場合，この鋼部材が限界状態 3 を超えないか照査せよ．ただし，鋼材は SM400（降伏強度の特性値 $235\,\mathrm{N/mm^2}$，ヤング率 $E=200\,\mathrm{kN/mm^2}$），$N_D=-800\,\mathrm{kN}$，$N_L=-250\,\mathrm{kN}$ とする．なお，鋼板の局部座屈は無視し，$\rho_{crl}=1.0$ とする．

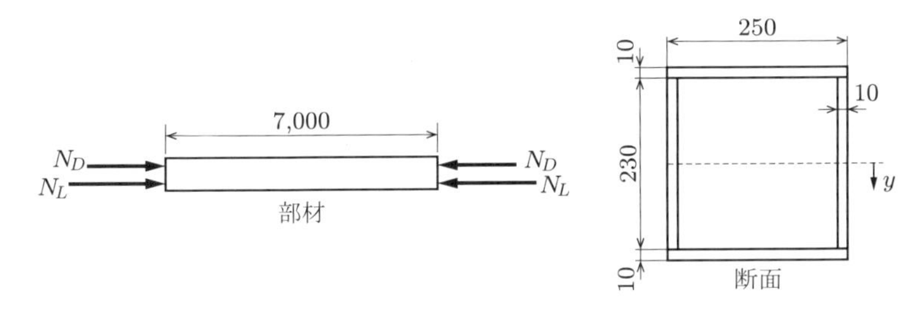

図 5.3 圧縮力を受ける鋼部材（単位：mm）

解答 まず，断面性能を下記のように求める．

		A [mm^2]	y [mm]	Ay^2 [mm^4]
UFlg	250 × 10	2,500	−120	36,000,000
2-Web	230 × 10	4,600	0	20,278,333
LFlg	250 × 10	2,500	120	36,000,000
		9,600		I = 92,278,333

作用圧縮応力度 σ_{cd} は，

$$\sigma_{cd}=\frac{\gamma_{p1}\gamma_{q1}N_D+\gamma_{p2}\gamma_{q2}N_L}{A}$$
$$=\frac{1.0\times1.05\times(-800000)+1.0\times1.25\times(-250000)}{9600}$$
$$=-120.1\,\mathrm{N/mm^2}$$

である．一方，制限値 σ_{cud} は

$$l=7000\,\mathrm{mm},\qquad r=\sqrt{I/A}=98.0,\qquad l/r=71.4$$
$$\lambda=\frac{1}{\pi}\sqrt{\frac{\sigma_{yk}}{E}}\frac{l}{r}=\frac{1}{\pi}\sqrt{\frac{235}{200000}}\times71.4=0.779$$
$$\rho_{crg}=1.059-0.258\,\lambda-0.19\,\lambda^2=0.743$$
$$\sigma_{cud}=\xi_1\xi_2\Phi_U\rho_{crg}\rho_{crl}\sigma_{yk}=0.9\times1.0\times0.85\times0.743\times1.0\times235$$
$$=133.6\,\mathrm{N/mm^2}$$

であるため，

$$\sigma_{cd}\leqq\sigma_{cud}$$

となり，限界状態 3 を超えない．

5.3.3 曲げモーメントを受ける部材

曲げモーメントを受ける部材は，引張側と圧縮側で限界状態が異なる．引張側では，可逆性を有する限界の状態は降伏強度に達したときである．したがって，この降伏に至る状態を限界状態1とする．一方，圧縮側では，細長比パラメータや幅厚比パラメータが大きい場合には，降伏以前に板全体の座屈や横倒れ座屈により面外変形が生じて最大強度に達し，限界状態3と捉えられる．これらを踏まえ，限界状態3を超えなければ限界状態1も超えないとみなす．

引張側の制限値は，次式で求める．

$$\sigma_{tud} = \xi_1 \xi_2 \Phi_{Ut} \sigma_{yk} \tag{5.9}$$

圧縮側の制限値は，次式で求める．

$$\sigma_{cud} = \xi_1 \xi_2 \Phi_U \rho_{brg} \sigma_{yk} \tag{5.10}$$

$$\rho_{brg} = \begin{cases} 1.00 & (\alpha \leqq 0.2,\ 0.32^*) \\ 1.0 - 0.412(\alpha - 0.2) & (0.2,\ 0.32^* < \alpha) \end{cases} \tag{5.11}$$

*SBHS500

$$\alpha = \frac{2}{\pi} K \sqrt{\frac{\sigma_{yk}}{E}} \frac{l}{b} \tag{5.12}$$

$$K = \begin{cases} 2 & (A_w/A_c \leqq 0.2) \\ \sqrt{3 + \dfrac{A_w}{2A_c}} & (A_w/A_c > 0.2) \end{cases} \tag{5.13}$$

ここで，

σ_{tud}：曲げ引張応力度の制限値 [N/mm^2]

σ_{cud}：曲げ圧縮応力度の制限値 [N/mm^2]

σ_{yk}：鋼材の降伏強度の特性値 [N/mm^2]

ρ_{brg}：曲げ圧縮による横倒れ座屈に対する圧縮応力度の特性値に関する補正係数

α：座屈パラメータ

l：圧縮フランジ固定点間距離

b：圧縮フランジ幅

E：ヤング係数

A_w：ウェブの総断面積

A_c：圧縮フランジの総断面積

Φ_{Ut}：引張側の抵抗係数（**表 5.4**）

Φ_U：圧縮側の抵抗係数（表 5.4）

ξ_1：調査・解析係数．横倒れ座屈を無視できる場合を表 5.4 に示す

ξ_2：部材・構造係数．横倒れ座屈を無視できる場合を表 5.4 に示す

である．なお，圧縮フランジがコンクリート系床版で直接固定されている場合，および箱形断面や π 形断面の場合は，横倒れ座屈補正係数 ρ_{brg} は 1.0 とする．

表 5.4 調査・解析係数，部材係数および抵抗係数（限界状態 3）

荷重組合せ	ξ_1	ξ_2	Φ_{Ut}，Φ_U
$D+L$	0.90	1.00	0.85
$D+EQ$ (L1)		0.95*	1.00
$D+EQ$ (L2)	1.00		

*SBHS500, SBHS500W

例題 5.3　曲げモーメントを受ける部材の照査

図 5.4 に示す鋼 I 形断面の部材に，死荷重（D）により曲げモーメント M_D，活荷重（L）により曲げモーメント M_L が作用している．$D+L$ が作用している場合，この鋼部材の限界状態 3 を超えないか照査せよ．ただし，鋼は SM490Y（降伏強度の特性値 355 N/mm^2），$M_D = 6{,}000$ kN·m，$M_L = 2{,}500$ kN·m とする．また，圧縮フランジは床版コンクリートに固定されているとする．

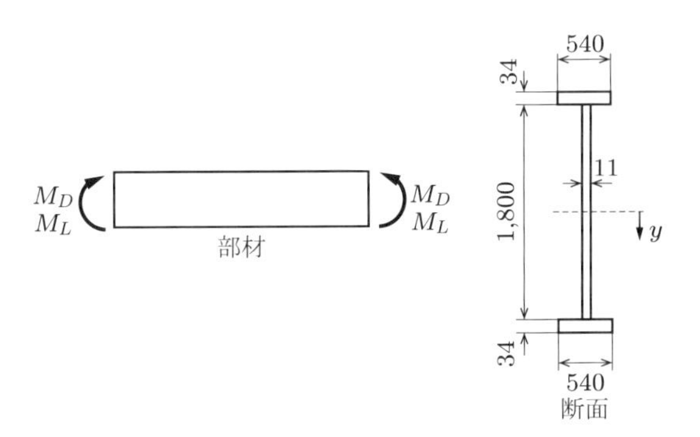

図 5.4 曲げモーメントを受ける鋼部材

解答　まず，断面性能を下記のように求める．

		A [mm^2]	y [mm]	Ay^2 [mm^4]
UFlg	540 × 34	18,360	−917	15,438,722,000
Web	1800 × 11	19,800	0	5,346,000,000
LFlg	540 × 34	18,360	917	15,438,722,000
		56,520		$I =$ 36,223,444,000

作用曲げ引張応力度 σ_{td} および曲げ圧縮応力度 σ_{cd} は，

$$\sigma_{td} = \sigma_{cd} = \frac{\gamma_{p1}\gamma_{q1}M_D + \gamma_{p2}\gamma_{q2}M_L}{I}y$$
$$= \frac{1.0 \times 1.05 \times 6000000000 + 1.0 \times 1.25 \times 2500000000}{36223444000} \times 934$$
$$= 243.0\,\mathrm{N/mm^2}$$

である．一方，制限値 σ_{tud}, σ_{cud} は

$$\sigma_{tud} = \xi_1\xi_2\Phi_{Ut}\sigma_{yk} = 0.9 \times 1.0 \times 0.85 \times 355 = 271.6\,\mathrm{N/mm^2}$$
$$\sigma_{cud} = \xi_1\xi_2\Phi_{U}\rho_{brg}\sigma_{yk} = 0.9 \times 1.0 \times 0.85 \times 1.0 \times 355 = 271.6\,\mathrm{N/mm^2}$$

であるため，

$$\sigma_{td} = \sigma_{cd} \leqq \sigma_{tud} = \sigma_{cud}$$

となり，限界状態 3 を超えない．

5.3.4　せん断力を受ける部材

せん断力を受ける部材では，部材の幅厚比や補剛の程度によって，座屈などのせん断破壊が，降伏した後に生じる場合と，降伏に至る前に生じる場合とがある．せん断破壊の前に部材が降伏に至る状態を限界状態 1 と捉えられるが，降伏に至る前にせん断破壊が生じる場合には，限界状態 3 と区別して限界状態 1 を明確に示すことが困難である．そこで，次式を限界状態 3 の制限値とし，これを満たせば限界状態 1 も満たすとみなす．

$$\tau_{ud} = \xi_1\xi_2\Phi_{Us}\tau_{yk} \tag{5.14}$$

ここで，τ_{ud}：せん断応力度の制限値 [N/mm^2]，τ_{yk}：鋼材のせん断降伏強度の特性値 [N/mm^2]，Φ_{Us}：抵抗係数（**表 5.5**），ξ_1：調査・解析係数（表 5.5），ξ_2：部材・構造係数（表 5.5）である．

表 5.5　調査・解析係数，部材係数および抵抗係数（限界状態 3）

荷重組合せ	ξ_1	ξ_2	Φ_{Us}
$D+L$	0.90	1.00	0.85
$D+EQ$ (L1)	0.90	1.00 0.95*	1.00
$D+EQ$ (L2)	1.00	1.00 0.95*	1.00

*SBHS500, SBHS500W

例題 5.4　**せん断力を受ける鋼部材の照査**

図 5.5 に示す鋼部材に，死荷重（D）によりせん断力 Q_D，活荷重（L）によりせん断力 Q_L が作用している．$D+L$ が作用している場合，この鋼部材が限界状態 3 を超えないか照査せよ．ただし，鋼材は SM400（せん断降伏強度の特性値 135 N/mm^2），$Q_D = 800\,\mathrm{kN}$，$Q_L = 400\,\mathrm{kN}$ とする．また，局部座屈の影響は無視する．

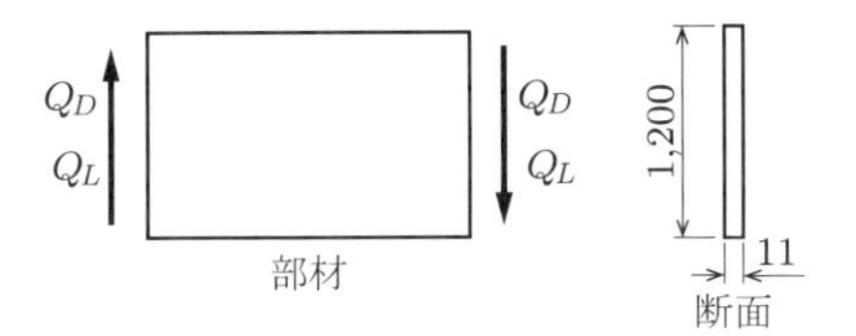

図 5.5 せん断力を受ける鋼部材

解答 作用せん断応力度 τ_d は,

$$\tau_d = \frac{\gamma_{p1}\gamma_{q1}Q_D + \gamma_{p2}\gamma_{q2}Q_L}{A}$$
$$= \frac{1.0 \times 1.05 \times 800000 + 1.0 \times 1.25 \times 400000}{1200 \times 11} = 101.5\,\mathrm{N/mm^2}$$

である．一方，制限値 τ_{ud} は

$$\tau_{ud} = \xi_1\xi_2\Phi_{Us}\tau_{yk} = 0.9 \times 1.0 \times 0.85 \times 135 = 103.2\,\mathrm{N/mm^2}$$

であるため，

$$\tau_d \leqq \tau_{ud}$$

となり，限界状態 3 を超えない．

5.3.5 軸方向力および曲げモーメントを受ける部材

部材が軸方向力および曲げモーメントを受ける場合，部材に生じる応力は，軸方向力および曲げモーメントを単独に受けるときよりも増加することになる．軸方向力および曲げモーメントを受ける部材の限界状態 1 は，部材の可逆性を有する限界に達するときであるが，軸方向力が引張の場合と圧縮の場合とで異なる挙動となる．引張力の場合は，部材が降伏に至る状態を限界状態 1 とできる．一方，圧縮力の場合は，部材が降伏に至る場合と，降伏せずに局部座屈や全体座屈が発生してしまう場合があり，限界状態 1 を明確に示すことは困難である．そのため，限界状態 3 を超えなければ，限界状態 1 を超えないとみなす．

軸方向力が引張の場合には，限界状態 3 を超えないためには，次の 3 式を満足しなければならない．

$$\frac{\sigma_{td}}{\sigma_{tud}} + \frac{\sigma_{tyd}}{\sigma_{tuyd}} + \frac{\sigma_{tzd}}{\sigma_{tuzd}} \leqq 1.0 \tag{5.15}$$

$$-\frac{\sigma_{td}}{\sigma_{tud}} + \frac{\sigma_{cyd}}{\sigma_{cuyd}} + \frac{\sigma_{czd}}{\sigma_{cuzdo}} \leqq 1.0 \tag{5.16}$$

$$-\frac{\sigma_{td}}{\sigma_{tud}} + \frac{\sigma_{cyd}}{\sigma_{crlyd}} + \frac{\sigma_{czd}}{\sigma_{crlzd}} \leqq 1.0 \tag{5.17}$$

軸方向力が圧縮の場合には，次の 2 式を満足しなければならない．

$$\frac{\sigma_{cd}}{\sigma_{cud}} + \frac{\sigma_{cyd}}{\sigma_{cuyd}\alpha_y} + \frac{\sigma_{czd}}{\sigma_{tuzdo}\alpha_z} \leqq 1.0 \tag{5.18}$$

$$\frac{\sigma_{cd}}{\sigma_{crld}} + \frac{\sigma_{cyd}}{\sigma_{crlyd}\alpha_y} + \frac{\sigma_{czd}}{\sigma_{crlzd}\alpha_z} \leqq 1.0 \tag{5.19}$$

ここで,

σ_{td}：照査断面に生じる軸方向引張応力度

σ_{cd}：照査断面に生じる軸方向圧縮応力度

$\sigma_{tyd}, \sigma_{tzd}$：照査断面の強軸* および弱軸* 周りに作用する曲げ引張応力度

$\sigma_{cyd}, \sigma_{czd}$：照査断面の強軸および弱軸周りに作用する曲げ圧縮応力度

σ_{tud}：軸方向引張応力度の制限値

σ_{cud}：軸方向圧縮応力度の制限値

$\sigma_{tuyd}, \sigma_{tuzd}$：強軸および弱軸周りに作用する曲げ引張応力度の制限値

σ_{cuyd}：局部座屈を考慮しない強軸周りの曲げ圧縮応力度の制限値

σ_{cuzdo}：局部座屈を考慮しない弱軸周りの曲げ圧縮応力度の制限値

σ_{crld}：局部座屈に対する軸方向圧縮応力度の制限値

$\sigma_{crlyd}, \sigma_{crlzd}$：局部座屈に対する強軸・弱軸周りの曲げ圧縮応力度の制限値

α_y, α_z：強軸・弱軸周りの付加曲げモーメントの影響を考慮する係数（道示参照）

である.

例題 5.5　軸方向力および曲げモーメントを受ける部材の照査

図 5.6 に示す鋼箱形断面の部材に，死荷重（D）により軸方向引張力 N_D と曲げモーメント M_D，活荷重（L）により軸方向引張力 N_L と曲げモーメント M_L が作用している．$D+L$ が作用している場合，この鋼部材が限界状態 3 を超えないか照査せよ．ただし，鋼材は SM490Y（降伏強度の特性値 355 N/mm^2），N_D = 2,000 kN，N_L = 1,000 kN，M_D = 400 kN·m，M_L = 130 kN·m とする．なお，圧縮フランジの固定間距離は 3.0 m とするが，鋼板の局部座屈は無視する．

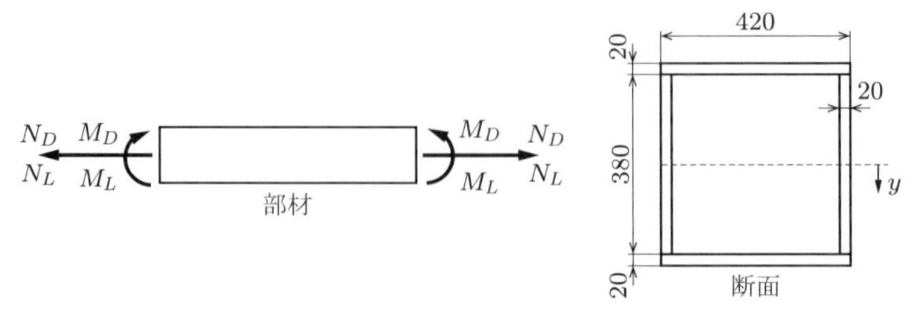

図 5.6　軸方向力および曲げモーメントを受ける部材

解答 まず，断面性能を下記のように求める．

		$A\,[\mathrm{mm}^2]$	$y\,[\mathrm{mm}]$	$Ay^2\,[\mathrm{mm}^4]$
UFlg	420 × 20	8,400	−200	336,000,000
2-Web	380 × 20	15,200	0	182,906,000
LFlg	420 × 20	8,400	200	336,000,000
		32,000		I = 854,906,000

引張軸力による作用応力 σ_{td} は，

$$\sigma_{td} = \frac{\gamma_{p1}\gamma_{q1}N_D + \gamma_{p2}\gamma_{q2}N_L}{A} = \frac{1.0 \times 1.05 \times 2000000 + 1.0 \times 1.25 \times 1000000}{32000} = 104.7\,\mathrm{N/mm^2}$$

である．一方，制限値 σ_{tud} は

$$\sigma_{tud} = \xi_1\xi_2\Phi_{Yt}\sigma_{yk} = 0.90 \times 1.0 \times 0.85 \times 355 = 271.6\,\mathrm{N/mm^2}$$

である．強軸周り曲げモーメントによる引張応力度 σ_{tyd} は，

$$\sigma_{tyd} = \frac{\gamma_{p1}\gamma_{q1}M_D + \gamma_{p2}\gamma_{q2}M_L}{I}y = \frac{1.0 \times 1.05 \times 400000000 + 1.0 \times 1.25 \times 130000000}{854906000} \times 210 = 143.1\,\mathrm{N/mm^2}$$

である．一方，制限値 σ_{tuyd} は

$$\sigma_{tuyd} = \xi_1\xi_2\Phi_{Ut}\sigma_{yk} = 0.9 \times 1.0 \times 0.85 \times 355 = 271.6\,\mathrm{N/mm^2}$$

である．これより，

$$\frac{\sigma_{td}}{\sigma_{tud}} + \frac{\sigma_{tyd}}{\sigma_{tuyd}} + \frac{\sigma_{tzd}}{\sigma_{tuzd}} = \frac{104.7}{271.6} + \frac{143.1}{271.6} + \frac{0.0}{271.6} = 0.91 \leqq 1.0$$

となり，式 (5.15) を満足する．また，

$$\sigma_{cyd} = \frac{\gamma_{p1}\gamma_{q1}M_D + \gamma_{p2}\gamma_{q2}M_L}{I}y = \frac{1.0 \times 1.05 \times 400000000 + 1.0 \times 1.25 \times 130000000}{854906000} \times (-210) = -143.1\,\mathrm{N/mm^2}$$

である．一方，制限値 σ_{cuyd} は

$$\sigma_{cuyd} = \xi_1\xi_2\Phi_U\rho_{brg}\sigma_{yk} = 0.9 \times 1.0 \times 0.85 \times 1.0 \times 355 = 271.6\,\mathrm{N/mm^2}$$

となる．なお，本問では箱形断面で横倒れ座屈は無視できるため $\rho_{brg} = 1.0$ である．したがって，

$$-\frac{\sigma_{td}}{\sigma_{tud}} + \frac{\sigma_{cyd}}{\sigma_{cuyd}} + \frac{\sigma_{czd}}{\sigma_{cuzdo}} = -\frac{104.7}{271.6} + \frac{-143.1}{-271.6} = 0.14 \leqq 1.0$$

となり，式 (5.16) を満足する．弱軸周りの曲げモーメントは 0 のため，上記第 3 項は不要である．また，鋼板の局部座屈は無視するとしたため，式 (5.17) は考えない．以上より，限界状態 3 を超えない．

演習問題 5

5.1 例題 5.1 において，フランジ 280 × 12，ウェブ 256 × 12，$N_D = 900\,\mathrm{kN}$，$N_\mathrm{L} = 600\,\mathrm{kN}$ のとき，限界状態 1 を超えないか照査せよ．

5.2 例題 5.2 において，フランジ 280 × 12，ウェブ 256 × 12，$N_D = -900\,\mathrm{kN}$，$N_L = -300\,\mathrm{kN}$ のとき，限界状態 3 を超えないか照査せよ．

5.3 例題 5.3 において，フランジ 560 × 34，ウェブ 1,700 × 12，$M_D = 6{,}000\,\mathrm{kN{\cdot}m}$，$M_L = 3{,}000\,\mathrm{kN{\cdot}m}$ のとき，限界状態 3 を超えないか照査せよ．

5.4 例題 5.4 において，鋼板 1,300 × 12，$Q_D = 900\,\mathrm{kN}$，$Q_L = 500\,\mathrm{kN}$ のとき，限界状態 3 を超えないか照査せよ．

5.5 例題 5.5 において，フランジ 420×22，ウェブ 380×22，$N_D = 2{,}200\,\mathrm{kN}$，$N_L = 1{,}200\,\mathrm{kN}$，$M_D = 400\,\mathrm{kN{\cdot}m}$，$M_L = 150\,\mathrm{kN{\cdot}m}$ のとき，限界状態 3 を超えないか照査せよ．

第6章

桁　橋

6.1　桁橋とは

桁橋とは，荷重によって生じる曲げに抵抗する構造体よりなる橋の総称である．広義には，後章で述べるプレート・ガーダー，ボックス・ガーダー，合成桁，トラス桁，ランガー桁などもすべて桁橋に含まれるが，狭義には，おもに中実断面，あるいはそれに近い断面をもったもの，すなわちI形鋼やH形鋼を主体とした鋼橋，あるいはT形断面の鉄筋コンクリート橋や，中実あるいは箱形断面のプレストレスト・コンクリート橋を指す．

もちろん，わが国でも古来より広く親しまれてきた丸木橋，あるいは木支柱や木柵を立て，それに丸木を並べて板を張った形式や，大きな石版を流れに置いて通路とした版橋（スラブ橋）も桁橋の一種としてみてよく，写真1.1に示したイギリスのClapper（クラッパー）橋をはじめ，世界各国で古くより広く使用されてきた．

曲げに抵抗するということを，もう少し考えてみよう．図6.1に示すように，荷重によりはり（棒材といってもよい）が湾曲すると，ある断面で切って考えたとき，その

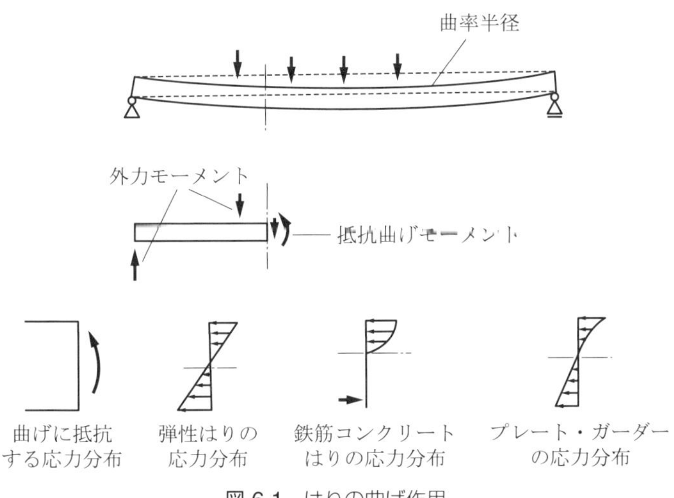

図6.1　はりの曲げ作用

断面には（曲げ剛性）×（曲率）だけの抵抗曲げモーメントが生じている．これが荷重と支点反力によって生じるモーメントとつり合い，はりは平衡を保つことができる．この「曲げ剛性」は一般には一定値ではなく，曲率の関数である．しかし，はりの材料が弾性的（応力とひずみが比例する）であれば，曲げ剛性は（ヤング率）×（断面二次モーメント）で近似的に与えられる定数となる．荷重による曲げ作用により，はりには応力が生じるが，これが曲げに対する抵抗力となっている．この応力は，はりの上下縁付近で大きく，その中間では小さくなり，断面のどこかでゼロとなる．このゼロとなる軸を中立軸とよぶ．弾性的なはりでは応力は直線的に変化し，中立軸は断面重心と一致する．しかし，一般には図に示したように材料，構造によって種々な応力分布となる．

桁橋は，こういった曲げに対するはりの力学的性質を利用して，荷重を支えている．曲げに対して抵抗している部分，すなわち応力が大きくなる部分は上下面付近であり，中間部分は応力が小さい．つまり中実断面では中間部分が遊んでいることになる．そのため，中実断面は曲げに対しては全断面が能率よく抵抗する断面とはなっていないので，曲げ強度に比して自重が大きくなり，長支間の橋には適さない．はり用に圧延されているI形鋼またはH形鋼を主桁にしたもので，25〜30 m までの支間の橋の形式となる．

鉄筋コンクリート橋でも同様の支間までの桁橋に通常使用される．鉄筋コンクリートでは，圧縮応力はコンクリートが，引張応力に対しては鉄筋とよばれる鋼棒が抵抗するようにつくられている．これは一種の合成構造である．この合成作用が生じる条件や，できあがったものの強度などについては，鉄筋コンクリートについての専門書に譲ることにする．**図 6.2** のように，曲げ応力に抵抗することの少ない部分を取り除いて箱形断面とすることにより，301 m という長支間の鉄筋コンクリート橋も架設されている．

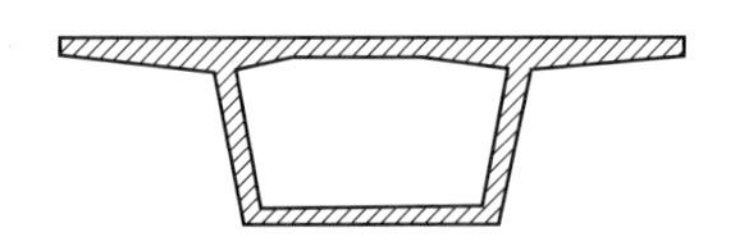

図 6.2　箱形断面コンクリート桁橋

桁中に設置した高張力鋼棒などに大きな張力を与え，その反力をコンクリートと鋼棒間に発生させ，コンクリートにあらかじめ大きな圧縮応力（プレストレス）を生じさせておくことができる．そうすることにより，あらかじめ与えた圧縮応力より後にはたらく，より小さい引張応力に対しては，コンクリートも引張応力にも抵抗することができる．この構造体をプレストレスト・コンクリート（PC）とよぶ．

このPCによる橋は，小中支間の橋から支間250 m級のものまで広く採用されている．PC橋は，使用するPC鋼棒の種類，PC鋼棒の碇着方法，碇着装置および架設方法により幾多の工法名で分類されている．

コンクリートは自由な形状に成型できるので，よい外観をもたせて設計できるという長所をもっている．しかし，多くの場合，現場でコンクリートを打設して架設されるので，その品質や耐久性は，現場での施工により左右される．さらに，材料そのものもろく，本質的に引張応力に対する抵抗力が小さく，クリープ・乾燥収縮が生じ，応力－ひずみ曲線も応力が小さい範囲以外では比例関係にはないという短所もある．

さらに，載荷状態では材料内に多数のクラックが生じるので，通常の構造力学では応力の生じ方の正確な予測が難しく，また引張力を受けもつ鉄筋などとの合成作用を期待しなければならないなどの特質をもっている．さらに，設計・施工の良否により，完成したものの性能に大きな差が出やすい．

一方で，形鋼は工場で厳しい品質管理を受けて生産されるので，その品質の信頼性は高く規格化されており，短期日で施工できる．しかし，これらを使用した橋の外観は劣るものになりやすい．

6.2 構造形状

桁橋は，**図6.3**に示すような支持条件で設計される．図(a)は単純桁で内的にも外的にも静定構造であり，もっとも基本的な，しかも広く採用されている構造形式である．図(b)は隣り合った径間の桁を連続させた連続桁である．図には3径間の連続桁が描いてあるが，温度変化による桁の変形や応力，地震力のある支点への集中の問

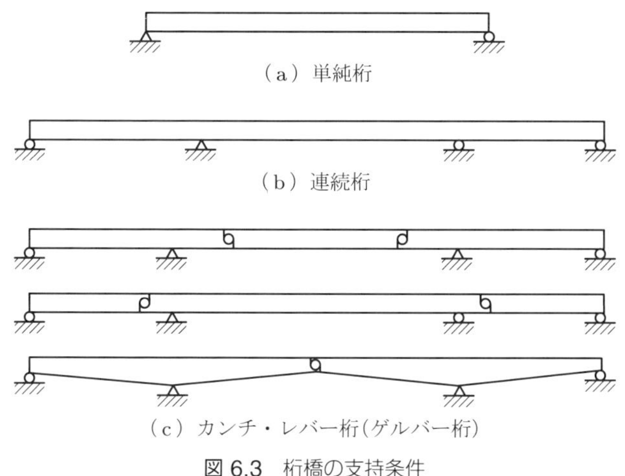

図6.3 桁橋の支持条件

写真 6.1　伝統的桁橋を模した金沢八景の夕照橋（神奈川県）

題がなければ，径間数にはとくに制限はない．写真 6.1 に，日本古来の桁橋形式を模した横浜・金沢八景の夕照橋の例を示す．

連続桁は，連続点の数だけの次数の不静定構造となる．連続桁の各径間に等分布荷重が載ると，図 6.4(b) に示すように，支点上で負の大きな曲げモーメントが生じ，その分だけ径間中央での正の曲げモーメントは小さくなり，実質的な支間は曲げモー

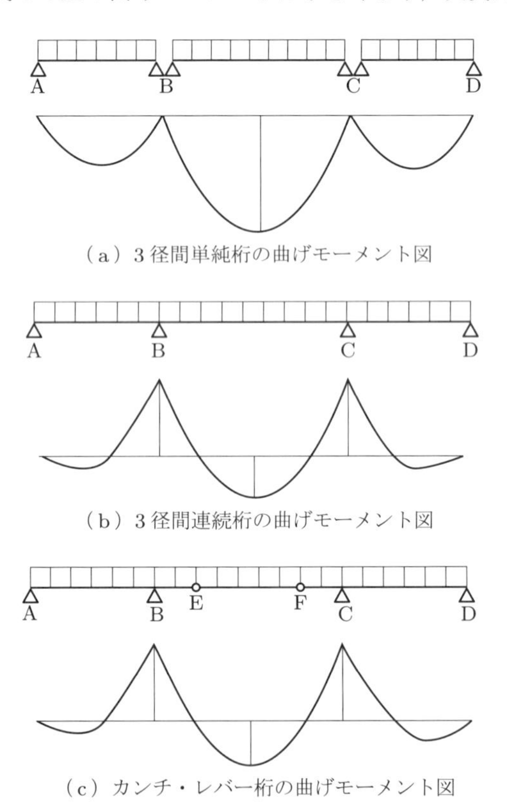

図 6.4　単純桁と連続桁とカンチ・レバーの曲げモーメント図の比較

メントがゼロとなる点（遷移点）間の距離となり，同径間の単純桁の場合より支間中央で応力的に有利である．そのため，単純桁より長径間の橋に適した構造となる．そのほか，橋面上に伸縮継手がなく車両の通行が滑らかとなる，橋脚が地震により損傷を受けたときに桁が落下することを防げる，すでに架けられている桁を利用して張り出して桁を架設できるなどの利点を有する．写真 6.2 に，連続桁橋である牛深ハイヤ大橋の例を示す．

写真 6.2 曲線連続桁の牛深ハイヤ大橋（熊本県）

写真 6.3 カンチ・レバー形式の Quebec 橋（カナダ）

連続桁では，活荷重載荷による最大曲げモーメント図においても，支点付近の負の曲げモーメント領域と正の曲げモーメント領域があり，遷移点付近では曲げモーメントはきわめて小さくなる．そこで，この曲げモーメントがゼロに近い点にヒンジを挿入しても，連続桁と同様の応力状態となる（図 6.4(c)）．別の見方をすれば，側径間よりカンチ・レバー桁（片持桁）を出し，それにより単純桁を支えている構造ともいえる．そこで，この形式のものをカンチ・レバー桁，または，この桁構造の発案者の名にちなみゲルバー桁とよぶ（図 6.3(c)）．カンチ・レバー桁は，静定構造であることが喜ばれ一時期数多く架設されたが，ヒンジ部で車両の走行性が悪く，しかも損傷が生じやすい，振動しやすい，耐震的でないなどの理由により，現在では長径間の桁を除いてほとんど架設されることはない．

写真 6.3 は，カンチ・レバー形式で世界最長の支間 549 m をもつ，1917 年完成のカナダの Quebec（ケベック）橋である．トラス橋ではあるが，カンチ・レバー形式の特徴がよく表れている．なお，ヒンジで支えられている径間を吊径間（suspended span），張り出ている径間を片持ち径間（cantilever arm, cantilever span），ヒンジのない径間を碇着径間（anchor span）とよぶ．図 6.3(c) の下の形式は PC 橋に用いられるものであり，吊径間はなく，中央にヒンジが設けられている．

幅員の広い単純桁，および連続桁では，主桁を多数並列して用いられることが多い．この場合，**図 6.5** に示したように，曲げ剛性のある横桁を通して各主桁を連結すると，

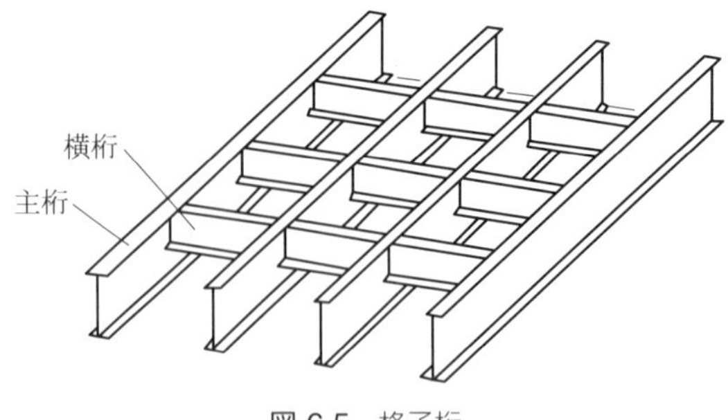

図 6.5　格子桁

ある主桁上にある荷重を，ほかの各主桁も分担することになる．このような作用をする横桁（分配横桁）をもつ桁構造を格子桁とよび，この作用を荷重横分配作用とよぶ．

このはたらきを，1本の分配横桁をもつ格子桁で説明しよう．**図 6.6** に示すように，主桁の上に載っている横桁は，主桁のばね作用で支えられているはりとみなすことができる．横桁上に載った荷重は，横桁とばねの間にはたらく反力により支えられる．すなわち，荷重は横桁と主桁に生じる反力という形で各主桁に分配される．

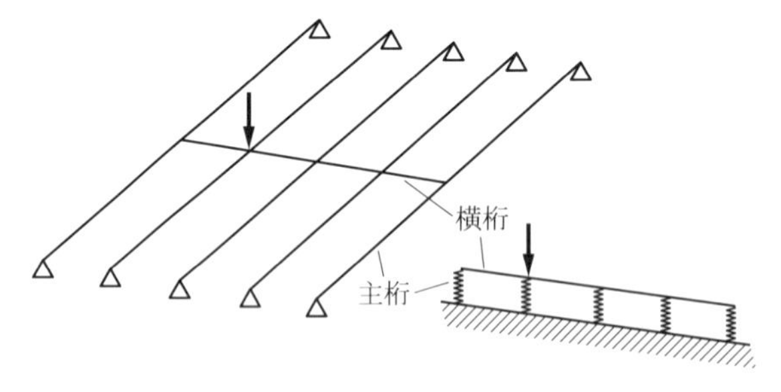

図 6.6　格子桁の荷重横分配作用

桁橋は平面図でみて，主桁が直線で長方形，平行四辺形，もしくは曲線のいずれかで設計され，それぞれ直橋，斜橋，曲線橋とよばれている．斜橋，曲線橋ではそれらの影響を考慮に入れた応力解析，設計法が要求される．

6.3　設　計

6.3.1　I 形鋼桁橋

主桁に，桁橋用に圧延された I 形鋼または H 形鋼を用いれば，容易に桁橋を設計できる．幅員の広い橋では，I 形鋼または H 形鋼の主桁を必要な数だけ並列させる．この場合，格子作用をもたせてもよい．非合成桁で支間 20 m 程度まで，第 8 章で述べる合成桁で支間 25 m 程度までが適用支間となる．それより支間が長い場合は H 形鋼を上下に2分し，両フランジ・プレート間にウェブ・プレートを溶接して大きな断面とするか，支間中央部の曲げモーメントの大きくなる部分にカバー・プレート1枚をさらに溶接して抵抗モーメントを増加させる．このカバー・プレートの形状および溶接法は道示に従う．

6.3.2 鉄筋コンクリート橋

通常，鉄筋コンクリート橋は，おもに圧縮応力を受ける橋床版部と引張鉄筋を配する長方形断面部を一体とした，**図 6.7** に示すようなT形断面の桁として設計される．幅員が広い場合は，このT形はり桁を幅員方向に多数並べることになる．中実断面であるT形断面は，曲げに対し能率よく抵抗できる断面ではない．そこで，支間が長くなり，大きな抵抗モーメントが必要なときは，下縁の面積を増加させI形断面に近くする．さらに，長支間になると箱形断面が採用される．

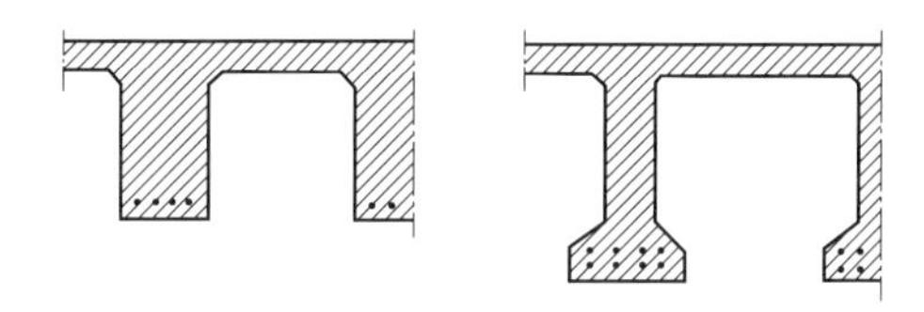

図 6.7 鉄筋コンクリートはり断面

また，**図 6.8** に示すような，鉄筋コンクリートの床版を柱で支えた，いわゆるフラット・スラブ橋は，桁下空間を有効に使用できる特徴を有している．この場合，柱とスラブ（床版）は一体化して設計されることが多いが，床版と柱頭間にドロップ・パネルを入れ，柱からの反力を分散して版に作用させる．

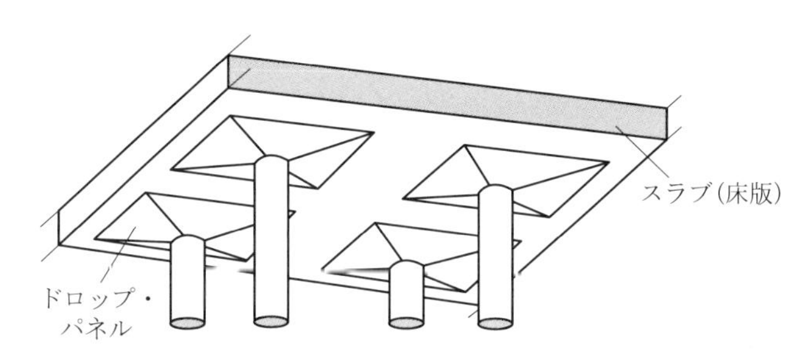

図 6.8 フラット・スラブ橋

鉄筋コンクリート桁の強度は，圧縮応力はコンクリートで抵抗させ，桁内に生じる引張力はすべて鉄筋により抵抗させることにより発揮される．これはコンクリート桁の下縁または上下縁近くに平行に置かれた鉄筋，曲げ上げられた鉄筋とスターラップなどにより実現される．鉄筋量はなるべく少なくし，桁の崩壊は，伸びのよい，しかも品質の安定している鉄筋の破断で起こるようにしたほうが，信頼性の高い構造となる．

一般構造物と橋梁との差異は，橋構造は大きな集中荷重を受けること，および荷重が移動することにある．そのため，桁断面は正負のせん断を受ける．すると，鉄筋表面とコンクリート間も，荷重移動により方向の逆転するせん断応力（付着力）がはたらき，鉄筋周りのコンクリートを破壊しやすいことに注意を要する．同様の現象は，コンクリート構造部材が地震加速度を受けたときにも生じる．

6.3.3　プレストレスト・コンクリート橋

プレストレスト・コンクリート（PC）桁は，**図 6.9** に示すように，桁中に高張力の鋼棒または鋼線を通し，これに高い引張力を加えて桁両端部で碇着することによって実現される．いま，鋼棒などに加える張力を F，鋼棒張力の合力の重心と断面中心との距離を e_0 とすると，断面には F なる軸応力と $M_{\mathrm{pre}} = Fe_0$ なる曲げモーメントがはたらくことになる．外力による曲げモーメントを BM とすれば，この断面にはたらく合力は，断面中心より $(M_{\mathrm{pre}} + BM)/F = e$ だけ離れた点にはたらく．この e および e_0 がつねに断面の核* 内にあれば，断面には引張応力ははたらかず，外力に対して通常の材料力学で取り扱うことができる．

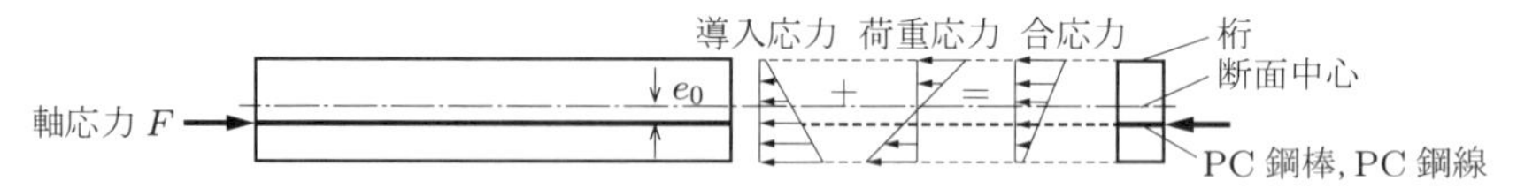

図 6.9　プレストレスによる負の曲げモーメントによる正曲げの引張応力の打ち消し

もちろん，プレストレスト・コンクリート構造では，コンクリートの乾燥収縮，クリープ，応力とひずみの非直線性などの問題を解決しなければならない．また，この方法によるプレストレスでは，せん断力には十分に抵抗できない．

図 6.10 の力のつり合いよりわかるように，プレストレスト・ケーブル，またはPC 鋼棒などを，桁中に曲率半径 R をもって曲げて配置すると，鋼棒と直角方向に $F/R = p$ の分布力がはたらく．この力により鉛直外力は抵抗されることになる．プレストレスト・ケーブルなどが直線に配置されていると，プレストレス力にはこの作用はない．なお，構造が不静定であれば，プレストレス力により不静定力は影響を

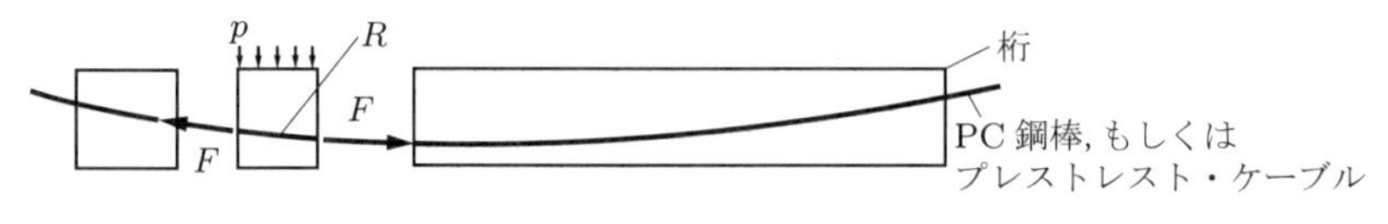

図 6.10　プレストレスによる外力に対する抵抗

受けるが，不静定力に影響を与えないプレストレスト・ケーブルの配置も存在する（concordant という）．

プレストレスにより，荷重に対していかなる点でも引張応力を生じないようにすること，見方を変えると引張ひび割れが生じないようにプレストレスを与えることをフル・プレストレシングといい，一部引張応力を認めるものをパーシャル・プレストレシングという．パーシャル・プレストレシングを採用することにより設計の自由は広くなるが，発生するひび割れの問題が生じる．プレストレスト・コンクリート桁の断面は長方断面，I 形断面に近いものから箱形断面まで，受ける曲げモーメントの大きさ，施工性，経済性などより定められる．

写真 6.4 は PC ボックス・ガーダーの例の Reichsbrücke（ライヒス橋）である．ボックスの内部は市街電車が走っており，その外側は車両交通と隔離された歩道が設けられている．写真 6.5 は地震の影響の小さい国で高橋脚上に架けられた PC 橋の例である．

写真 6.4　PC 桁の Reichsbrücke（オーストリア）

写真 6.5　高橋脚をもつ PC 橋の例（ノルウェー）

鋼棒を桁内部に配さずに，桁の外側に配してもよい．そうすることにより，桁の断面の幅を薄くすることができる．しかし，一般のプレストレスト・コンクリート桁のように，桁の内部に設けられているシース内に鋼棒を通し，シース内をグラウトし，鋼棒とコンクリートをせん断的に結合し，一体化することはできない．一方で，グラウトの充填性が不十分なために生じる錆などから逃れることはできる．また，鋼棒の腐食の問題以外に，鋼棒を角度を付けて曲げ上げる必要があり，材質上の問題が生じる場合がある．さらに，その曲げ上げ点で鋼棒が橋軸方向に動くのを防止する必要がある．支点部で塔を設け，鋼棒をこれに碇着させる，いわゆるドーズ橋も架設されている．

ほかにも，端部で鋼棒を碇着せず，鋼線に張力を加え，それを包んでコンクリートを打ち，鋼線とコンクリート間の付着力のみでプレストレスを与えるプレテンション法により桁をつくることができるが，長支間のものには適さない．

プレストレスト・コンクリート橋は単純桁としても架設されるが，連続桁としても，桁と橋脚を一体としたラーメン構造としても，桁を次々と張り出して架設し，中央をヒンジで連結する構造をとることもある．

演習問題 6

6.1 連続桁の特徴は何か．

6.2 ゲルバー桁の特徴は何か．

6.3 鉄筋コンクリート構造の力学的原理は何か．

6.4 プレストレスト・コンクリート橋の力学的原理は何か．

第7章 プレート・ガーダー

7.1 プレート・ガーダーとは

7.1.1 プレート・ガーダーの原理

曲げを受けているはりの応力は，中立軸からの距離に比例して大きくなる（図 7.1）．そこで，曲げモーメントに対して能率よく抵抗するためには，中立軸からもっとも離れた上下縁付近にできるだけ多くの材料を使用し，その他の断面部分では材料の使用を減らせばよい．この考えに従い，鋼板を用いて断面を構成すると，図 7.2 に示すI形断面のものとなる．上下縁に配した鋼板をフランジ・プレート（突縁板）とよび，それらを結んでいる板をウェブ・プレート（腹板）とよぶ（以下，それぞれフランジ，ウェブとよぶ）．このように，鋼板（プレート）を用いて桁（ガーダー，girder）を形成しているので，プレート・ガーダーの名がある．写真 7.1 に床版打設前の典型的なプレート・ガーダーの例を示す．

I形断面で曲げモーメントに抵抗させるには，フランジは曲げによる応力に対し十分な強度をもつような，ウェブはフランジが十分な強度が発揮できるようなはたらき

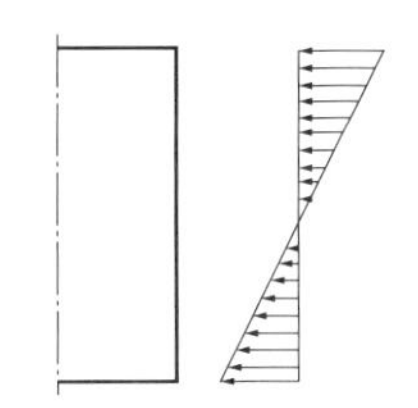

図 7.1　曲げ応力分布

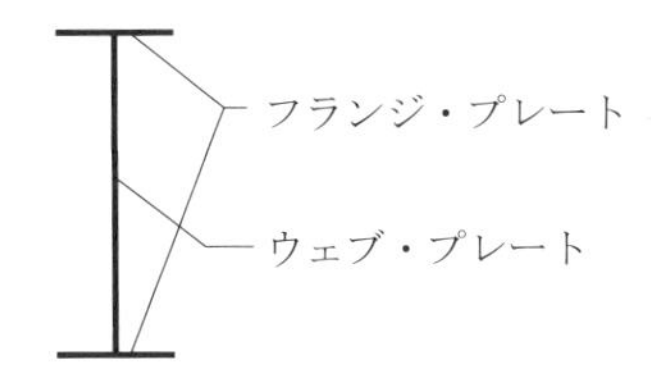

図 7.2　曲げ応力に対応したプレート・ガーダー断面形状

写真 7.1　鉄筋コンクリート床版を打設する前のプレート・ガーダー構造

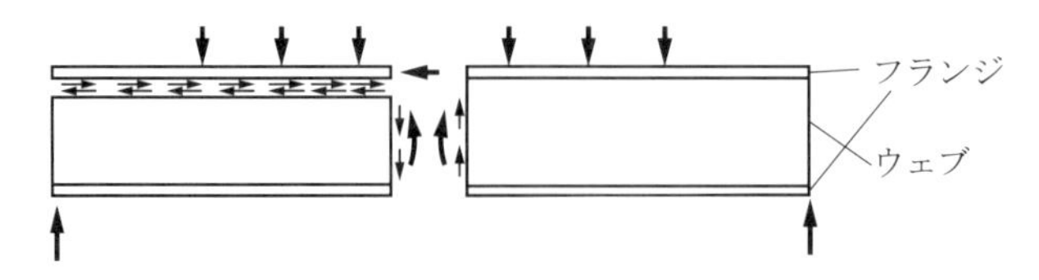

図 7.3　プレート・ガーダーの応力間のつり合い

をしなければならない．すなわち，ウェブは，まず上下フランジ間の距離を変えさせない役割をもつ．それとともに，**図 7.3** に示すように，フランジに十分な曲げ応力が生じるように，フランジとウェブとの間にせん断力が発生していなければならない．また，このせん断応力は垂直断面で切ると，この垂直面に生じており，これが外力に直接抵抗することになる．そこで，ウェブはせん断力に抵抗する強度ももたなければならない．このほか，支点反力や，直接桁に作用する荷重に対しても，ウェブは十分に抵抗できる必要がある．

こういったプレート・ガーダー各部のはたらきが一つの限界に達する状態として，プレートにはたらく応力により，それらに座屈が生じたときが考えられる．そこで道示では，座屈応力と降伏応力を基準として断面寸法を定める設計法が取り入れられている．しかし，その面内で荷重を受けている板は，座屈を起こした後も抵抗力を失わないので，その後の座屈強度に期待して設計される場合もある．

7.1.2　プレート・ガーダーの形態

一般にプレート・ガーダー橋は2本，あるいはそれ以上の数の並列して置かれた主桁と，それらを水平面内と垂直面で連結する横構と対傾構，または横構と荷重を各主桁に分配する，いわゆる横分配作用をもつ横桁よりなっている．

2本主桁の場合は，一般に床組を用いて橋床版を支える（**図 7.4**）．この形式は，小支間のプレート・ガーダーにも，大断面の横桁などを用いた幅員が広い中支間の桁にも採用される．また，主桁には能率よく2本にまとめられる大きな断面を使用し，横構は省略して設計すると，大断面横桁を用いても全体として材料が節約できる，曲線橋でも構造が簡単なため製作しやすい，応力分布も明解，といった特徴を有している．

トルコのイスタンブールに架設されている2本主桁のプレート・ガーダー橋であ

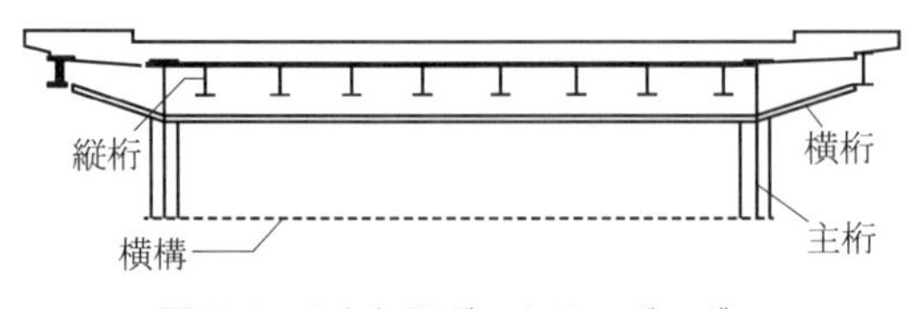

図 7.4　2本主桁ボックス・ガーダー

写真 7.2 2本主桁連続橋の Golden Horn 橋（トルコ）

る，Golden Horn（ゴールデン・ホーン）橋を写真 7.2 に示す．橋長は 822 m の 8 径間連続桁であり，鋼床版で設計されている．同形式のセルビアの Sava（サヴァ）橋は支間 261 m をもつが，一般には，2 本主桁は 100 m 程度の支間のプレート・ガーダーにまで採用されている．しかし，側方への変形に対し十分剛な床構造と，断面形状の変形を防止する役をなす対傾構かダイヤフラム* を設ければ，十分立体的強度をもちうるし，側方荷重にも十分抵抗できる構造である．

幅員が広く支間があまり長くない場合は，床組を用いずに直接多くの主桁を並べ，橋床版を支える（**図 7.5**）．対傾構は，ねじれおよび側方への曲げに対する抵抗力の低い I 形断面の主桁が横倒れ座屈を起こすのを防ぎ，各主桁のもつ強度を十分に発揮させる役割をもっている．横桁（荷重分配桁）は対傾構と同様のはたらきをするとともに，その曲げ剛性により各主桁の相互の相対的変形を拘束し，荷重を横方向に伝える作用をする（格子桁）．横構は対傾構・横桁と協力し，風荷重や地震力のように側方から加わるおそれのある荷重に対し，全構造が一体となって抵抗できるようにする．架設時には各主桁の位置を定める役割も果たす．

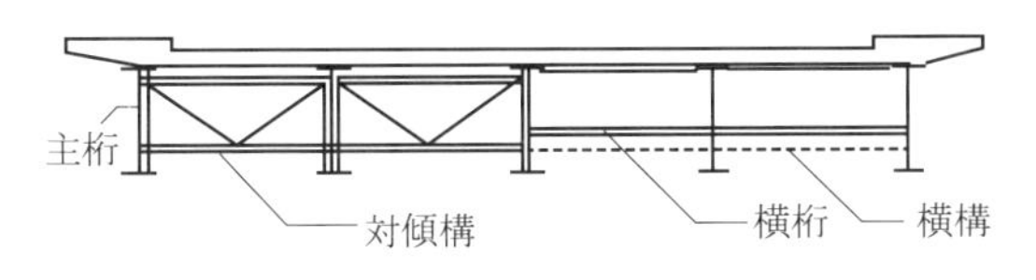

図 7.5 多主桁プレート・ガーダー

上面に置かれた鉄筋コンクリート床版，または鋼床版とウェブとを剛に接合すると，これら床版は主桁と一体となってはたらく．コンクリート床版と鋼桁が一体構造となっている桁を合成桁とよび，次章で述べる．引張フランジにも補剛板を用い，断面を閉じたものにしたプレート・ガーダーをボックス・ガーダー（箱桁）とよぶ（**図 7.6**）．すでに写真 1.6 に，19 世紀に世界で最初にイギリスで設計された鉄道橋のボックス・ガーダー橋を示している．写真 7.3 に，1950 年代になり，溶接の発達とと

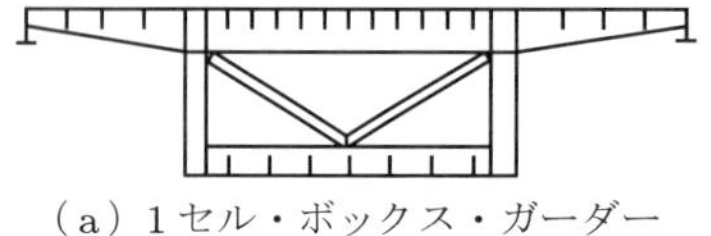

（a）1セル・ボックス・ガーダー

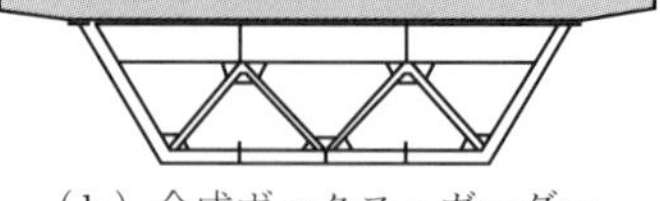

（b）合成ボックス・ガーダー

図 7.6　ボックス・ガーダー橋断面

写真 7.3　第二次大戦後に架設されたボックス・ガーダーの Düsseldorf–Neuss 橋（ドイツ）

もに近代的な目で再設計されたボックス・ガーダーの初期の例として，ドイツで設計された Düsseldorf–Neuss（デュッセルドルフ・ノイス）橋を掲げる．

ボックス・ガーダーは，ねじれ剛性が大きいという性質をもっているので，荷重が偏載されても，ねじれずにたわむことになる．そこで，両側のウェブはほぼ同じ量だけたわむことになり，大きい集中荷重が偏載されても，荷重による曲げに対して断面全体で有効に抵抗できる．また，大きなフランジ断面積をつくることができるので，比較的長支間の桁に適した形式である．しかし，支間に比較して広いフランジをもっている場合には，せん断応力のために図 7.7 に示すようなせん断変形が生じ，断面の平面保持ができなくなる．そのため，デッキ・プレート（床鋼板）の中央付近の応力は，ウェブとの接合部付近の応力より小さくなる．そこで，設計にあたっては，ウェブの数を増やし多室断面とするか，有効にフランジとしてはたらく部分の幅（有効幅）を定めて，曲げ応力の算定を行う必要が生じる場合もある．

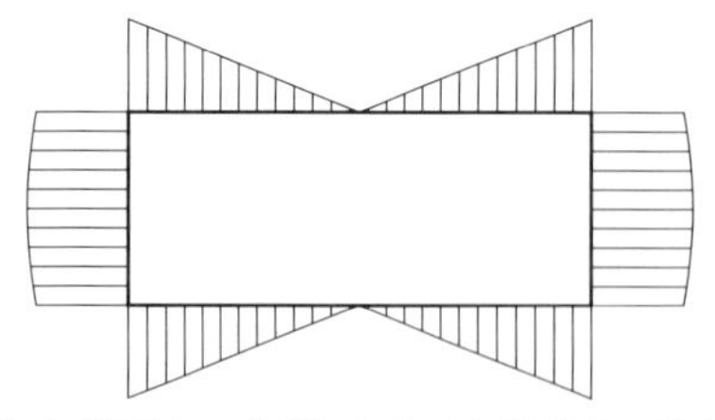

（a）断面内の曲げによるせん断応力の分布

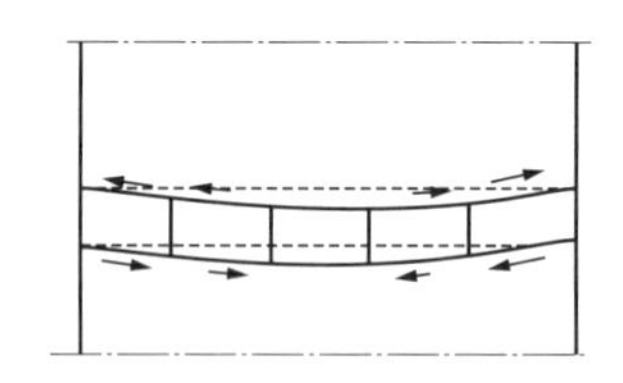

（b）デッキ・プレートのせん断応力による断面のそり

図 7.7　ボックス・ガーダーの曲げせん断応力分布

ボックス・ガーダーは剛度の大きい構造なので，高い精度での製作が要求される．そして，地震時には，その高い剛性のために下部構造の動きを拘束することになり，支承部に応力集中が起こるおそれがある．また，内部が半密閉されることによる耐候性上の有利さがあるが，高温時における内部温度上昇による鋼床版の舗装の流動化などの問題ももっている．

橋軸が水平面内で曲がっている曲線橋では，**図 7.8** に示すように，曲げモーメントの方向が曲率に従い変化するので，それにつり合うだけのねじりモーメントが生じる．こういった構造上生じるねじりに抵抗させるためにも，ボックス・ガーダー形式はしばしば採用される．また，第 8 章で述べるように，床版を鉄筋コンクリートとした合成桁としても架設される．

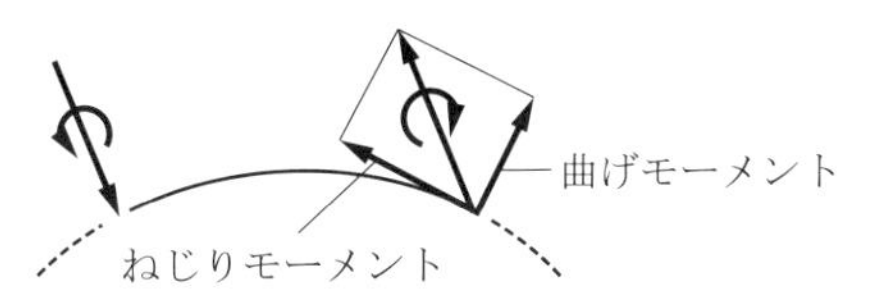

図 7.8　軸線の曲がりにより生じる断面力

プレート・ガーダーは単純桁ばかりでなく，連続桁，カンチ・レバー桁（ゲルバー桁）あるいは吊橋やアーチ橋の補剛桁としても用いられる．単純桁では支間中央部で，連続桁では中間支点付近で桁中間部に比較して曲げモーメントが大きくなる．この場合，写真 7.3 の例のように桁高を変えるか，あるいは桁高を変えずにフランジ断面積を増やし，断面二次モーメントを大きくして対応させることになる．しかし，終局強度設計法の考えを導入すれば，必ずしも中間支点付近で断面を増加させる必要はない．それは，この付近の断面が塑性化しても，桁の耐荷力がただちに失われることはないからである．

7.1.3　断面構成

7.1.1 項で述べたように，プレート・ガーダー断面は曲げモーメントとせん断力に抵抗できるものでなければならない．そこで，まず曲げモーメントにどのような形で抵抗しているかを考えてみよう．桁の断面の変形がなく，しかも弾性であるならば，曲げを受けたときに断面に生じる曲げ応力の分布は，断面の中立軸からの距離に比例したものになる．設計する立場に立つと，このような応力分布のもとで，断面がどれだけの曲げモーメントに抵抗できるかということが問題になる．断面の中で一番応力が大きくなるのは上下縁となるので，そこで生じる応力が許容応力度に達するときの曲げモーメントをもって許容抵抗モーメント M_a とすると，許容抵抗モーメントと許容応力度 σ_a との間には，断面係数 W（Z を用いることもある）を用いた次の関係がある．

$$M_a = W \times \sigma_a \tag{7.1}$$

許容応力度設計法で設計する場合は，設計した断面の断面定数 W が，式 (7.1) を満足していればよいことになる．

しかし，実際の断面では，終局状態の断面抵抗能力は式 (7.1) のような関係にはならず，構成している鋼板の幅と厚さの比（幅厚比）によってその性質は異なってくる．たとえば，ウェブに比較的薄い板を用いると，すなわち幅厚比が大きいと，板がもっている初期たわみのために曲げを受け，圧縮応力を受けている部分では，初期たわみは図 7.9(a) に示すようにさらに大きくなる．すると，圧縮に対する抵抗が低くなり，中立軸からの距離に比例して大きくなる応力分布ではなく，図 (b) に示したような分布となる．いくつかの国の設計基準ではこの現象を取り入れ，ある幅厚比以上のウェブでは，断面の一部しか有効に圧縮に抵抗しないという条項を設けている．

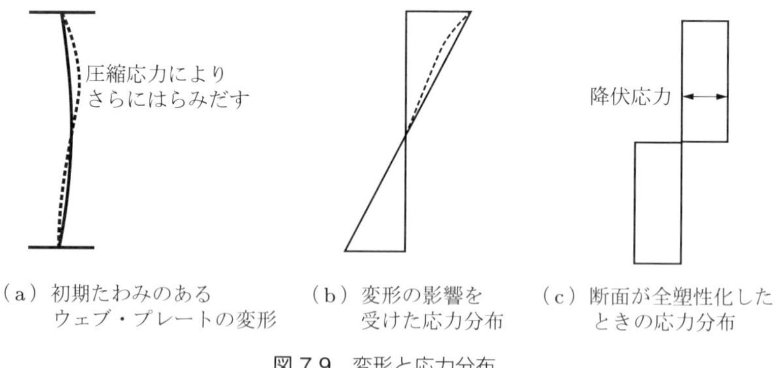

（a）初期たわみのある
ウェブ・プレートの変形
（b）変形の影響を
受けた応力分布
（c）断面が全塑性化した
ときの応力分布

図 7.9　変形と応力分布

一方，幅厚比が小さくなると，応力分布が非直線状となることはなくなり，応力が降伏点を超えても断面が曲げに対する抵抗能力を失うことはない．最終的には，図 (c) に示したように，全断面が降伏するまで曲げに抵抗する．このときの抵抗モーメントを全塑性モーメント M_u という．終局強度設計法では，この全塑性モーメントを用いて強度を算定することになる．このときの抵抗（全塑性）モーメントと降伏点応力 σ_y の関係は次式のようになる．

$$M_u = W_p \times \sigma_y \tag{7.2}$$

ここで W_p は塑性断面係数とよばれている．こういった断面となる条件や強度の設計法は，一般には各示方書で定められている．

せん断に対してはおもにウェブが抵抗することは，7.1.1 項で述べたとおりである．許容応力度設計法では，材料の許容せん断応力度か安全率を考慮した弾性座屈応力度を，許容応力度として設計する．

幅厚比の大きい板を用いると，せん断により比較的小さい応力でウェブに座屈が起こる．しかし，座屈を起こしても，その耐荷力が急に失われることはない．というのは，純せん断状態では，図 7.10 に示すように，引張りと圧縮主応力が水平軸に対し 45° の方向の面に生じており，圧縮主応力により座屈が生じてその方向の抵抗力が失われても，引張りを受けている断面ではなお引張りに抵抗できるので，ウェブ全体としてはせん断力に抵抗できるためである．この応力状態を，パネルに張力場* が生じているとよんでいる．この張力場に耐荷力を期待した設計も，一部の示方書では行われている．

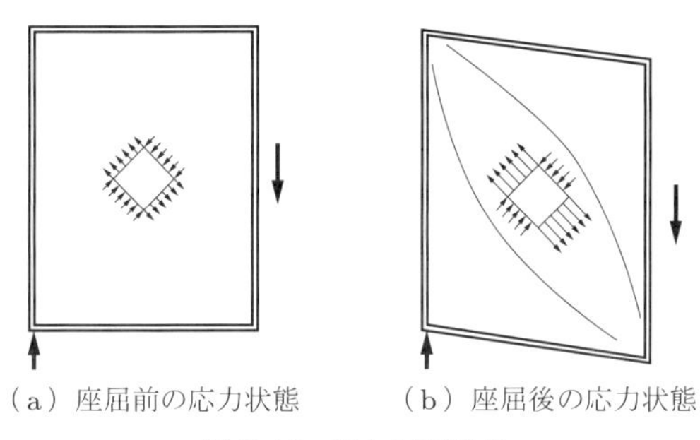

（a）座屈前の応力状態　（b）座屈後の応力状態

図 7.10 張力場の形成

7.2 プレート・ガーダーの設計

7.2.1 曲げモーメントに対する断面の決定

ここでは，I 形断面をもったプレート・ガーダーの設計について述べる．プレート・ガーダーの断面は，まず曲げモーメントに対し十分な抵抗力をもつように定められる．桁の各断面に作用する最大曲げモーメントは，影響線あるいは影響面を用いて，その断面にもっとも不利になるように荷重を載荷して求められる．最大曲げモーメントがもっとも大きくなるところは，単純支持桁では支間中央となるので，支間中央断面でまず桁高を決定する．連続桁の場合は中間支点上で負の曲げモーメントは最大となるが，この大きな曲げモーメントを受けている範囲は比較的狭いので，必ずしも中間支点上で全体として最適な桁高が決まるとは限らない．

I 形断面では，曲げモーメントに能率よく抵抗させるには，ウェブの板厚をできる限り薄くして桁高をなるべく高くするのがよい．しかし，ウェブの板厚は，板が座屈を起こすことを考えるとあまり薄くすることはできない．そのため，道示には必要板厚が与えられている．また，溶接による加工ひずみなどを考えると，実際には 9 mm 以下に薄くすることは困難である．そこで，ある一定の板厚という条件のもとで，むやみに桁高を増加させることは，フランジの面積の節約よりウェブ面積の増加のほうが大きくなり，必ずしも全断面積は小さくならないため，得策ではない．以上のような条件を考えて，単純桁の場合の桁高 h は，次式で与えられる値が一つの標準となる．

$$h = 0.9\sqrt{\frac{3}{2}}\sqrt{\frac{M}{\sigma_{tud}t_w}} \tag{7.3}$$

ここで，M：荷重組合せ係数および荷重係数を考慮した設計曲げモーメント，σ_{tud}：曲げ引張応力度の制限値，t_w：ウェブの板厚である．桁高が決まれば，ウェブの板厚は，**表 7.1** で与えられている値を満足するものを用いる．

表 7.1　鋼桁のウェブの板厚の最小値

鋼種	SS400 SM400	SM490Y	SBHS400	SM570	SBHS500
水平補剛材なし	$b/152$	$b/124$	$b/117$	$b/110$	$b/107$
水平補剛材 1 段	$b/256$	$b/208$	$b/196$	$b/185$	$b/180$
水平補剛材 2 段	$b/311$	$b/293$	$b/276$	$b/260$	$b/253$

b：上下フランジの純間隔 [mm]

道示では，降伏応力まで座屈を起こさない条件から定まる幅厚比を用いて定めている．設計曲げモーメントが大きくなると，ウェブの板厚が厚くなり，経済的な設計ができなくなる．そこで，一般には水平補剛材* を用いてウェブに生じる座屈を防止したうえで，薄いウェブを用いる．しかし，材料は多く使うことになるが，加工性あるいは製造費などを考えて，水平補剛材なしでウェブの板厚を厚くし設計することもある．なお，水平補剛材を1段または2段用いる場合の水平補剛材の必要剛度や間隔は道示に定められている．一般に採用されているプレート・ガーダーの断面を**図 7.11** に示す．鋼板は座屈を起こしてもただちにその耐荷力を失うことはないので，使用上問題がなければ，道示で与える値より大きい幅厚比を用いるプレート・ガーダー設計法もある．

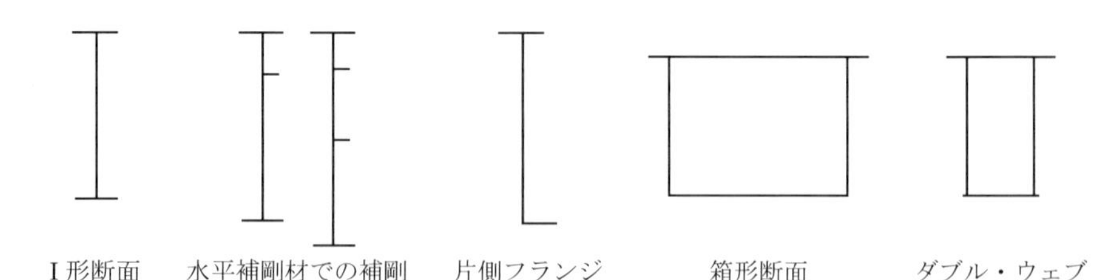

図 7.11　プレート・ガーダーの断面形状

ウェブ寸法が決まれば，次にフランジ断面を求める．いま，ウェブに生じる応力による曲げモーメントを，フランジ位置での力のモーメントで考えると，

$$Fh = \frac{A_w \sigma_b h}{6} \tag{7.4}$$

となる．ここで，σ_b：ウェブの縁応力，A_w：ウェブの断面積，h：桁高である．そこで，フランジの断面積 A_f は，ウェブの 1/6 がフランジと協力して曲げモーメント M に抵抗するとし，曲げ引張応力度の制限値 σ_{tud} を用いて，近似的に次式で与えられる．

$$A_f = \frac{M}{\sigma_{tud} h} - \frac{A_w}{6} \tag{7.5}$$

圧縮と引張フランジに対する制限値が異なる場合は，引張りに対する制限値を用いて式 (7.1) を計算し，圧縮と引張制限値の比に従い，圧縮フランジの断面積を増加させるなどの逐次近似計算を行い，適当な断面を定める．フランジ断面積が定まれば，I 形断面のフランジに対し定められている幅厚比を β とし，次式を参照してフランジ幅 b_f が定まる．

$$b_f = \sqrt{2A_f \beta} \tag{7.6}$$

設計された断面は，次式のように，フランジの発生応力が制限値以下にならなければならない．

$$\sigma = \frac{M}{I} y \leqq \sigma_{tud},\ \sigma_{cud} \tag{7.7}$$

ここで，σ：圧縮または引張フランジの応力，σ_{tud}，σ_{cud}：圧縮または引張フランジに対する制限値，I：断面二次モーメント，y：中立軸から上下縁までの距離である．

単純桁では，支点に近づくに従い最大曲げモーメントの値は減少するので，それに応じて，フランジ断面積を減少させる．一般には，**図 7.12** に示すように，3 段階程度に分けて断面を定める．短い支間の桁では 2 断面で設計してもよい．その場合フランジ断面を変えてもよいし，支間中央付近でカバー・プレート（高さ調節用プレート）1 枚をフランジに溶接して断面を増加させてもよい．桁高を変えるときには，傾斜したフランジに生じている応力の垂直成分がせん断力に抵抗する作用を考慮してもよい．フランジの傾斜があまり大きくないときは，傾斜を考えずに曲げ応力を計算できる．

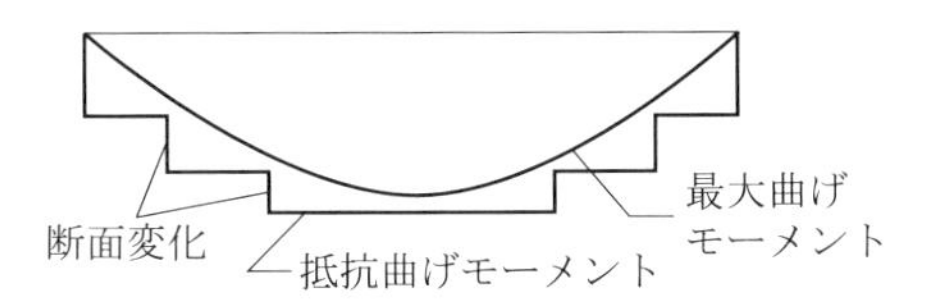

図 7.12　最大曲げモーメント図と抵抗曲げモーメント図

7.2.2　せん断力に対する断面の設計

等高の桁では，せん断力に対しおもに抵抗するのはウェブであり，フランジは補助的なはたらきをするに過ぎない．せん断応力 τ は，ウェブ全断面積 A_w が一様にせん断力 S に抵抗するとして，次式で求める．

$$\tau = \frac{S}{A_w} \tag{7.8}$$

せん断応力の制限値は，せん断降伏に対して定められている．一般にプレート・ガーダーに生じるせん断応力は小さいので，曲げに対して定めた板厚を用いると，降伏応力を基準とした許容せん断応力に対しては，余裕があるのが普通である．しかし，曲げに対する座屈より定められる幅厚比をもつウェブは，幅と高さの比（縦横比*）により，そのせん断座屈強度は大きく左右される．しかも，プレート・ガーダーでは，せん断力のみが生じているパネル（垂直補剛材* とフランジで囲まれているウェブ部分）は存在せず，つねに曲げモーメントとせん断力が同時にはたらいている．そこで道示では，このような作用断面力に対し垂直補剛材間隔を変えることにより，十分な座屈強度を確保する設計を行っている（**表 7.2**）．これは垂直補剛材間隔，すなわ

表 7.2　垂直補剛材の間隔照査

<table>
<tr><td rowspan="2">水平補剛材なし</td><td>$\left(\frac{b}{100\,t}\right)^4\left[\left(\frac{\sigma}{431}\right)^2+\left\{\frac{\tau}{97+72\,(b/a)^2}\right\}^2\right] \leqq 1$</td><td>$\frac{a}{b} > 1$</td></tr>
<tr><td>$\left(\frac{b}{100\,t}\right)^4\left[\left(\frac{\sigma}{431}\right)^2+\left\{\frac{\tau}{72+97\,(b/a)^2}\right\}^2\right] \leqq 1$</td><td>$\frac{a}{b} \leqq 1$</td></tr>
<tr><td rowspan="2">水平補剛材 1 段</td><td>$\left(\frac{b}{100\,t}\right)^4\left[\left(\frac{\sigma}{1121}\right)^2+\left\{\frac{\tau}{151+72\,(b/a)^2}\right\}^2\right] \leqq 1$</td><td>$\frac{a}{b} > 0.8$</td></tr>
<tr><td>$\left(\frac{b}{100\,t}\right)^4\left[\left(\frac{\sigma}{1121}\right)^2+\left\{\frac{\tau}{113+97\,(b/a)^2}\right\}^2\right] \leqq 1$</td><td>$\frac{a}{b} \leqq 0.8$</td></tr>
<tr><td rowspan="2">水平補剛材 2 段</td><td>$\left(\frac{b}{100\,t}\right)^4\left[\left(\frac{\sigma}{3741}\right)^2+\left\{\frac{\tau}{235+72\,(b/a)^2}\right\}^2\right] \leqq 1$</td><td>$\frac{a}{b} > 0.64$</td></tr>
<tr><td>$\left(\frac{b}{100\,t}\right)^4\left[\left(\frac{\sigma}{3741}\right)^2+\left\{\frac{\tau}{176+97\,(b/a)^2}\right\}^2\right] \leqq 1$</td><td>$\frac{a}{b} \leqq 0.64$</td></tr>
</table>

a：垂直補剛材間隔 [mm]，b：腹板の板幅 [mm]，t：腹板の板厚 [mm]
σ：腹板の縁圧縮応力度 [N/mm^2]，τ：腹板のせん断応力度 [N/mm^2]

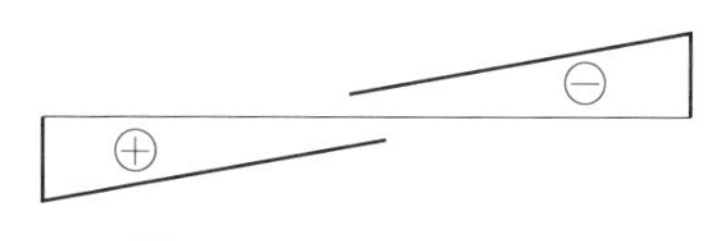

図 7.13 最大せん断力図

ち，ウェブの縦横比が小さくなるに従い，その座屈強度が大きくなる性質を利用している．なお，単純支持桁の場合，最大せん断力図は**図 7.13** に示すようになり，支点付近でもっとも大きくなる．

7.2.3 補剛材の設計

垂直補剛材と水平補剛材は，ウェブ全体が座屈を起こさずに，補剛材で囲まれた部分のみが座屈するように配置し，剛度を与える．その必要剛度と計算法は道示に定められており，これに従い設計する．

支点のような大きな集中力がはたらくところでは，その直接の支圧* にウェブが耐えられるように，端補剛材を設ける．端補剛材は支圧を受ける柱として設計する．有効座屈長および許容応力度は道示に従う．しかし，張力場を期待している設計では，張力場を受け止めるだけの剛度も必要となる．ウェブに直接荷重が加わるときも，その支圧に耐えられるかどうかを照査する必要がある．もし耐えられないようなら，板厚を増加させるか，補剛材を設ける．その他，横桁，対傾構などの取り付け部には必ず補剛材を設ける．この補剛材の設計が不十分であると，横桁のたわみによりウェブはねじられ，フランジとの接合部に疲労亀裂が生じるおそれがあるので注意を要する．

7.2.4 対傾構，横構，および横桁（荷重分配桁）の設計

対傾構は，主桁のねじれおよび側方への変形を防止するために，主桁に直交して，それらの変形を拘束できるように設けられる．横構は，風荷重や地震力のような側方より加わる荷重に抵抗し，荷重を支点に伝えるために設けられる．また，横構は橋全体の剛度を増加させる役割なども果たしている．荷重を各主桁に分配する作用をもつ横桁は，主桁のプレート・ガーダーの設計に準じて設計を行う．横桁は対傾構と同様のはたらきもするが，十分にその曲げ剛性を発揮できるように，主桁を貫通して主桁に接合するのがよい．

対傾構，横構および横桁は，主桁の強度を十分に発揮させ，橋全体の剛度を増加させるために必要な構造要素である．しかし，**図 7.14**(a) に示すように，上路式プレート・ガーダーで下面にのみ横構が設けられている場合でも，床版と横構は一体となって，橋断面全体を閉じたものにする．そのため，荷重が偏載されたとき，横構にせん断力が生じ，橋全体として偏載によるねじれに抵抗する．

すると，この偏載に抵抗する断面力は，図 (b) に示したように，主桁のせん断力と

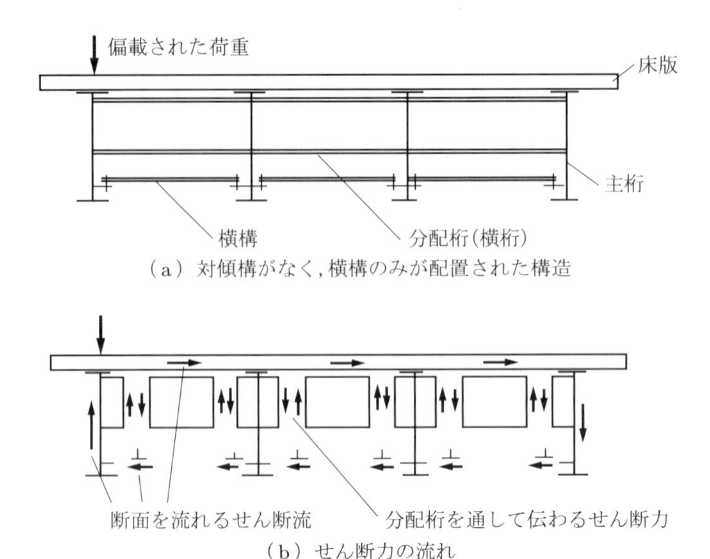

図 7.14　多主桁プレート・ガーダーのせん断力の流れ

横構のせん断力ということになり，一般の応力計算で仮定している，横桁の荷重分配作用によって各主桁の断面に生じるせん断力による抵抗とは異なった応力状態となる．しかし，建前として，崩壊状態では床版と主桁の接合が切れ，橋全体は開いた断面になると考えると，この横構の作用を考慮する必要はないと考えられている．実際は，床版と主桁の接合は，単にスラブ止めによっているものでも強く，主桁応力が降伏点に達する程度の応力では，床版と横構の協力作用は期待できる．より厳密に応力計算を行うには，こういった構造全体系に考慮して計算モデルをつくる必要がある．

7.2.5　その他

架設にあたって，死荷重により桁のたわみが所定の縦断勾配より下がることを考え，あらかじめそのたわみ分を上げ越しをしておく．このことを，キャンバーを付けるともよぶ．

7.3　部材の接合

各主桁は一つの構造として製作されるのが望ましいが，運搬の都合上，いくつかに分けて製作し，現場で接合して架設される場合が多い．部材接合には，溶接接合または高力ボルト摩擦接合が用いられる．

7.3.1 溶接接合

プレート・ガーダーは，鋼板をグルーブ溶接（突合せ溶接）とすみ肉溶接によってＩ形断面に組み立てる．フランジどうし，ウェブどうしの板を接合する場合にはグルーブ溶接が用いられる．溶接面に開先加工し，この部分に溶着金属を盛り込む（図 7.15）．すみ肉溶接は，二つの部材の直交する隅角部に三角形に溶着金属を盛り込む溶接である（図 7.16）．

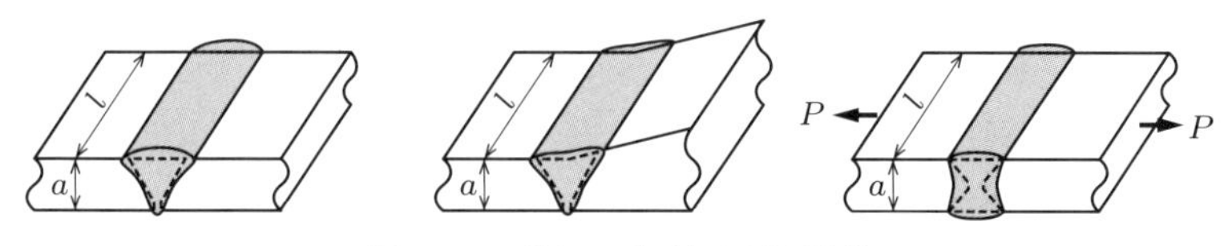

図 7.15　グルーブ（突合せ）溶接

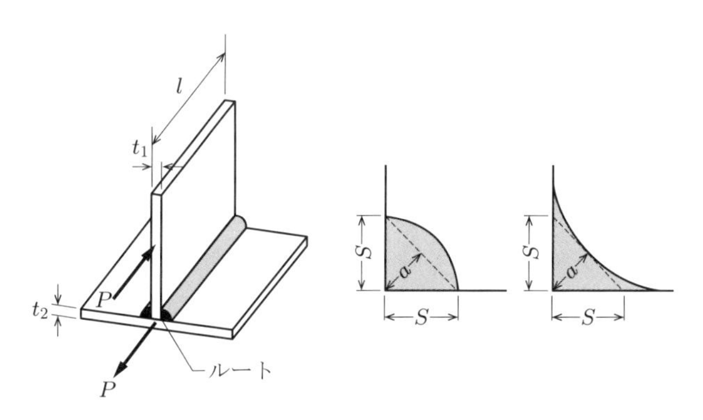

図 7.16　すみ肉溶接

軸方向力またはせん断力を受ける溶接継手が，式 (7.9) または式 (7.10) を満足すれば，限界状態 1 を超えないとみなされる．すなわち，溶接部が降伏しなければ，溶接継手は弾性域にとどまると考えられるため，これを限界状態 1 とみなす．

$$\sigma_{Nd} = \frac{P}{\sum(al)} \leqq \sigma_{Nyd} \tag{7.9}$$

$$\tau_d = \frac{P}{\sum(al)} \leqq \tau_{yd} \tag{7.10}$$

$$\sigma_{Nyd} = \xi_1 \Phi_{Mnm} \sigma_{yk} \tag{7.11}$$

$$\tau_{yd} = \xi_1 \Phi_{Mnm} \tau_{yk} \tag{7.12}$$

ここで，

σ_{Nd}：継手に生じる軸方向応力度

τ_d：継手に生じるせん断応力度

P：継手に生じる力

a：溶接の有効厚

S：溶接のサイズ

l：溶接の有効長

σ_{Nyd}：軸方向引張応力度の制限値

τ_{yd}：せん断応力度の制限値

σ_{yk}：溶接部の降伏強度の特性値（表 7.3）

τ_{yk}：溶接部のせん断降伏強度の特性値（表 7.3）

Φ_{Mnm}：抵抗係数（表 7.4）

ξ_1：調査・解析係数（表 7.4）

である．

一方，溶接部に降伏が生じた後，引張またはせん断破壊に至るまでに最大強度に達

表 7.3 溶接部の強度の特性値 [N/mm^2]

鋼種			SM400		SM490		SM490Y			SBHS 400	SM570			SBHS 500
鋼材の板厚 [mm]			40以下	40を超え100以下	40以下	40を超え100以下	40以下	40を超え75以下	75を超え100以下	100以下	40以下	40を超え75以下	75を超え100以下	100以下
工場溶接	完全溶け込み	圧縮降伏	235	215	315	295	355	335	325	400	450	430	420	500
		引張降伏	235	215	315	295	355	335	325	400	450	430	420	500
		せん断降伏	135	125	180	170	205	195	185	230	260	250	240	285
	すみ肉	せん断降伏	135	125	180	170	205	195	185	230	260	250	240	285
	引張強度		400		490		490			490	570			570
現場溶接			原則として工場溶接と同じ値とする											

表 7.4 調査・解析係数および抵抗係数（限界状態 1）

荷重組合せ	ξ_1	Φ_{Mnm}
$D+L$	0.90	0.85
$D+EQ$ (L1)		1.00
$D+EQ$ (L2)	1.00	

したときを，限界状態3と考える．しかし，この最大強度に関するデータは十分でないため，溶接部の降伏強度を基準としている．したがって，限界状態1と限界状態3の照査式はほぼ同一となる．

例題 7.1 グループ（突合せ）溶接継手の照査

図7.15に示すグループ（突合せ）溶接部に，死荷重（D）により引張軸力 P_D，活荷重（L）により引張軸力 P_L が作用している．$D+L$ が作用している場合，溶接部が限界状態1を超えないか照査せよ．ただし，鋼材はSM400（溶接部の降伏強度の特性値 235 N/mm^2），溶接の有効厚 $a = 19\,\mathrm{mm}$，溶接の有効長 $l = 300\,\mathrm{mm}$，$P_D = 200\,\mathrm{kN}$，$P_L = 100\,\mathrm{kN}$ とする．

解答 作用応力 σ_{Nd} は，

$$\begin{aligned}\sigma_{Nd} &= \frac{\gamma_{p1}\gamma_{q1}P_D + \gamma_{p2}\gamma_{q2}P_L}{al} \\ &= \frac{1.0 \times 1.05 \times 200000 + 1.0 \times 1.25 \times 100000}{19 \times 300} = 58.8\,\mathrm{N/mm^2}\end{aligned}$$

である．一方，制限値 σ_{Nyd} は

$$\sigma_{Nyd} = \xi_1 \Phi_{Mnm} \sigma_{yk} = 0.9 \times 0.85 \times 235 = 179.7\,\mathrm{N/mm^2}$$

であるため，

$$\sigma_{Nd} \leqq \sigma_{Nyd}$$

となり，限界状態1を超えない．

例題 7.2 すみ肉溶接継手の照査

図7.16に示すように，鉛直鋼板が水平鋼板にすみ肉溶接されている．このすみ肉溶接部に，死荷重（D）によりせん断力 P_D，活荷重（L）によりせん断力 P_L が作用している．$D+L$ が作用している場合，すみ肉溶接部が限界状態1を超えないか照査せよ．ただし，鋼材はSM400（溶接部のせん断降伏強度の特性値 135 N/mm^2），溶接のサイズ $S = 12\,\mathrm{mm}$，溶接の有効長 $l = 300\,\mathrm{mm}$，$P_D = 200\,\mathrm{kN}$，$P_L = 100\,\mathrm{kN}$ とする．

解答 鉛直鋼板は左右の2箇所ですみ肉溶接されており，溶接の有効厚 a は $a = S/\sqrt{2} = 8.4\,\mathrm{mm}$ であるため，作用応力 τ_d は，

$$\begin{aligned}\tau_d &= \frac{\gamma_{p1}\gamma_{q1}P_D + \gamma_{p2}\gamma_{q2}P_L}{al} \\ &= \frac{1.0 \times 1.05 \times 200000 + 1.0 \times 1.25 \times 100000}{8.4 \times 300 \times 2} = 65.8\,\mathrm{N/mm^2}\end{aligned}$$

である．一方，制限値 τ_{yd} は

$$\tau_{yd} = \xi_1 \Phi_{Mnm} \tau_{yk} = 0.9 \times 0.85 \times 135 = 103.3\,\mathrm{N/mm^2}$$

であるため，

$$\tau_d \leqq \tau_{yd}$$

となり，限界状態1を超えない．

7.3.2 高力ボルトによる摩擦接合

高力ボルトによる摩擦接合とは，接合する材片（母材）に連結板（添接板）を重ねて高力ボルトで締め付け，材片の接触間の摩擦力によって外力 P に抵抗する接合法である（図7.17）．高力ボルトに用いられる材料の引張強度は非常に高く，高力ボルトF10Tやトルシア型高力ボルトS10（いずれも引張強度1,000〜1,200 N/mm^2）などが用いられる．ボルトに導入される軸力は以下としている．

$$N = \alpha \sigma_y A_e \tag{7.13}$$

ここで，N：ボルト軸力，α：降伏点に対する比率，σ_y：降伏応力，A_e：有効断面積である．

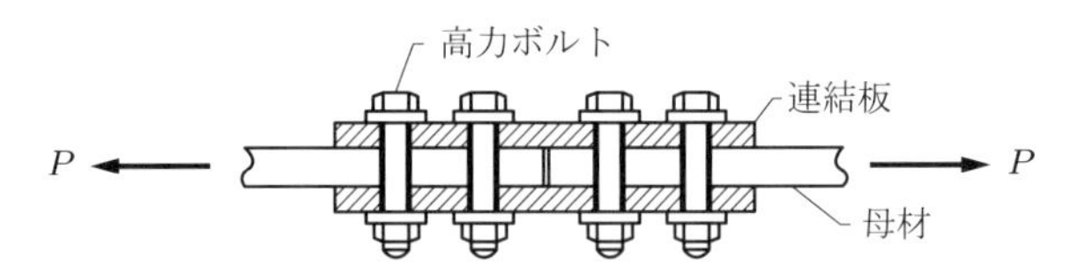

図7.17　高力ボルトによる摩擦接合

高力ボルト摩擦接合継手は，すべりが発生するまでは母材間の相対変位はわずかであり，高い剛性を示す．すべり発生後は，母材間に大きな相対変位を示し，高力ボルトが高力ボルト孔壁に接触し支圧状態となり，最終的にはボルトまたは母材の破断に至る．そこで，ボルトによる摩擦接合の照査は，すべりと母材・連結版の降伏を限界状態1とし，照査式は式(7.14)または式(7.16)を待たすことを照査する．

垂直応力が均等に分布している場合（図7.18）：

$$V_{sd} = \frac{P_{sd}}{n} \leqq \xi_1 \Phi_{Mfv} V_{yk} m \tag{7.14}$$

$$P_{sd} = \sigma bt \tag{7.15}$$

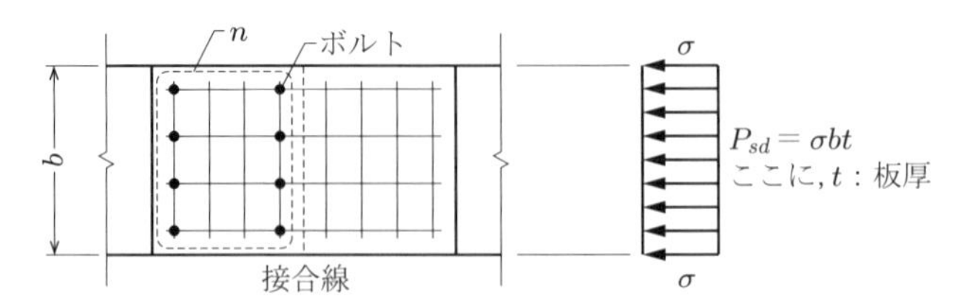

図7.18　フランジのボルトに作用する力（垂直応力 σ の分布が均等の場合）

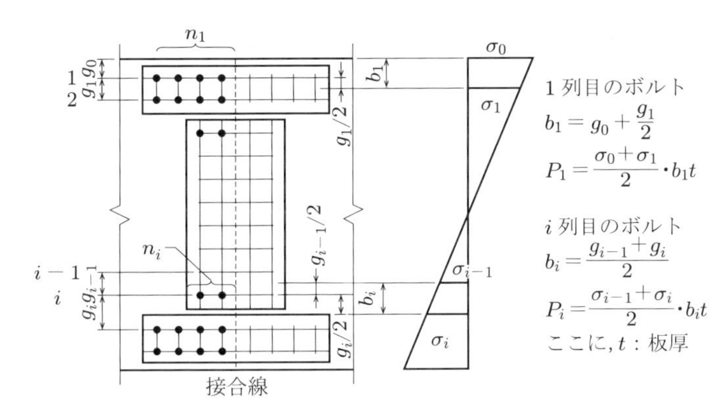

図 7.19　ウェブのボルトに作用する力（垂直応力の分布が均等でない場合）

垂直応力の分布が均等でない場合（図 7.19）：

$$V_{sdi} = \frac{P_{sdi}}{n_i} \leqq \xi_1 \Phi_{Mfv} V_{yk} m \tag{7.16}$$

ここで,

V_{sd}：ボルト 1 本あたりに生じる力 [N]

P_{sd}：図 7.18 に示す接合線の片側にあるボルト群に生じる力

σ：照査位置の垂直応力

b, t：母材の板幅および板厚

n：接合線の片側にあるボルトの本数

V_{sdi}：i 列目のボルト 1 本あたりに生じる力 [N]

P_{sdi}：図 7.19 に示す i 列目の接合線の片側にあるボルト群に生じる力

n_i：i 列目の接合線の片側にあるボルト群の本数

m：摩擦面数（単せん断 = 1，複せん断 = 2），**図 7.20** に示す.

V_{fk}：1 ボルト 1 摩擦面あたりのすべり強度（**表 7.5**）

Φ_{Mfv}：抵抗係数（**表 7.6**）

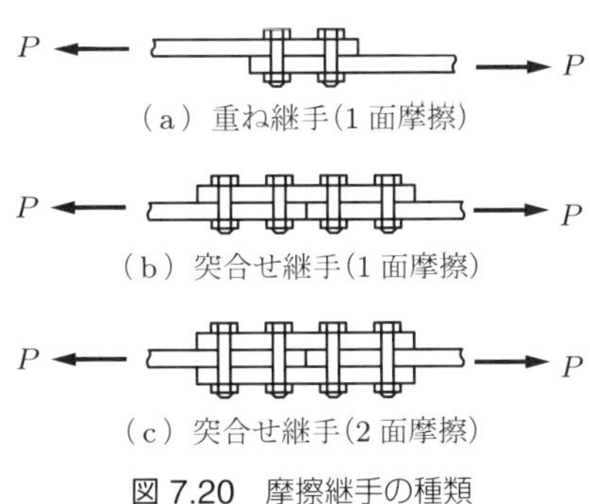

図 7.20　摩擦継手の種類

表 7.5 摩擦接合用高力ボルトのすべり強度の特性値 [kN]（1ボルト1摩擦面あたり：接触面が無塗装の場合）

ねじの呼び	ボルトの等級			
	F8T	F10T	S10T	S14T
M20	53	66	66	—
M22	66	82	82	120
M24	77	95	95	140

表 7.6 調査・解析係数および抵抗係数（限界状態 1）

荷重組合せ	ξ_1	Φ_{Mfv}
$D+L$	0.90	0.85
$D+EQ$ (L1)		1.00
$D+EQ$ (L2)	1.00	

ξ_1：調査・解析係数（表 7.6）

である．

一方，限界状態 3 はボルトの破断と考えられ，式 (7.17) で照査する．

$$V_{sd} \leqq V_{fud} \tag{7.17}$$

$$V_{fud} = \xi_1 \xi_2 \Phi_{MBs1} \tau_{uk} A_s m \tag{7.18}$$

ここで，

V_{sd}：ボルト 1 本あたりに生じる力

V_{fud}：ボルト 1 本あたりの制限値

A_s：ねじ部の有効断面積

m：摩擦面数（単せん断 $=1$，複せん断 $=2$），図 7.20 に示す

τ_{uk}：ボルトのせん断破断強度の特性値（表 7.7）

Φ_{MBs1}：抵抗係数（表 7.8）

ξ_1：調査・解析係数（表 7.8）

ξ_2：部材・構造係数（表 7.8）

である．

表 7.7 摩擦接合用高力ボルトのせん断破断強度の特性値 [N/mm²]

応力の種類	ボルトの等級			
	F8T	F10T	S10T	S14T
せん断破断	460	580	580	810

表 7.8 調査・解析係数，部材係数および抵抗係数（限界状態 3）

荷重組合せ	ξ_1	ξ_2, Φ_{MBs1}
$D+L$	0.90	0.50
$D+EQ$ (L1)		0.60
$D+EQ$ (L2)	1.00	

高力ボルトを用いた接合には，摩擦接合に加えて，支圧接合および引張接合がある．支圧接合は，ボルト円筒部のせん断抵抗および円筒部とボルト孔壁との間の支圧によって応力を伝達させるものである．引張接合は，継手面を有する 2 枚の鋼板を高力ボルトで直接締め付けるものである（短締め形式）．すなわち，継手面に発生させた接触圧力を介して応力を伝達させるものである．また，継手面を有する鋼板を直接

締め付けずに，碇着部材を介して高力ボルト，鋼ロッド，PC 鋼棒などで締め付けて接合する方法もある（長締め形式）．

例題 7.3　高力ボルト摩擦接合の照査

図 7.18 に示すように，フランジが 16 本の高力ボルトで摩擦接合されている．この接合部に，死荷重（D）により引張力 P_D，活荷重（L）により引張力 P_L が作用している．$D+L$ が作用している場合，この摩擦接合部が限界状態 1 を超えないか照査せよ．ただし，高力ボルト径は M22，ボルトの等級は F10T，すべり強度（接触面を塗装しない場合の 1 ボルト 1 摩擦面あたり）は 82 kN，$P_D = 800\,\text{kN}$，$P_L = 500\,\text{kN}$ とする．

解答　ボルト 1 本に生じる力 V_{sd} は，

$$V_{sd} = \frac{\gamma_{p1}\gamma_{q1}P_D + \gamma_{p2}\gamma_{q2}P_L}{n}$$

$$= \frac{1.0 \times 1.05 \times 800 + 1.0 \times 1.25 \times 500}{16} = 91.5\,\text{kN}$$

である．一方，制限値 V_{sud} は

$$V_{sud} = \xi_1 \Phi_{Mfv} V_{yk} m = 0.90 \times 0.85 \times 82 \times 2 = 125.4\,\text{kN}$$

であるため，

$$V_{sd} \leqq V_{sud}$$

となり，限界状態 1 を超えない．

例題 7.4　プレート・ガーダーの設計演習

図 7.21 に示すような，支間長 $L = 30\,\text{m}$ の単純桁を設計する．橋の断面を**図 7.22** に示すが，2 本の鋼桁（主桁）が床版・舗装・活荷重を支えている．

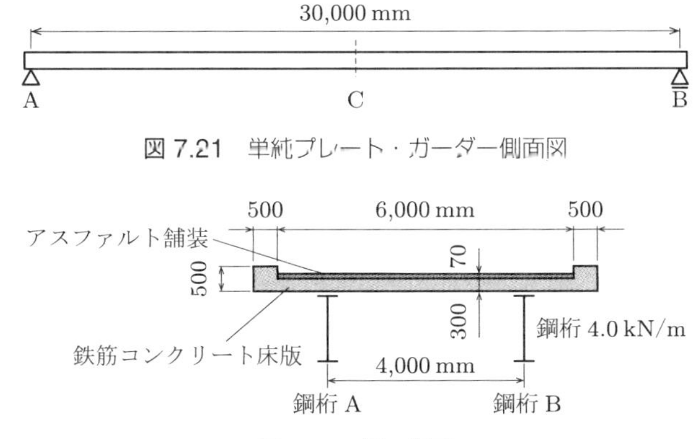

図 7.21　単純プレート・ガーダー側面図

図 7.22　橋の断面

解答　**(1) 死荷重強度の算定**

1本の鋼桁の単位長さあたりに作用する死荷重強度 d を求める．

鋼桁	$= 4.000\,\text{kN/m}$
鉄筋コンクリート床版	
$(6.0 \times 0.3 + 2 \times 0.5 \times 0.5)/2 \times 24.5$	$= 28.175\,\text{kN/m}$
アスファルト舗装　$6.0 \times 0.07 \times 22.5/2$	$= 4.725\,\text{kN/m}$
合計	$d = 36.900\,\text{kN/m}$

(2) 活荷重強度の算定

B活荷重による1本の鋼桁の単位長さあたりの活荷重強度 L_{p1}，L_{p2} を求める．B活荷重は，二つの分布荷重で構成される（$p_1 = 10\,\text{kN/m}^2$，$p_2 = 3.5\,\text{kN/m}^2$）．これらは，着目する鋼桁に，最大荷重強度を与えるように載荷しなければならない．そのため，**図 7.23** に示す影響線の正領域のみを考慮する．

$$A_1（正領域の面積）= 1.25 \times 5.0/2 = 3.125$$
$$L_{p1} = p_1 A_1 = 10 \times 3.125 = 31.25\,\text{kN/m}$$
$$L_{p2} = p_2 A_1 = 3.5 \times 3.125 = 10.938\,\text{kN/m}$$

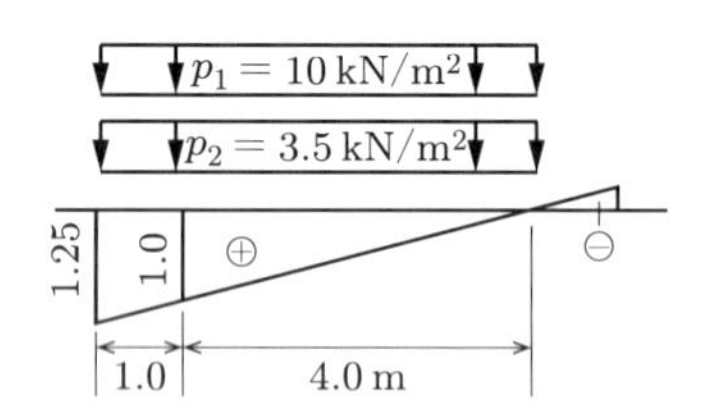

図 7.23　鋼桁Aに作用する荷重の影響線

(3) 支間中央での設計曲げモーメントの算出

この規模の橋梁の主桁断面には約5種類の異なった鋼種・鋼板厚がスパン方向に用いられるが，本演習では支間中央C点での設計曲げモーメントを求める．死荷重 d および活荷重 p_2 は，全径間に等分布載荷する．活荷重 p_1 は，10 m 長の範囲に載荷するが，着目点の曲げモーメントが最大値になる位置に載荷する．その際には，**図 7.24** に示す影響線を利用する．

$$y_1 = L/4 = 30.0/4 = 7.5, \qquad y_2 = (10.0/15.0)y_1 = 5.0$$
$$A_2（三角形 ABE の面積）= y_1 L/2 = 7.5 \times 30.0/2 = 112.5$$
$$A_3（五角形 DEFGH の面積）= 10(y_1 + y_2)/2 = 10 \times (7.5 + 5.0)/2 = 62.5$$
$$M_D = dA_2 = 36.9 \times 112.5 = 4151\,\text{kN·m}$$
$$M_{p1} = L_{p1} A_3 = 31.25 \times 62.5 = 1953\,\text{kN·m}$$
$$M_{p2} = L_{p2} A_2 = 10.938 \times 112.5 = 1230\,\text{kN·m}$$

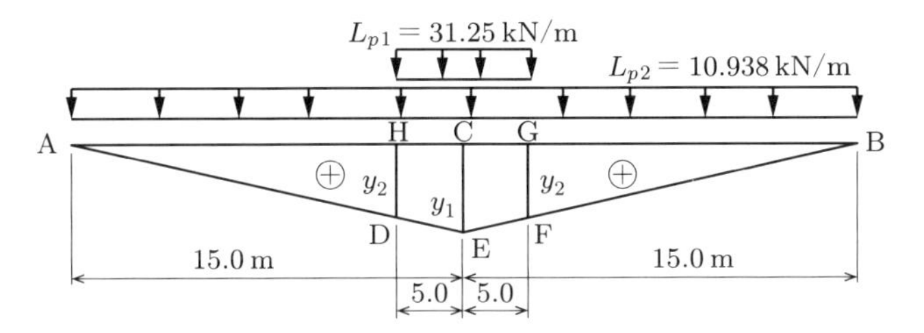

図 7.24　支間中央 C 点での曲げモーメントの影響線

活荷重には衝撃係数 i を乗じて，合計の設計曲げモーメント M を求める．

$$i = 20/(50 + L) = 0.25$$

$$M_L = (1 + i)(M_{p1} + M_{p2}) = 3979\,\text{kN·m}$$

$$M = M_D + M_L = 8130\,\text{kN·m}$$

(4) 支間中央での応力照査

支間中央 C 点での鋼桁の応力を照査する．最大曲げモーメントを**図 7.25** に示す．鋼桁断面を，**図 7.26** に示すように仮定する．鋼材の材質は SM490Y とする．表 7.1 より，ウェブには水平補剛材が 1 段必要である．

$$b = 1{,}800\,\text{mm}, \quad b/208 = 8.6 < 11 < b/124 = 14.5$$

次に断面性能を求める．

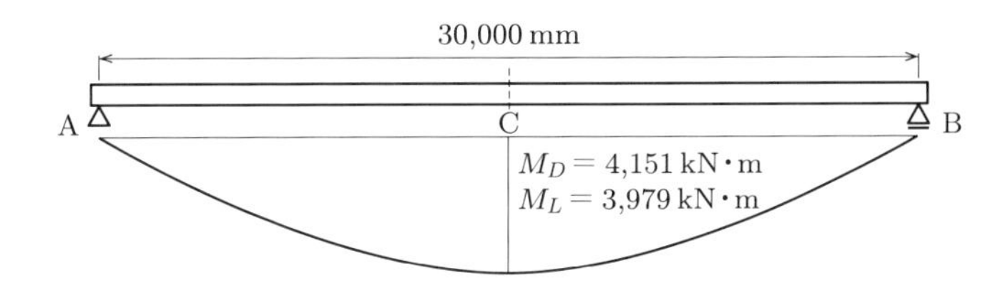

図 7.25　最大曲げモーメント図

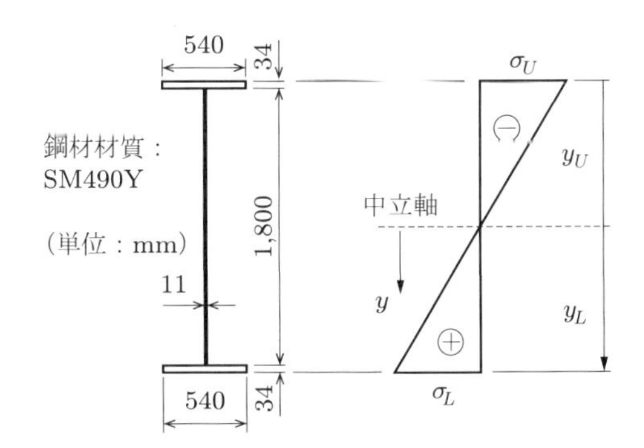

図 7.26　支間中央 C 点での鋼桁断面および応力分布

鋼部材の断面性能

		A [mm^2]	y [mm]	Ay^2 [mm^4]
UFlg	540 × 34	18,360	−917	15,439,000,000
Web	1800 × 11	19,800	0	5,346,000,000
LFlg	540 × 34	18,360	917	15,439,000,000
		56,520		I = 36,224,000,000

作用曲げ引張および圧縮応力度 σ_{td}，σ_{cd} は，

$$\begin{aligned}\sigma_{td} = \sigma_{cd} &= \frac{\gamma_{p1}\gamma_{q1}M_D + \gamma_{p2}\gamma_{q2}M_L}{I}y \\ &= \frac{1.0 \times 1.05 \times 4151000000 + 1.0 \times 1.25 \times 3979000000}{36224000000} \times 934 \\ &= 240.6\,\mathrm{N/mm^2}\end{aligned}$$

である．一方，制限値 σ_{tud}，σ_{cud} は

$$\sigma_{tud} = \xi_1\xi_2\Phi_{Ut}\sigma_{yk} = 0.9 \times 1.0 \times 0.85 \times 355 = 271.5\,\mathrm{N/mm^2}$$

$$\sigma_{cud} = \xi_1\xi_2\Phi_U\rho_{brg}\sigma_{yk} = 0.9 \times 1.0 \times 0.85 \times 1.0 \times 355 = 271.5\,\mathrm{N/mm^2}$$

であるため，

$$\sigma_{td} = \sigma_{cd} \leqq \sigma_{tud} = \sigma_{cud}$$

となり，限界状態3を超えない．

演習問題7

7.1 例題7.4に関し，ウェブに水平補剛材を用いない断面を設計せよ．

7.2 例題7.4に関し，支間長を40 mとして支間中央断面を設計せよ．

7.3 縦および水平補剛材はどのようなはたらきをしているか．

7.4 プレート・ガーダーに等分布荷重を加えていったとき，最終的にどのような崩壊が起こるか，その形を想像してみよ．

第8章

合成桁

8.1 合成桁とは

プレート・ガーダーの橋床には鉄筋コンクリート床版が使用される例が多いが，通常，床版がI形鋼桁から脱落しないように，スラブ止めとよばれる図 8.1(a) に示すような形状の鉄筋を鋼桁に溶接し，コンクリート中に埋込み接合されている．このスラブ止めにより，鋼桁とコンクリートはせん断的に接合され，桁が曲げを受けると，コンクリート床版にも圧縮応力がはたらくようになる．プレート・ガーダーとして設計される場合は，このコンクリート床版に生じる応力は不確実なものとみなされ無視されるが，実構造物ではこの応力は確実に生じることになる．設計にあたりモデル化を行った構造と実構造は，なるべく一致していることが望ましく，コンクリート床版を無視してプレート・ガーダーを設計することは，現実と離れた設計をすることになる．

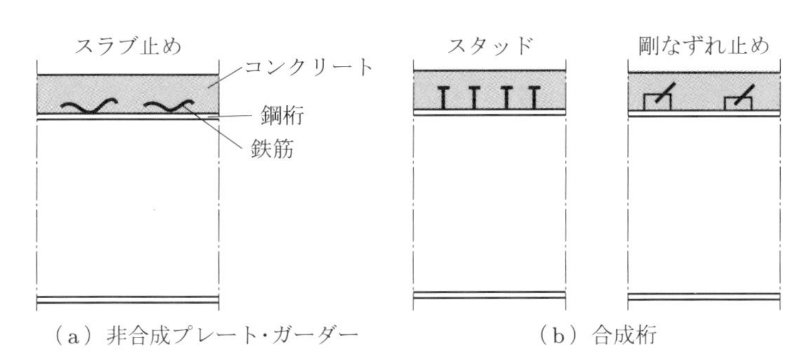

図 8.1 コンクリート床版と鋼桁の接合

道示では，コンクリート系床版を有する鋼桁の合成作用の取り扱いを表 8.1 のように規定している．曲げモーメントの種類は，床版コンクリートに圧縮応力を発生させる場合を正，引張応力を発生させる場合を負とする．床版コンクリートに圧縮応力が発生する場合は，床版と鋼桁の合成断面として抵抗する．床版コンクリートに引張応力が発生する場合は，床版のコンクリートは無視し，床版内の橋軸鉄筋と鋼桁断面の鋼断面として抵抗する．

表 8.1　合成作用の取り扱い

曲げモーメントの種類	合成作用の取り扱い		摘要
正	コンクリート系床版を桁の断面に入れる		図 (a)
負	引張応力が生じる床版において，コンクリートの断面を有効とする設計を行う場合	コンクリート系床版を桁の断面に算入する	図 (a)
	引張応力が生じる床版において，コンクリートの断面を無視する設計を行う場合	コンクリート系床版の橋軸方向鉄筋のみ桁の断面に算入する	図 (b)

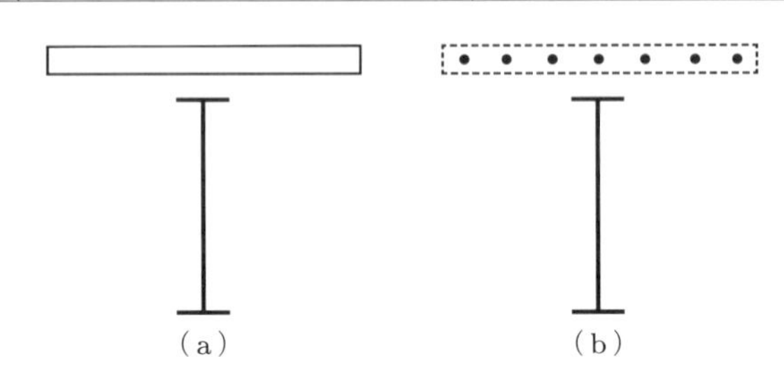

一方，床版コンクリートに引張応力が発生する場合に，コンクリート断面を有効として設計するときは，適切なプレストレスを導入して引張応力に対処する．

写真 8.1 は鉄筋コンクリート床版をもつ支間 25 m，幅員 6 m の全溶接のプレート・ガーダーに，砕石と水制用のブロックを載荷して終局強度実験を行ったときの写真である．破壊はスラブ止め鉄筋の破断で起こり，このとき，この桁は設計荷重の約 5 倍の荷重まで耐えることができた．この例からも，コンクリートと鋼桁の一体化により大きな強度の桁を設計することが可能になり，しかも，それが比較的強度の低いせん断接合材（ずれ止め*）でも実現できることがうかがえる．

コンクリートと鋼桁を一体化すると，単純桁の場合，圧縮応力はコンクリートが受

写真 8.1　過大荷重に耐えているプレート・ガーダー，船形橋載荷実験

けもち，引張応力は鋼桁が受けもつという，それぞれの材料の特質を生かした，きわめて合理的な構造ができあがる．しかも，桁構造の場合，この鋼桁と一体となって生じる応力は桁横断面に生じ，床としての応力はそれと直交した面に生じるので，鉄筋コンクリート床版には大きな負担とならない．このような，鋼桁とコンクリートを積極的に一体化した桁は合成桁（composite girder）とよばれ，中，小支間の桁構造に広く使用されている．

鋼は引張および圧縮強度，ヤング率が高く，しかも延性と靱性に優れた，比較的均一な，信頼性の高い材料である．一方，コンクリートは，圧縮強度は高いが，それ以外の機械的性質には必ずしも恵まれていない．また，鋼では問題にならないクリープや乾燥収縮などの問題も有する．性質の異なる二つの材料を巧みに一体化し，長所のみ現れるようにするには，その接合の仕方などが重要な点となる．

このような鋼とコンクリートとの合成構造として，鉄筋コンクリートが広く使用されている．この場合は，鉄筋とコンクリートはそれ自体の接着力に頼らず，異形鉄筋の表面の凹凸などによる機械的な接合により，せん断的に接合されている．合成桁においても，鋼とコンクリートとの接合は，一般にはスタッド*（図 8.1(b) 左）や剛なずれ止め（図 (b) 右）などによる機械的な接合が用いられる．

合成桁の架設にあたって，まず鋼桁を架設し，それに床版コンクリートを打てば，コンクリートは死荷重として鋼桁に載り，コンクリートが硬化後，合成作用が生じる．すなわち，活荷重に対してのみ合成作用をするので，このような桁を活荷重合成桁とよぶ．死荷重に対しても合成作用を期待するには，コンクリートが硬化し鋼桁と一体化するまで，鋼桁を足場などで支えていなければならない．このようにして架設される桁を死活荷重合成桁とよぶ．

連続桁は構造力学的に有利な構造であるが，中間支点付近で大きな負の曲げモーメントが生じ，上フランジに引張応力が生じる．そこで，連続合成桁の中間支点付近のコンクリート床版に有害な引張りが生じないように，引張領域と圧縮領域の境でコンクリート床版に目地を入れるという工法が行われることもある．しかし，目地は構造上の弱点になりやすいうえ，目地を入れても現実にはコンクリートには引張りが生じるため，よい方法ではない．目地を入れずに，引張りを受ける領域には鉄筋を通して入れ，その鉄筋を圧縮部に碇着させるのがよい．

さらに，中間支点付近でも合成作用をさせるには，何らかの工夫が必要となる．中間支点をコンクリート打設前にジャッキアップし，打設後に支点を降下させる，あるいはコンクリートに直接 PC 鋼棒によりプレストレスを加えるなどの工法が考案されている．この場合，導入されたプレストレスは，コンクリートのクリープや乾燥収縮により，時間が経つとともに減少することは避けられない．また工期は長くなり，架設費も高くなる．このことは死活荷重合成桁でも同様である．

完全な死活荷重合成を期待するには，PC 桁と同様，鋼桁に高いプレストレスを導入しなければならない．その一つにプレビームとよばれる桁構造がある．鋼桁を降伏するまで曲げた状態でコンクリートと一体化し，高いプレストレスをコンクリートに導入し合成桁とするものである．この構造では，桁高を低くすることができる．

合成桁の鋼桁としては I 形断面が使用されることが多いが，箱形断面も使用される．図 7.6 は鋼桁部を台形断面とした例で，コンクリート床版は断面に組まれたトラスで支えられている．傾斜したウェブ・プレートは，みる人に対する圧迫感を和らげ，外観的にも優れた構造であるが，正の曲げにより断面変形を起こし，曲げに対する抵抗能力を失う可能性があることに注意を要する．ドイツの Wuppertal（ヴッペル谷）を渡る高速道路に架設されたこの形式の合成桁は，5 径間連続となっている．写真 8.2 はカナダ・モントリオールの Jacques-Cartier（ジャック・カルティエ）橋の例である．

写真 8.2　台形断面の箱桁をもつ合成桁（カナダ）

合成構造は桁としてばかりでなく，たとえば下部構造ではコンクリート埋込み鋼管として，建築では鉄骨構造としてなど広く用いられている．

8.2　合成桁の設計

8.2.1　弾性設計

合成桁の主桁にはたらく断面力の算出法は，基本的にはプレート・ガーダーのそれと変わらない．各主桁に生じる応力計算には，合成されるコンクリートと鋼のヤング率の差と，さらにコンクリートのクリープおよび乾燥収縮の影響，コンクリートと鋼桁間に生じる温度差の影響，プレストレスの効果などを考慮しなければならない．

合成桁断面にはたらく正の曲げモーメントによる応力は，コンクリートと鋼のヤング率の比（$1/n$，$n = E_s/E_c$）だけコンクリート断面積を減少させて鋼断面積に換算して応力計算をし，求められたコンクリート部の応力を再び $1/n$ 倍して得られる．なお道示では，標準として n を 7 にとる．実用上の計算では，通常，温度差応力の計算にも利用できるように，コンクリート床版と鋼桁に分け，コンクリートと鋼桁の接合部の直ひずみが等しいことを条件にして，それぞれにはたらく軸力と曲げモーメントを求める．コンクリート床版に断面全体の中立軸がある場合は，引張りを受けているコンクリート床版部分は応力計算では無視する．

床版コンクリートが固まるまでの荷重は，すべて鋼桁が負担する．これらは，鋼桁と床版の自重であり，合成前死荷重という．床版コンクリートが固まった後は，合成桁として荷重を負担する．これらは，舗装や高欄などの合成後死荷重と活荷重である．鋼断面およびコンクリート床版に発生する応力は，以下のように求める．

合成前死荷重に対しては，次式により応力を求める（**図 8.2** 参照）．

$$\sigma_{SUD1} = \frac{M_{D1}}{I_S} y_U, \quad \sigma_{SLD1} = \frac{M_{D1}}{I_S} y_L \tag{8.1}$$

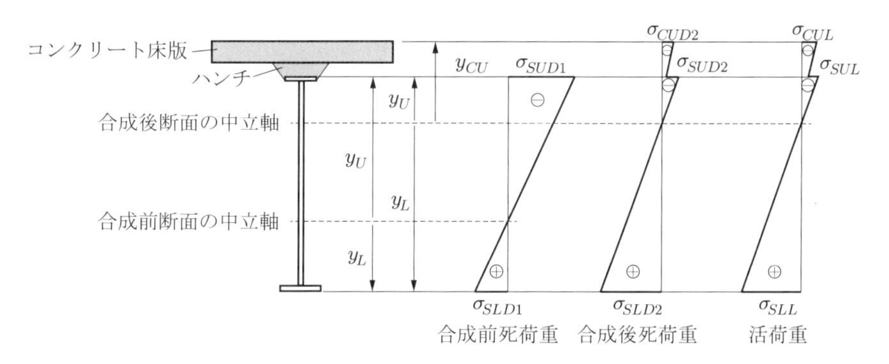

図 8.2 合成桁の応力状態

ここで，M_{D1}：合成前死荷重による曲げモーメント，I_S：鋼桁の断面二次モーメントである．合成後死荷重に対しては，次式により応力を求める（図 8.2 参照）．

$$\sigma_{CUD2} = \frac{M_{D2}}{nI_V} y_{CU}, \quad \sigma_{SUD2} = \frac{M_{D2}}{I_V} y_U, \quad \sigma_{SLD2} = \frac{M_{D2}}{I_V} y_L \tag{8.2}$$

ここで，M_{D2}：合成後死荷重による曲げモーメント，I_V：合成桁の断面二次モーメントである．活荷重に対しては，次式により応力を求める（図 8.2 参照）．

$$\sigma_{CUL} = \frac{M_L}{nI_V} y_{CU}, \quad \sigma_{SUL} = \frac{M_L}{I_V} y_U, \quad \sigma_{SLL} = \frac{M_L}{I_V} y_L \tag{8.3}$$

ここで，M_L：活荷重による曲げモーメント，I_V：合成桁の断面二次モーメントである．なお，コンクリート床版と鋼桁はハンチ（コンクリート）で結ばれているが，計算上はハンチを無視する．

鋼桁はコンクリート系床版を有する鋼桁として設計する．その際，構成する部材に作用する応力度が，限界状態1と限界状態3の制限値を超えないことを照査する．鋼桁の引張側，圧縮側，コンクリートの圧縮側を以下のように照査する．

鋼桁引張側：

限界状態3は次式で照査する．

$$\sigma_{tdSL} = \gamma_{p1}\gamma_{q1}(\sigma_{SLD1} + \sigma_{SLD2}) + \gamma_{p2}\gamma_{q2}\sigma_{SLL} \leqq \sigma_{tudSL} = \xi_1\xi_2\Phi_{Ut}\sigma_{yk} \quad (8.4)$$

鋼桁圧縮側：

限界状態3を超えなければ限界状態1も超えないとみなす．架設時および完成時の両方で照査する必要がある．なお，制限値は横倒れ座屈および局部座屈に関する値の小さいほうをとる．

［架設時：D_1 が作用，鋼桁のみで抵抗］

$$\sigma_{cd1SU} = \gamma_{p1}\gamma_{q1}\sigma_{SUD1} \leqq \sigma_{cud1SU} = \min(\sigma_{cud1}, \sigma_{crld}) \quad (8.5)$$

［完成時：$D_1 + D_2 + L$ が作用，合成桁として抵抗］

$$\sigma_{cd2SU} = \gamma_{p1}\gamma_{q1}(\sigma_{SUD1} + \sigma_{SUD2}) + \gamma_{p2}\gamma_{q2}\sigma_{SUL} \leqq \sigma_{cud2SU} = \min(\sigma_{cud2}, \sigma_{crld}) \quad (8.6)$$

コンクリート圧縮側：

限界状態1を超えなければ，鋼桁との合成作用を考慮したコンクリート床版が限界状態3も超えないとみなす．

$$\sigma_{cdCU} = \gamma_{p1}\gamma_{q1}\sigma_{CUD2} + \gamma_{p2}\gamma_{q2}\sigma_{CUL} \leqq \sigma_{cudCU} \quad (8.7)$$

ここで，σ_{yk}：鋼材の降伏応力度の制限値，σ_{cud1}, σ_{cud2}：鋼桁の横倒れ座屈に関する制限値，σ_{crld}：鋼桁の局部座屈に関する制限値である．荷重組合せ係数（γ_{p1}, γ_{p2}）および荷重係数（γ_{q1}, γ_{q2}）は第3章の値を，抵抗に関する係数は第5章の曲げモーメントを受ける部材の値を用いる．鋼桁上縁は，合成前には横倒れ座屈を考慮する必要があるが，合成後はコンクリート床版に結合されているため，横倒れ座屈は生じないと考える．なお，床版コンクリートの圧縮強度の制限値（σ_{cudCU}）は，**表8.2**とする．

連続桁として設計を行う場合，弾性変形および不静定力の算出には，引張りを受けるコンクリート床版の断面積も有効にはたらくものとして取り扱う．鋼桁と一体としてて有効にはたらくコンクリート床版部分は，準拠する示方書に従って求める．ただし道示では，ハンチは45°以下の部分が有効となっている．

負の曲げモーメントを受け，コンクリート床版に引張りが生じている場合は，コンクリート床版中の桁軸方向の鉄筋断面積を応力計算に入れる．プレストレスなどによ

表 8.2 コンクリートの圧縮応力度の制限値

作用の組合せ		コンクリート圧縮強度 [N/mm^2]	
		27	30
変動作用が支配的な状況	1) 床版としての作用	10.0	10.8
	2) 主桁の断面の一部としての作用		
	3) 1) と 2) を同時に考慮した場合	14.2	15.8
プレストレッシング直後		12.9	14.3

り，引張りに対しコンクリート床版が有効にはたらく場合は，コンクリート床版断面積を応力計算に入れる．これらの場合，鉄筋量および配筋は道示に規定されている．

コンクリート床版と鋼桁間の温度差による応力と，コンクリートのクリープおよび乾燥収縮による応力は，通常，次に述べる簡便法によって計算する．すなわち，**図 8.3**(a) に示したように，コンクリート床版と鋼桁にひずみ差が何らかの原因で生じたとき，このひずみは鋼桁とは無関係にコンクリート床版に生じたとし，ひずみ差だけ軸力 P により仮に伸ばして接合し，元の状態に戻す．さらに，仮に加えた軸力 P を取り去れば，このひずみ差の影響は計算できる．この計算過程と応力の関係を描いたのが図 8.3 である．このひずみ差として，温度差 15℃ に相当するひずみ $\varepsilon_t = \alpha \times 15℃$ (α：コンクリートと鋼の線膨張係数 $= 1.2 \times 10^{-5}$)，あるいは拘束を受けずに自由に生じるクリープひずみとして $\varepsilon_c = \Phi_1 \times \sigma_c / E_c$ を考慮する．道示で

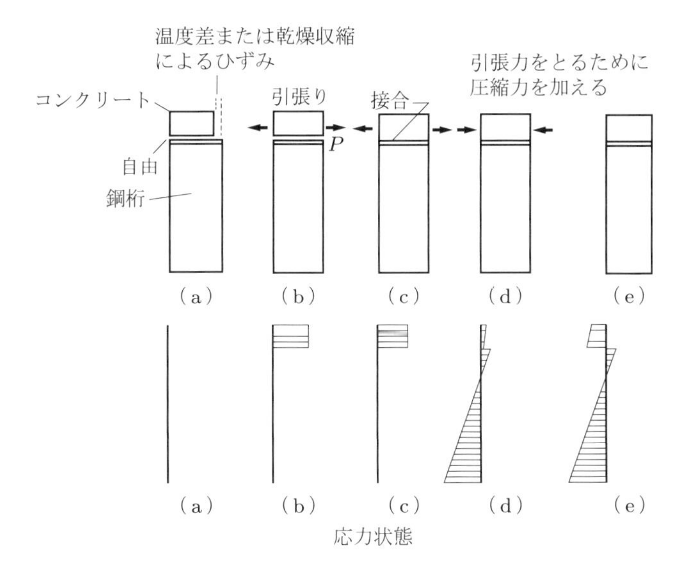

図 8.3 温度差およびクリープの計算法

はクリープ係数 Φ_1 は 2.0 としている．また，乾燥収縮に関しては，最終収縮度 ε_s を 20×10^{-5} とし，これに伴うクリープ係数 Φ_2 は 4.0 としている．

死荷重および活荷重に加えて，鋼とコンクリートの温度差を考慮する場合は，第3章で述べた荷重組合せ係数および荷重係数を用いる．

コンクリート系床版を有する鋼桁の限界状態3は，部材の一部に損傷が生じているものの，それが原因で荷重支持能力を完全に失わない状態と考えられる．道示では，鋼桁はコンクリート系床版を有する鋼桁として設計し，構成する部材に作用する応力度が限界状態1と限界状態3の制限値を超えないことを照査するとされている．

8.2.2　ずれ止め

鋼桁とコンクリートは，通常ずれ止めを用いて機械的に接合する．ずれ止めとして広く用いられているのはスタッド（stud）であるが，そのほか，短い溝形鋼またはブロックと輪形の鉄筋よりなる，剛なずれ止めも用いられている（図8.1(b)）．剛なずれ止めでは，その前面での支圧と斜め鉄筋の引張りによりせん断に抵抗する．柔なスタッドでは，接合部のせん断強度によりずれに抵抗するというよりは，少々のずれが生じた後に生じる軸の引張りによるところが大きいので，コンクリートに損傷を与えやすい．とくに橋梁のように，活荷重の通過によりせん断力の符号が変わる構造では注意を要する．

道示では，せん断力を受けるスタッドが次式の制限値を超えない場合には，限界状態1を超えないとみなすと規定されている．

$$Q_i \leqq 12.2d^2\sqrt{\sigma_{ck}} \qquad (H/d \geqq 5.5) \tag{8.8}$$

$$Q_i \leqq 2.23dH\sqrt{\sigma_{ck}} \qquad (H/d < 5.5) \tag{8.9}$$

ここで，

Q_i：せん断力の制限値 [N]

d：スタッドの軸径 [mm]

H：スタッド全高 [mm]，150 mm を標準とする

σ_{ck}：床版コンクリートの設計基準強度 [N/mm^2]

である．

図8.4に，終局強度設計の場合のずれ止めのはたらきを示す．全ずれ止めは，塑性

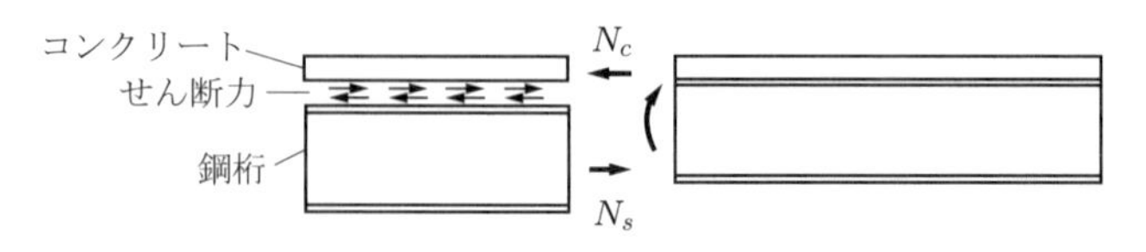

図8.4　合成桁のずれ止めの終局状態

状態となって床版にはたらく軸力 N_c に抵抗する．

8.2.3 終局強度設計法

終局強度に基づいた設計法が構造物設計の一つの流れとなっていることは，前に述べたとおりである．ずれ止めが十分な強度をもっていれば，静的な曲げを受ける合成桁の終局状態は，鋼材とコンクリートが完全に降伏した状態で起こる．8.1 節（写真 8.1）で紹介したプレート・ガーダーも，スラブ止めの破断で終局状態を迎えたが，鋼桁には降伏が広く起こり，曲げによる終局状態に近い状態にあったことが実験後確かめられている．そこで，この状態を基礎とした合成桁の設計法も行われているので，以下に簡単にその概要を紹介する．

コンクリート床版と鋼桁の降伏軸力を N_c, N_s とする．**図 8.5** でわかるように，$N_c > N_s$ の場合，中立軸は鋼桁中にあり，抵抗曲げモーメントは容易に計算される．もし，$N_c < N_s$ の場合，中立軸はコンクリート床版中にあり，抵抗曲げモーメントは引張りを受けているコンクリート部分を除いて計算する．アメリカの AASHTO 示方書では，照査荷重は，死荷重に対し安全率を 1.3，活荷重と衝撃荷重に対し安全率を 5/3 にとり，次式で与えられている．

$$\text{最大設計荷重} = 1.3\left\{D + \frac{5}{3}(L + I)\right\} \tag{8.10}$$

ここで D は死荷重，L は活荷重，I は衝撃荷重を表す．

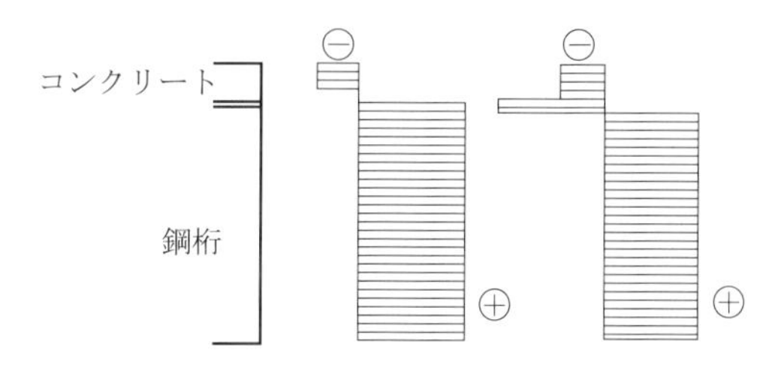

図 8.5　終局状態での応力状態

各国の示方書では，フランジおよびウェブの幅厚比に応じて，コンパクト断面とノンコンパクト断面に分け，それぞれの断面に対する曲げ強度の算定を規定している．たとえば，EU 諸国の構造設計規準の Eurocode 4 においては，**図 8.6** に示すように，曲げモーメントと曲率との関係に基づき四つのクラスに分類している．

クラス 1：不静定構造物の塑性ヒンジにおいて，モーメントの完全な再分配が起こるような十分な回転性能をもつ断面．

クラス 2：コンパクト断面として，その曲げ強度が全塑性モーメントには達するが，鋼桁の局部座屈やコンクリートの圧壊によって限られた回転性能しかも

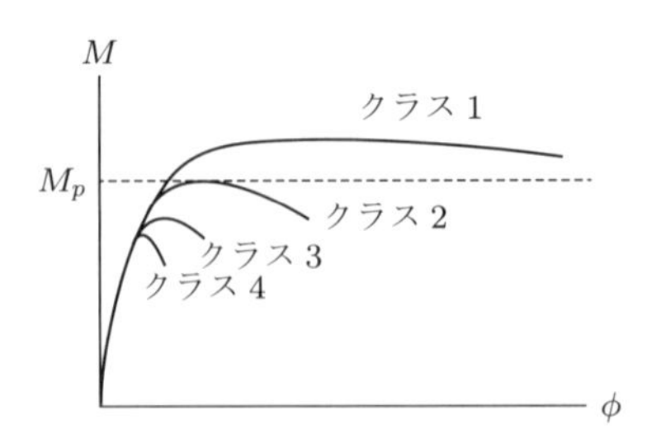

図 8.6 曲げモーメント・曲率関係

たない断面.

クラス 3：準コンパクト断面で，鋼桁断面の圧縮フランジは降伏するが，局部座屈によって全塑性モーメントにまで達しない断面.

クラス 4：鋼桁の圧縮フランジは降伏に至らず，局部座屈によって全塑性モーメントにまで達しない断面.

ここで，クラス1と2がコンパクト断面で，クラス3と4がノンコンパクト断面に相当する．一般に，圧延H形鋼や幅圧比の小さい溶接桁（幅が狭くて厚い板）がコンパクト断面になり，幅圧比の大きい溶接桁（幅が広くて薄い板）がノンコンパクト断面になる.

終局荷重に対して，ノンコンパクト断面では，合成前死荷重による曲げモーメント M_{D1} に対しては鋼断面の曲げ強度 M_S で，合成後死荷重および活荷重による曲げモーメント M_{D2}, M_L に対しては合成断面の曲げ強度 M_C に対する比を足し合わせて照査する.

$$\frac{M_{D1}}{M_S} + \frac{M_{D2} + M_L}{M_C} \leqq 1.0$$

これに対して，コンパクト断面では，すべての荷重による曲げモーメントは，合成断面の曲げ強度に対する比率で照査できる.

$$\frac{M_{D1} + M_{D2} + M_L}{M_C} \leqq 1.0$$

これは，コンパクト断面では全塑性モーメントが期待できるためである．したがって，短支間の橋においてコンパクト断面を用いれば，経済的な設計になる場合がある.

例題 8.1 合成桁の設計

第7章のプレート・ガーダーの設計演習（例題 7.4）で用いた単純2主桁橋を，本例題では活荷重合成桁として設計する．支間中央での合成桁断面を，**図 8.7** のように仮定する.

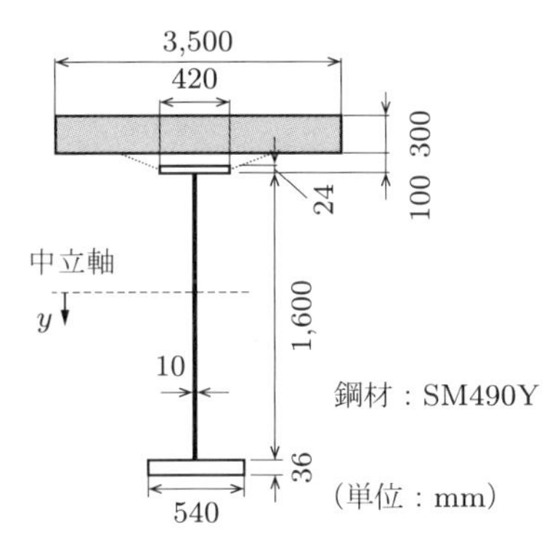

図 8.7　合成桁の断面

解答　**(1) 断面性能の算出**

鋼桁の断面性能

		$A\,[\mathrm{mm}^2]$	$y\,[\mathrm{mm}]$	$Ay\,[\mathrm{mm}^3]$	$Ay^2\,[\mathrm{mm}^4]$
1-UFlg	420×24	10,080	−812	−8,185,000	6,646,000,000
1-Web	1600×10	16,000	0	0	3,413,000,000
1-LFlg	540×36	19,440	818	15,902,000	13,008,000,000
	$A_S =$	45,520		7,717,000	23,067,000,000

$$e_S = 7717000/45520 = 170\,\mathrm{mm}$$

$$y_U = -800 - 24 - 170 = -994\,\mathrm{mm}, \qquad y_L = 800 + 36 - 170 = 666\,\mathrm{mm}$$

$$I_S = 23067000000 - 45520 \times 170^2 = 21751000000\,\mathrm{mm}^4$$

合成桁の断面性能

		$A\,[\mathrm{mm}^2]$	$y\,[\mathrm{mm}]$	$Ay\,[\mathrm{mm}^3]$	$Ay^2\,[\mathrm{mm}^4]$
Slab/n†	3500×300	150,000	−1,050	−157,500,000	165,375,000,000
					1,125,000,000
1-UFlg	420×24	10,080	−812	−8,185,000	6,646,000,000
1-Web	1600×10	16,000	0	0	3,413,000,000
1-LFlg	540×36	19,440	818	15,902,000	13,008,000,000
	$A_V =$	195,520		−149,783,000	189,567,000,000

$$e_V = -149783000/195520 = -766\,\mathrm{mm},$$

$$y_{CU} = -800 - 100 - 300 + 766 = -434\,\mathrm{mm}$$

$$y_U = -800 - 24 + 766 = -58\,\mathrm{mm}, \qquad y_L = 800 + 36 + 766 = 1602\,\mathrm{mm}$$

$$I_V = 189567000000 - 195520 \times 766^2 = 74844000000\,\mathrm{mm}^4$$

† Slab とは RC 床版をいう．

(2) 合成前死荷重による曲げモーメントによる鋼桁の応力度

$$M_{D1} = (28.175 + 4.0) \times 112.5 = 3620\,\mathrm{kN \cdot m}$$

$$\sigma_{SUD1} = \frac{M_{D1}}{I_S} y_U = \frac{3620 \times 10^6}{21751 \times 10^6} \times (-994) = -165.4\,\mathrm{N/mm^2}$$

$$\sigma_{SLD1} = \frac{M_{D1}}{I_S} y_L = \frac{3620 \times 10^6}{21751 \times 10^6} \times 666 = 110.8\,\mathrm{N/mm^2}$$

(3) 合成後死荷重および活荷重による曲げモーメントによる合成桁の応力度

$$M_{D2} = 4.725 \times 112.5 = 532\,\mathrm{kN \cdot m}$$

$$M_{p1} = 1953\,\mathrm{kN \cdot m}, \qquad M_{p2} = 1230\,\mathrm{kN \cdot m}$$

$$M_L = (1 + i)(M_{p1} + M_{p2}) = (1 + 0.25) \times (1953 + 1230) = 3979\,\mathrm{kN \cdot m}$$

$$\sigma_{CUD2} = \frac{M_{D2}}{nI_V} y_{CU} = \frac{532 \times 10^6}{7 \times 74844 \times 10^6} \times (-434) = -0.44\,\mathrm{N/mm^2}$$

$$\sigma_{CUL} = \frac{M_L}{nI_V} y_{CU} = \frac{3979 \times 10^6}{7 \times 74844 \times 10^6} \times (-434) = -3.29\,\mathrm{N/mm^2}$$

$$\sigma_{SUD2} = \frac{M_{D2}}{I_V} y_U = \frac{532 \times 10^6}{74844 \times 10^6} \times (-58) = -0.4\,\mathrm{N/mm^2}$$

$$\sigma_{SUL} = \frac{M_L}{I_V} y_U = \frac{3979 \times 10^6}{74844 \times 10^6} \times (-58) = -3.1\,\mathrm{N/mm^2}$$

$$\sigma_{SLD2} = \frac{M_{D2}}{I_V} y_L = \frac{532 \times 10^6}{74844 \times 10^6} \times 1602 = 11.4\,\mathrm{N/mm^2}$$

$$\sigma_{SLL} = \frac{M_L}{I_V} y_L = \frac{3979 \times 10^6}{74844 \times 10^6} \times 1602 = 85.2\,\mathrm{N/mm^2}$$

(4) 耐荷性能の照査

実際の合成桁の設計においては，コンクリートのクリープ・乾燥収縮を考慮する必要があるが，本例題においてはこれらの影響を考慮しない．

鋼桁引張側：

作用引張応力度 σ_{tdSL} は

$$\begin{aligned}\sigma_{tdSL} &= \gamma_{p1}\gamma_{q1}(\sigma_{SLD1} + \sigma_{SLD2}) + \gamma_{p2}\gamma_{q2}\sigma_{SLL} \\ &= 1.0 \times 1.05 \times (110.8 + 11.4) + 1.0 \times 1.25 \times 85.2 = 234.8\,\mathrm{N/mm^2}\end{aligned}$$

である．一方，制限値 σ_{tudSL} は

$$\sigma_{tudSL} = \xi_1 \xi_2 \Phi_{Ut} \sigma_{yk} = 0.9 \times 1.0 \times 0.85 \times 355 = 271.6\,\mathrm{N/mm^2}$$

である．したがって，

$$\sigma_{tdSL} \leqq \sigma_{tudSL}$$

となり，限界状態 3 を満足する．限界状態 3 を超えなければ，限界状態 1 も超えないとみなす．

鋼桁圧縮側：

a) 架設時の照査：D_1 が作用，鋼桁のみで抵抗

作用圧縮応力度 σ_{cd1SU} は，

$$\sigma_{cd1SU} = \gamma_{p1}\gamma_{q1}\sigma_{SUD1} = 1.0 \times 1.05 \times (-165.4) = -173.7\,\mathrm{N/mm^2}$$

である．一方，制限値に関しては横倒れ座屈と局部座屈の両者を考慮する．横倒れ座屈に関しては，座屈パラメータ $\alpha \leqq 0.2$ と仮定すると，補正係数は $\rho_{brg} = 1.0$ となる．したがって，制限値 σ_{cud1} は以下となる．

$$\sigma_{cud1} = \xi_1\xi_2\Phi_U\rho_{brg}\sigma_{yk} = 0.9 \times 1.0 \times 0.85 \times 1.0 \times 355 = 271.6\,\mathrm{N/mm^2}$$

局部座屈は発生しないと仮定し，補正係数は $\rho_{crl} = 1.0$ となる．したがって，制限値 σ_{crld} は以下となる．

$$\sigma_{crld} = \xi_1\xi_2\Phi_U\rho_{crl}\sigma_{yk} = 0.9 \times 1.0 \times 0.85 \times 1.0 \times 355 = 271.6\,\mathrm{N/mm^2}$$

よって，合成前の圧縮応力度の制限値 σ_{cd1SU} は以下となる．

$$\sigma_{cd1SU} = \min(\sigma_{cud1}, \sigma_{crld}) = 271.6\,\mathrm{N/mm^2}$$

したがって，

$$\sigma_{cd1SU} \leqq \sigma_{cud1SU}$$

となり，限界状態 3 を満足する．

b) 完成時：$D_1 + D_2 + L$ が作用，合成桁として抵抗

作用圧縮応力度 σ_{cd2SU} は

$$\begin{aligned}\sigma_{cd2SU} &= \gamma_{p1}\gamma_{q1}(\sigma_{SUD1} + \sigma_{SUD2}) + \gamma_{p2}\gamma_{q2}\sigma_{SUL} \\ &= 1.0 \times 1.05 \times (-165.4 - 0.4) + 1.0 \times 1.25 \times (-3.1) = -180.0\,\mathrm{N/mm^2}\end{aligned}$$

である．一方，制限値 σ_{cud2} に関しては，合成後は圧縮フランジが床版で直接固定されるため $\rho_{brg} = 1.0$ となる．また，局部座屈は無視する．

$$\sigma_{cud2} = 271.6\,\mathrm{N/mm^2}$$

さらに，床版と鋼桁との合成作用をする際には補正係数 1.15 を考慮してよい．

$$\sigma_{cud2SU} = 271.6 \times 1.15 = 312.3\,\mathrm{N/mm^2}$$

したがって，

$$\sigma_{cd2SU} \leqq \sigma_{cud2SU}$$

となり，限界状態 1 を満足する．床版のコンクリートとの合成作用を考慮するにあたって，限界状態 1 を超えなければ，限界状態 3 も超えないとみなす．

コンクリート圧縮側：

作用圧縮応力度 σ_{cdCU} は

$$\sigma_{cdCU} = \gamma_{p1}\gamma_{q1}\sigma_{CUD2} + \gamma_{p2}\gamma_{q2}\sigma_{CUL}$$

$$= 1.0 \times 1.05 \times (-0.44) + 1.0 \times 1.25 \times (-3.29) = -4.57\,\mathrm{N/mm^2}$$

である．一方，コンクリートの設計基準強度を $27\,\mathrm{N/mm^2}$ とすると，制限値 σ_{cudCU}（限界状態 1）は，表 8.2 より $10.0\,\mathrm{N/mm^2}$ である．

$$\sigma_{cudCU} = 10.0\,\mathrm{N/mm^2}$$

である．したがって，

$$\sigma_{cdCU} \leqq \sigma_{cudCU}$$

となり，限界状態 1 を満足する．限界状態 1 を超えないことを満足する場合は，鋼桁との合成作用を考慮するコンクリート床版が限界状態 3 を超えないとみなす．

演習問題 8

8.1 例題 8.1 に関し，支間長を 40 m とした場合の支間中央の断面を設計せよ．

8.2 ずれ止めの役割を述べよ．

8.3 ずれ止めにせん断力が生じるおもな原因は何か．

8.4 死活荷重合成で設計するにはどのような工法が考えられるか工夫してみよ．

8.5 合成桁を連続桁で設計する場合の問題点は何か．

第9章

トラス橋

9.1 トラス橋とは

3本の棒の端部を互いに連結しあってできる三角形（トラス）は，その頂点に加わる荷重に対して安定な構造要素となる．このような構造形式は古くより何らかの形で橋構造に試みられてきたと考えられる．事実，ローマ人は木橋や屋根を架けるのに，すでにこの形式を用いていたといわれている．その中でも，ドナウ河に木橋トラスのTrajan（トラヤン）橋を架けたということは，歴史書にも残っている．しかし，ある角度をもって，十分な強度と耐久性をもたせて棒を互いに連結すること，さらに，それらを結合して桁構造とすることは，使用材料が限られ工法が未熟な時代では難しいことであった．

トラス構造の発達は19世紀を待つことになる．なお，トラスの理論そのものは，ルネサンス時代の1570年には，イタリアの建築家Andrea Palladio（アンドレア・パラディオ）によって明らかにされている．彼の著書『建築に関する四つの書』において，彼は図9.1に示すような形式のトラス橋を提案している．しかも，その一つの形式は実際に30.5mの支間をもって架設されている．しかし，その後，彼の提案は

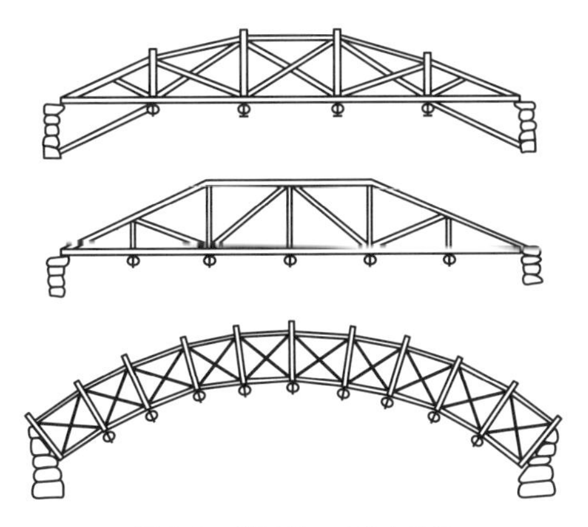

図9.1　パラディオのトラス

人々から忘れられ，スイスとドイツの一部で木橋として架設されていたのみであったといわれる．

トラスが再び本格的橋梁の一形式として登場するのは，19世紀も半ばに至ってからであり，当時得られる材料を用いて，それらの使用に適した各種の形式のトラスが考案された．とくにアメリカで鉄道橋の架設の必要が高まるとともに，簡便に，しかも短期間に経済的に建設できることからトラス形式が着目されるようになり，著しい発達をみた．

1840年には，Howe（ハウ）はPalladioのトラスを改良し，**図9.2**に示すような，木材と錬鉄棒よりなるトラスの特許をとっている．これはまさにアメリカにおける鉄道時代の要求に即したものであった．このHoweの発明したトラスでは，木製の斜材は圧縮部材となり，ほぞを用いて格点と連結しやすく，鉄材は引張部材として垂直材にのみ使用される．木造トラスとしてきわめて合理的にできているため，その後架設される木造トラスは，ほとんどすべてこの形式をとっている．

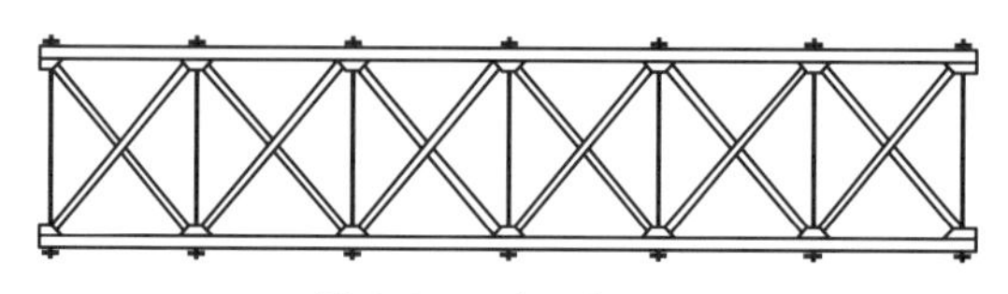

図9.2　ハウ・トラス

金属製のトラスも，構造力学と鉄材の発達とともに各種の形式のものが考案され，19世紀の半ばには数多く架設されている．初期においては，圧縮部材に鋳鉄，引張部材には錬鉄を用い，それらを互いにピンなどで連結し，**図9.3**に示すようなプラット（Pratt），タウン（Town），ウィップル（Whipple），ボルマン（Bollman）などの名が付けられている歴史的な形式のものが開発されている．現在でも，その形状の単純明解さから広く採用されている，二等辺三角形を基本とした形式のワーレン・トラス（Warren truss）も，1846年にイギリスで発明されている．

しかし，これらの形式では，支間が長く桁高が高くなると，格間長，すなわち縦桁

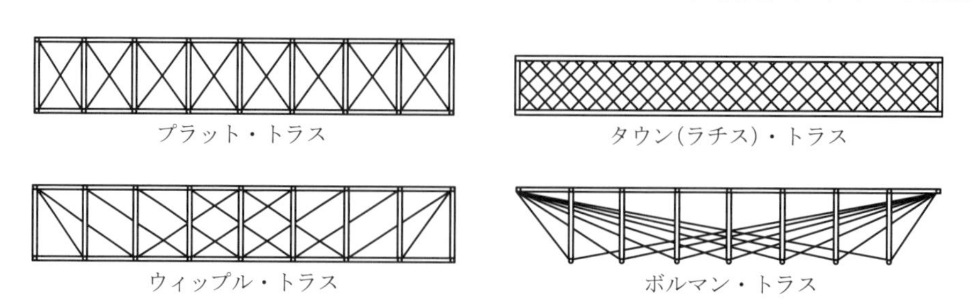

図9.3　歴史的な鉄トラス形式

支間が長くなる．そのため，大きな集中荷重の載る鉄道橋では，床組の設計を経済的にすることができないなどの欠点があり，垂直材や副材などを挿入する必要があった．現在，ワーレン・トラスが広く用いられるようになったのは，その外観の近代的優美さが現代の橋への要求に応えているということとともに，ワーレン・トラスでは引張り，圧縮を受ける隣り合った斜めの部材が，溶接の発達により容易に製作されるようになったこと，継手構造が単純なこと，比較的長い部材が製作可能となったことなどによる．

トラスは桁構造として，剛度が高い，構成している 1 本 1 本の部材が軽量である，さらに受ける風圧が小さいなどの特徴があるため，長大吊橋の補剛桁などにも用いられている．現在桁形式のもので最長の支間を誇るのは，鉄道橋として架設され，現在は道路橋として使用されているカナダの Quebec（ケベック）橋である（写真 6.3 参照）．カンチ・レバー形式で，中央径間は 549 m，1917 年の架設である．この橋は，架設中に張出し支間の下弦材を構成している鋼板が座屈を起こす事故が発生し，強度の高い鋼板の使用法と部材の座屈問題を，世界の構造技術者に認識させる役を果たした．

第 2 位には，イギリスのエディンバラの南のフォース湾に架かる Forth（フォース）鉄道橋がくる（写真 1.8 参照）．1890 年の架設であり，パイプ断面の部材を用い，中央支間は 521 m で，やはりカンチ・レバー形式である．わが国における，この形式としての最長の支間を誇る港大橋の中央支間は 510 m であり，800 N/mm^2 級の高張力鋼を多用している．1970 年の完成である（写真 9.1）．

トラスは合理的構造であり，各種支間のものが製作可能であるが，単純支持で一般

写真 9.1 長大トラスの港大橋（大阪府）

写真 9.2 トラス構造でつくられたエッフェル塔

に 50〜150 m，連続，カンチ・レバー構造で 300 m 程度までの支間の橋に採用されている例が多い．トラス橋の特徴は，細長い，比較的軽量の部材を組み合わせ，大きな構造をつくれるところにある．各部材の構造中での力学的役割は明解であり，しかも，各部材にはたらく応力は本質的に軸力のみ，すなわち部材全断面が一様にはたらくため，材料強度を有効に使用できる．また，一般の桁構造のみならず，アーチ橋，タワー，トレッスルなどにも広く用いられている．写真 9.2 は，1889 年に建設された，パリにあるエッフェル塔である（高さ 324 m）．

9.2　トラスの形式

先に述べたように，トラス構造の発達の過程では，構造力学の発達，材料，加工技術の開発の影響を受けながら種々の形式のものが考案され，架設されてきた．その代表的なものの例を**図 9.4** に示す．鋳鉄と錬鉄とによるウィップル・トラス橋の例を写真 9.3 に示す．このトラスの斜材は，今日の目でみると奇妙な配置のように思われるかもしれないが，当時の貧弱な鉄材でできた引張材を，各格間で並列に 2 列用いて桁せん断に抵抗させている．そこで，その 1 本が破断しても落橋は免れる構造となっていることを考えると納得がいく．

写真 9.3　ウィップル・トラスの例（アメリカ）

ボルマン・トラス（写真 1.5 参照）でも，一部材が破損してもその格間が影響を受けるのみである．しかも，構造力学的にみると，後で述べる斜張橋の原理に近いものとなっている．ラチス（Lattice）・トラスの腹材は，大きな鋼板が製造できない時代では，製作の容易な細長い平板を多数用いてせん断に抵抗する構造で，その役を果たさせている．また，これが橋のウェブに装飾効果を与えていることに注目すべきであろう．バルチモア（Baltimore）形式やペンシルバニア（Pennsylvania）形式のトラスの副材は，縦桁の支間を 1/2 にしている．プラット・トラスの斜材は，錬鉄や鋼材に適した引張部材となり，短い垂直材は圧縮部材となる．そのため，鋳鉄でも製作可

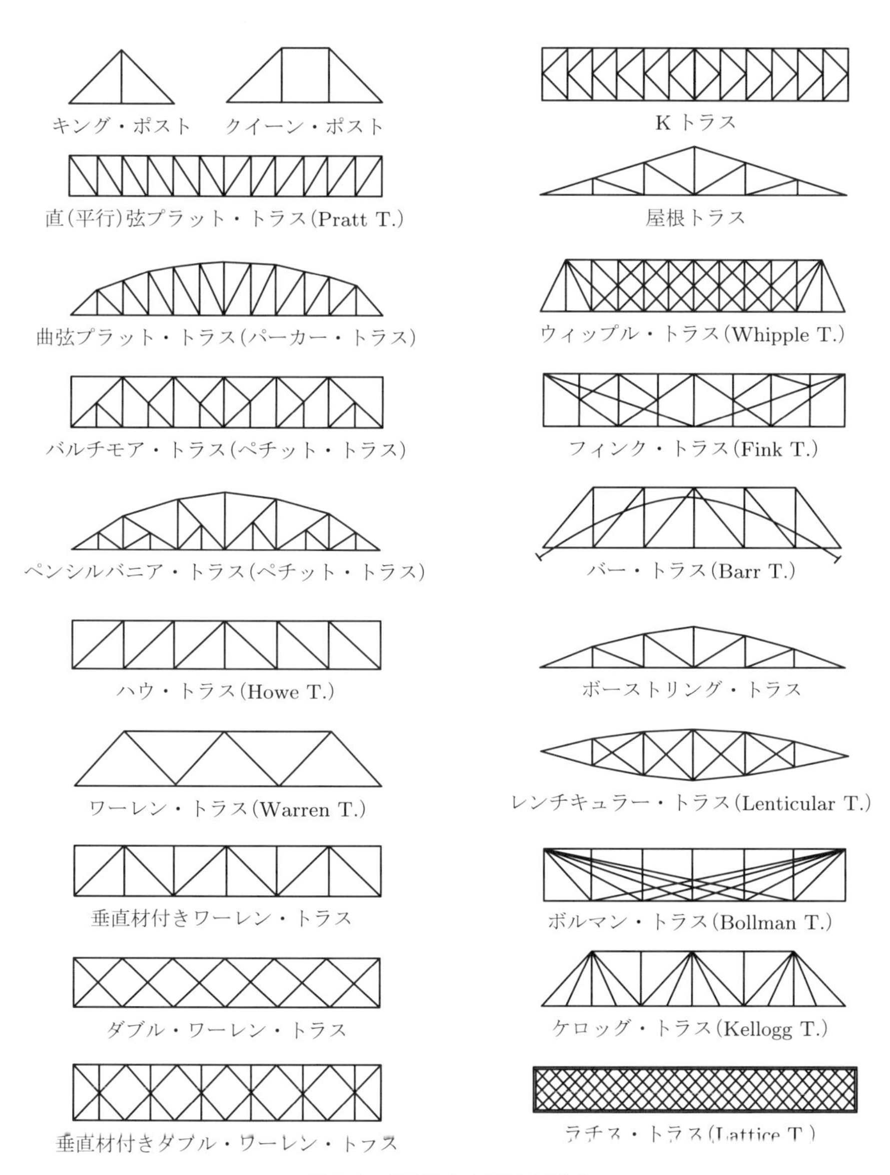

図 9.4 代表的なトラスの形式

能であり，また長さが短いため座屈に強く，鉄材の使用に向いている．ダブル・ワーレン（Double Warren）・トラスと K トラスは上下対称となるため，横構や塔への使用に適している．

ワーレン・トラスは，前述の理由により，現在広く採用されている形式である．写真 9.4 に，初期に設計された標準的な平行弦ワーレン橋の例が示されている．写真

写真 9.4　ワーレン・トラスの天ヶ瀬橋（岩手県）

写真 9.5　ペンシルバニア・トラスの例（アメリカ）

9.5 はペンシルバニア・トラスとよばれるものであるが，曲弦のプラット・トラスを基本とし，前に述べたように部材長や縦桁の支間を短くするために副材を用いている．

9.3　トラス橋の構造

トラス橋は上，中，下路式を問わず設計される．標準的な下路式トラス橋の構造が**図 9.5** に示されている．トラスの外周を形成している部材は弦材（chord member）とよばれており，トラスが桁として用いられるときには，発生する軸力により曲げモーメントに抵抗する．上側にあるものを上弦材，下側のものを下弦材とよぶ．単純トラスの上弦材には圧縮力，下弦材には引張力が生じるのは，プレート・ガーダーのフランジの場合と同じである．

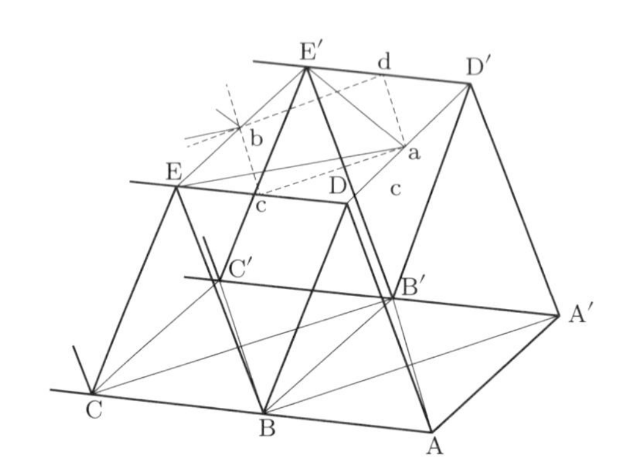

AB, BC … 下弦材 ┐ 弦材
DE ……… 上弦材 ┘
BD, BE … 腹材（この場合斜材のみ）

aE′, aE or acbd … 上横構 ┐ 横構
AB′, BA′ ………… 下横構 ┘
ADD′A′ ………… 橋門構
BEE′B′ ………… 対傾構

図 9.5　トラス各部の名称

弦材には通常，ねじれ剛性が高く，しかも後で述べるガセット・プレートを取り付けやすい箱形断面の部材が使用される．単純支持の場合，曲げモーメントが大きい支間中央より曲げモーメントの小さくなる端部にいくに従い，腹材の節約と弦材応力の均一化のため桁高を低くすると，写真 9.5 のような曲弦トラスとなる．これに対し，桁高を一定としたものは直弦（平行弦）トラス（写真 9.4）とよぶ．

斜材（diagonal member）と垂直材（vertical member）を合わせて腹材とよぶ．腹材は，プレート・ガーダーのウェブと同様に，上下弦材間距離を保つとともに桁としてのせん断力に抵抗する．弦材と腹材は接合用の板（ガセット・プレート，gusset plate）を介して接合される．結局，弦材と腹材が一体となって主構を形成し，これが桁作用をなして，トラスに作用する死荷重や活荷重などの主荷重に抵抗することになる．腹材には箱形断面か H 形断面の部材が用いられる．

風荷重や地震による慣性力のように側方より加わる荷重には，横構が抵抗する．一般には横構は主荷重に抵抗する部材とはみなされていないので，二次部材とよばれる．H 形鋼，山形鋼またはそれらを組み合わせた断面，T 断面の部材が使用される．

下路橋では，端部には通路のため開口部を設ける必要があるので，側方荷重により端部に生じる水平せん断力は，端部をラーメン構造として支点に伝える．この部分を橋門構（portal frame）とよぶが，ラーメンは端腹材と端横はりにより形成される．主構と上下横構と橋門構が協力しあい，トラス橋に作用する垂直，水平荷重を支点に伝えることができる．このとき，トラスは立体的に静定構造となっている．すなわち，必要にして十分な数の構造部材からなっていることになる．

図 9.6 に示すように，トラスのある桁断面に偏心荷重が作用すると，トラス断面は平行四辺形となる．このとき，この断面にラーメンが組み込まれていると，ラーメンは断面が平行四辺形に変形するのに抵抗し，図に示したような二対の力を生じる．この力の水平成分は横構に反力として伝えられる．そこで，桁の中間断面にラーメンを設けることにより，主構のみならず横構も偏心荷重のねじれ成分に抵抗するようにな

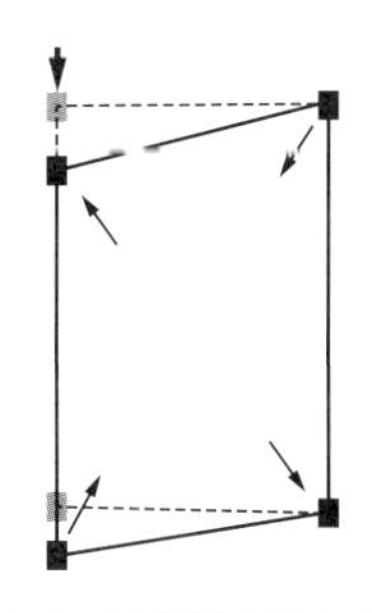

図 9.6　対傾構のはたらき

り，桁全体のねじれ剛度は大きくなる．この桁断面に入れたラーメン構造を，対傾構（sway bracing）とよぶ．

このラーメンは，一般に横はりと腹材により形成される．この作用は通常トラスの応力計算には考慮されないが，対傾構は桁の立体的剛度を増加させるはたらきをするので，特別な理由のない限り設けるほうがよい．とくに，上路式トラスでは大きな床板荷重が上部にあるので，対傾構は必要となる．このときは，対傾構はラーメン構造である必要はなく，トラスで組んでもよい．

桁高が低くて建築限界がトラス断面内に入らないような場合は，上横構を省略する場合がある．このとき，上弦材に作用する横力は，腹材と横桁（床桁）で形成される片持はりにより下横構に伝えられる．この形式のトラスをポニー・トラス（pony truss）とよぶ．ポニー・トラスの例を写真9.6に示す．圧縮を受けているポニー・トラスの上弦材は，腹材と横桁とで形成されているばね作用により側方への座屈が防止される．道示では，弦材軸力の1/100の横力をこのラーメンに加え，それに耐えられるように腹材と横桁の断面を決定するという慣用法により設計するように定めている．

床組の横桁は，垂直材がある場合は垂直材に，垂直材がない場合は斜材をガセット・プレートに接合される．

写真9.6　ポニー・トラスの例

9.4　トラスにはたらく応力

構造力学では，各部材は互いにヒンジで結合されていると仮定して軸力が算出されているが，実構造では多くの場合剛結合されている．これは，ピン結合を行うと構造が複雑になるうえ，ピンとピン孔は長年の使用により摩耗し桁の寿命が短くなるのに対し，剛結合では構造は単純であり，しかも剛度の高い構造とすることができるなどの利点をもつためである．また，この剛結合が軸力に及ぼす影響は無視しうるほど小さいが，剛結合により部材に二次的曲げモーメント（二次応力* ともよぶ）が生じる．

二次応力は，トラスの桁としての抵抗モーメントにはほとんど関与しないが，格点付近の部材および継手に生じる応力を増加させ，疲労破壊などの原因となるので，なるべく小さくなるように設計する．弦材に生じる二次応力は，図 9.7 に示したように，桁全体がある曲率をもってたわむと，弦材もほぼ等しい曲率をもってたわむことにより生じる．荷重により桁に生じる曲率と，弦材の曲率が等しいとすると，二次応力は，近似的に，弦材応力に弦材の高さと桁高の比を掛けた値となる．

すなわち，弦材高が小さいほど二次応力は小さくなる．そこで，道示では，桁全体のもつ曲率と弦材応力と桁高が関係あることも考慮に入れ，弦材高を桁高の 1/10 以下にすることにより，二次応力の影響を小さくさせている．斜材の二次応力は，おもに両端に剛結されている弦材のたわみ角により生じる．

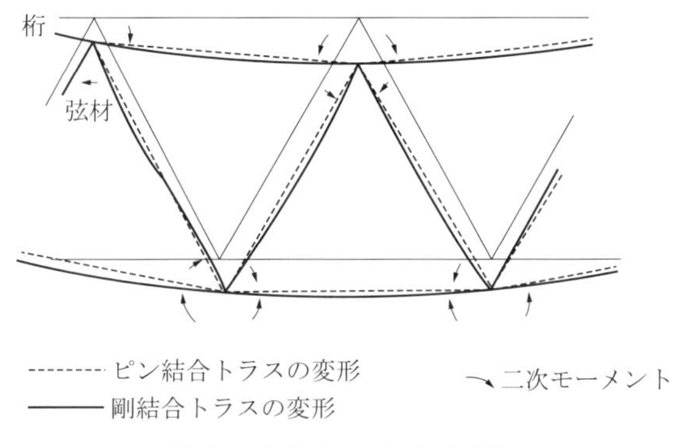

図 9.7 二次モーメントの発生

9.5 トラスの設計

9.5.1 設計の概要

中規模のトラス橋形式としては，現在，直弦ワーレン・トラスが好まれて数多く架設されている．長支間となると，曲げモーメントが大きくなる部分は桁高を高くし，曲弦トラスとして設計される場合が多い．また，ニールセン・トラスとよばれている，曲弦トラスドランガー桁（ニールセン桁のケーブルの斜材の代わりに剛な部材を用いた桁）の中間的構造形式の桁が設計されることがある．

しかし，これはトラスの下弦材の曲げ剛性を増加させ，二次応力を生じさせている形式であり，構造力学的には意味のない設計であるため，曲弦トラスとして設計したほうがよい．おそらく，床桁の取り付けが容易であることと，端部付近で桁高が低く

写真 9.7　桂川橋（山梨県）

なり，腹材連結部の設計が困難となるのを避けているためと考えられる．写真 9.7 に示す山梨県の桂川橋梁のように，端部では斜材が短くなる問題を，端部の一部をプレート・ガーダーで設計し解決した例もある．

長径間ワーレン・トラスでは，格間長が長くなり床組の縦桁設計が困難となるため，これに垂直材を入れる，あるいはダブル・ワーレン・トラスとするなどの工夫が必要となる．ダブル・ワーレン・トラスに垂直材を入れた中国の武漢長江大橋を，写真 9.8 に示す．また，多径間の場合はなるべく連続トラスとしたほうがよい．カンチ・レバー形式は中間ヒンジ構造に問題が生じやすいため，特別な長大支間以外では現在では採用されない．写真 9.9 は，天草に架かる 3 径間連続トラスの天門橋の例である．

写真 9.8　武漢長江大橋（中国）

写真 9.9　天門橋（熊本県）

支間割や形式が定まると，次には桁高と格間長を決めなければならない．桁高は弦材応力とともに，建築限界高と床版および床組高，次に述べる縦桁の支間となる格間長や斜材の角度などを勘案して定める．格間長は，橋床版構造にもよるが 8～10 m 程度とし，一般に 12 m 以下とする．斜材の角度も 60° 以下程度とする．

9.5.2　部材力の算定（影響線解析）

トラス主構の形状が定まれば，各部材軸力の影響線を用いて最大・最小軸力を算出する．図 9.8 に示すワーレン・トラスを例にして，影響線解析を説明する．

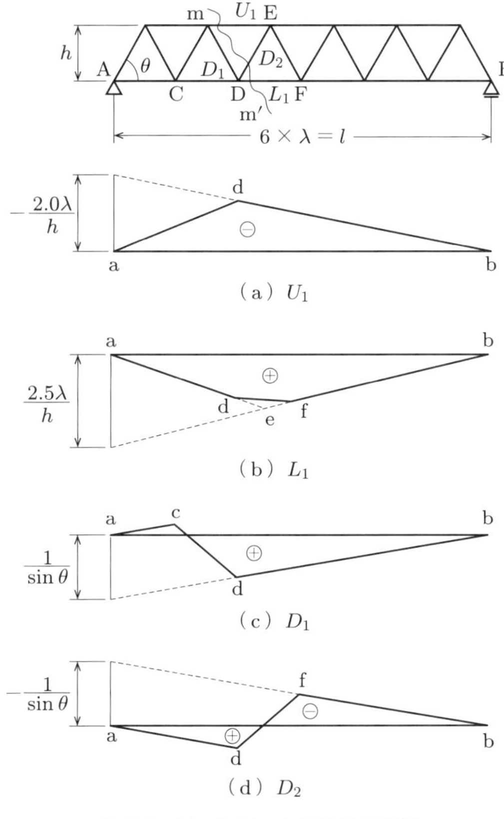

図 9.8　ワーレン・トラスの影響線

上弦材の部材力 U_1 の影響線は，トラスを m–m′ で切断し，左側のトラス D 点におけるモーメントのつり合い条件式により求める．これは，トラスを単純ばりとしたときの D 点の曲げモーメント影響線 M_{D} をトラス高さで割り，負の符号を付けたものと同一である．

$$U_1 = -\frac{\text{単純ばりの影響線 } M_{\mathrm{D}}}{h} \tag{9.1}$$

下弦材の部材力 L_1 の影響線は，トラスを m–m′ で切断し，左側のトラス E 点におけるモーメントのつり合い条件式により求める．これは，トラスを単純ばりとしたときの E 点の曲げモーメント影響線 M_{E} をトラス高さで割ったものと同一である．

$$L_1 = \frac{\text{単純ばりの影響線 } M_{\mathrm{E}}}{h} \tag{9.2}$$

斜材の部材力 D_1 の影響線は，D_1 を含む面でトラスを切断し，鉛直方向の力のつり合い条件式により求める．これは，トラスを単純ばりとしたときの C 点と D 点間のせん断力の影響線 $Q_{\mathrm{C-D}}$ を $\sin\theta$ で割ったものと同一である．

$$D_1 = \frac{単純ばりの影響線\ Q_{\mathrm{C-D}}}{\sin\theta} \tag{9.3}$$

また，斜材の部材力 D_2 の影響線は，トラスを m–m′ で切断し，鉛直方向の力のつり合い条件式により求める．これは，トラスを単純ばりとしたときの D 点と F 点間のせん断力の影響線 $Q_{\mathrm{D-F}}$ を $\sin\theta$ で割り，負の符号を付けたものと同一である．

$$D_2 = -\frac{単純ばりの影響線\ Q_{\mathrm{D-F}}}{\sin\theta} \tag{9.4}$$

活荷重の載荷位置により応力の符号が変わる部材を交番部材とよぶ．また，活荷重による応力と死荷重による応力とで符号が異なる部材を相反部材とよび，死荷重と活荷重（衝撃を含む）による応力 D と L の和は，両者の応力の発生の不確かさを考慮し，道示では次式により定める．

$$D + 1.3L,\ ただし\ D < 0.3\ のときは\ L \tag{9.5}$$

9.5.3 部材断面の設計

次に，算出された部材軸力に耐えられるように部材断面を定める．断面は，図 9.9 に示すような箱形断面か，H 形断面が用いられる．箱形断面は鋼板を溶接して組み立てる．腹材に箱形断面を用いると連結が困難になるので，図 9.9 のように，ハンド・ホールを付けた形状とする．H 形断面は H 形鋼を用いるか，あるいは溶接により組み立てる．

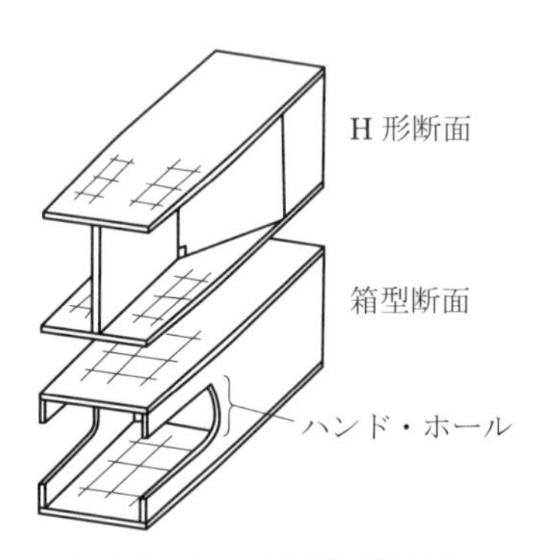

図 9.9 トラスの部材断面図

引張部材の限界状態 3 は，第 5 章の引張部材の照査式を用いる．

$$\sigma_{td} = \frac{\sum \gamma_{pi}\gamma_{qi}N_i}{A_n} \leqq \sigma_{tud} = \xi_1\xi_2\Phi_{Ut}\sigma_{yk} \tag{9.6}$$

ここで，A_n：ボルト孔を引いた純断面積，N_i：作用荷重，σ_{td}：作用引張応力度，σ_{tud}：

引張応力度の制限値である．なお，式 (9.6) のほかの荷重係数，抵抗係数などは第 5 章の値を用いる．

圧縮部材の限界状態 3 は，第 5 章の圧縮部材の照査式を用いる．

$$\sigma_{cd} = \frac{\sum \gamma_{pi}\gamma_{qi}N_i}{A_g} \leqq \sigma_{cud} = \xi_1\xi_2\Phi_U\rho_{crg}\rho_{crl}\sigma_{yk} \tag{9.7}$$

ここで，A_g：総断面積，N_i：作用荷重，σ_{cd}：作用圧縮応力度，σ_{cud}：圧縮応力度の制限値である．なお，式 (9.7) の荷重係数，抵抗係数などは第 5 章の値を用いる．

作用応力が小さいときは細長い部材断面でも用が足りる場合があるが，あまりに細長い部材は振動を起こしやすいし，架設中の損傷のおそれもある．道示では，使用しうる最大細長比を圧縮部材は 120，引張部材は 200 と定めている．

なお，部材設計にあたっては部材の自重による曲げは通常考慮しない．弦材や腹材をいくつかに切断し，短い部材として現場で組み立てる．部材が添接される付近の断面には，断面の変形を防止し，応力が一様にはたらくように，**図 9.10** に示すようにダイヤフラムを設ける．

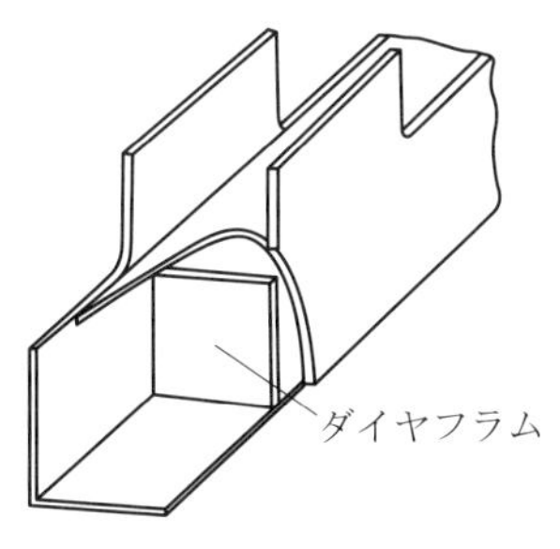

図 9.10 ダイヤフラム

9.5.4 格 点

腹材と弦材との連結は，ガセット・プレートとよばれる板を介して行われる．**図 9.11** に示すように，ガセット・プレートは弦材の腹板と一体とするか，腹板にガセット・プレートを接合する．腹板と一体とすると，ガセット・プレート突出部の隅角部に，断面の急変による応力集中が起こる．これを避けるには，ガセット・プレートの縁を丸くする（フィレットを付ける）とよい．このフィレットの半径 r は，道示では $h/r \leqq 5$ としている．h は弦材の高さである．なお，この部分には弦材と腹材から応力が流れ込み，やはり応力の集中が起こる．弦材と腹材に生じている応力の符号が異なる場合は，応力がゼロとなる点がどこかに生じるため，応力集中は小さい．これに対し，同一符号のときは，応力の集中が大きくなるので注意が必要である．腹板と一体となったガセット・プレートに弦材の腹板を溶接するときは，溶接線はこのフィ

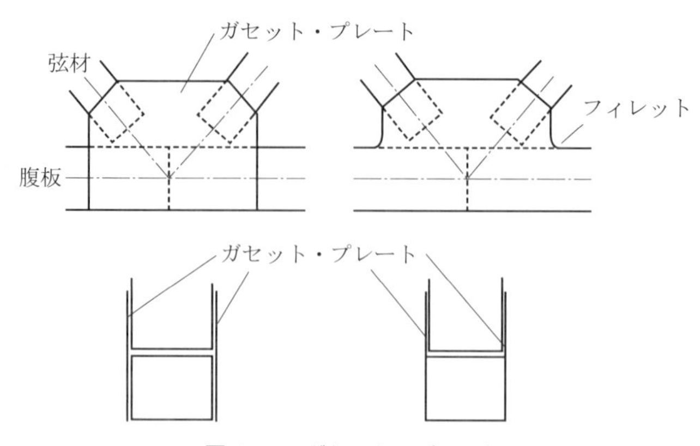

図 9.11　ガセット・プレート

レットから離すようにする．ガセット・プレートの板厚は道示に定められている．ガセット・プレートは，これに連結される腹材を接合するボルトが十分に配置できるだけの大きさがあればよいとされている．また，このとき，継手付近にダイヤフラムを設ける．

腹材の連結にあたっては，一般の部材継手での注意事項を守る必要がある．箱形断面の部材では，すでに図 9.9 に示したようにボルト締めなどのため，ハンド・ホールを設けるか，腹板を絞って H 形断面としなければならない．この場合，接合をフランジ板のみで行うと，腹板にはたらいていた応力を，ガセット・プレートに十分に伝えることができなくなる場合があることに注意しなければならない．

主構間隔は，上路式トラスでは一般に床版幅より狭くとられる．下路式トラスでは，床版幅より広くなるが，歩道を有する場合は歩道を主構の外側に設ける場合もある．主構間隔が定まれば横構の設計を行う．横構には K トラスかダブル・ワーレン・トラスなどの対称トラスが用いられる．その場合，側方からの風荷重と地震力による横構応力を算出し，横構部材の設計を行う．なお，キャンバーとよばれる上反りは，死荷重が載ったとき所定の形状となるように，下弦材長を基準長として，上弦材を長くして付ける．

PC あるいは鉄筋コンクリートでもトラスは架設されている．写真 9.10 のコンクリート・トラスは鉄道橋の例である．鋼トラスと同様に，格点部の設計に工夫が必要となる．しかし，格点部では，腹材からの応力は弦材軸方向にのみ作用し直交方向には作用しないことを考えて，あまり複雑な構造としないのがよい．ただし，格点で弦材に作用する水平せん断力の方向が逆転することに対する考慮や，二次応力には注意を払う必要がある．

写真 9.10　三陸鉄道コンクリート・トラス橋（岩手県）

例題 9.1　**トラス橋の設計**

図 9.12 に示す単純ワーレン・トラス橋について，上弦材 U_3 を設計する．トラスに作用する死荷重強度は $d = 45\,\mathrm{kN/m}$，活荷重強度に関しては $p_1 = 40\,\mathrm{kN/m}$，$p_2 = 10\,\mathrm{kN/m}$ とする．

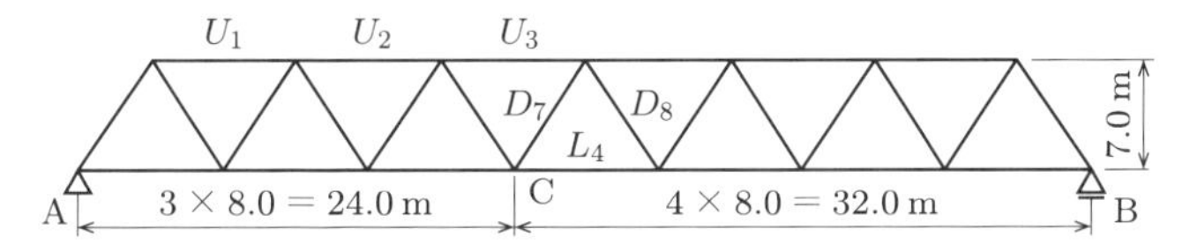

図 9.12　単純ワーレン・トラス

解答　**(1) 部材力の算定**

上弦材 U_3 の影響線を図 9.13 に示す．ここで，y_1，y_2，y_3 は以下となる．

$$y_1 = -\frac{3\lambda}{h}\frac{4}{7} = -\frac{3 \times 8.0}{7.0}\frac{4}{7} = -1.959$$

$$y_2 = \frac{(3 \times 8.0 - x)y_1}{3 \times 8.0}, \qquad y_3 = \frac{\{4 \times 8.0 - (10.0 - x)\}y_1}{4 \times 8.0}$$

DEFGH で囲まれた五角形の面積が最大値をとるのは，$y_2 = y_3$ のときである．この条件を用いて，上式を解くと以下が得られる．

$$x = 4.286, \qquad y_2 = y_3 = -1.609$$

したがって，影響線面積 A_1（三角形 ABF）および影響線面積 A_2（五角形 DEFGH）は，

$$A_1 = -56.0 \times 1.959/2 = -54.852$$

$$A_2 = -(1.959 + 1.609) \times 10.0/2 = -17.84$$

となる．以上により，最小部材力（N）は，以下のように得られる．

$$N_D = dA_1 = 45 \times (-54.852) = -2468\,\mathrm{kN}$$

$$N_{p1} = p_1 A_2 = 40 \times (-17.84) = -714\,\mathrm{kN}$$

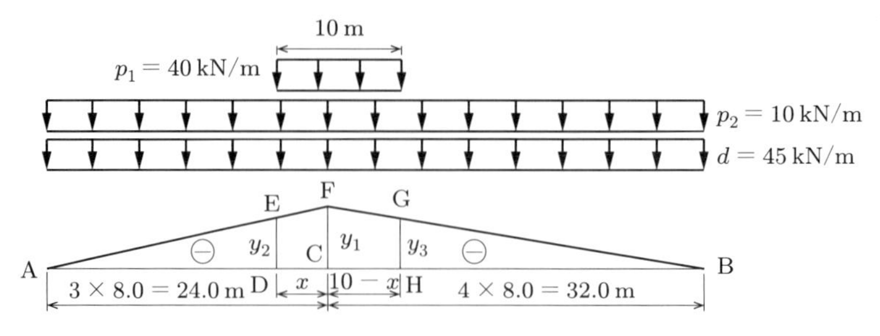

図 9.13 上弦材 U_3 の影響線

$$N_{p2} = p_2 A_1 = 10 \times (-54.852) = -549\,\mathrm{kN}$$
$$N_L = N_{p1} + N_{p2} = -1263\,\mathrm{kN}$$

(2) 限界状態 3 の照査

上弦材の断面を図 9.14 のように仮定し，断面性能を算定する．そして，限界状態 3 を照査する．鋼材材質は，SM490Y とする．

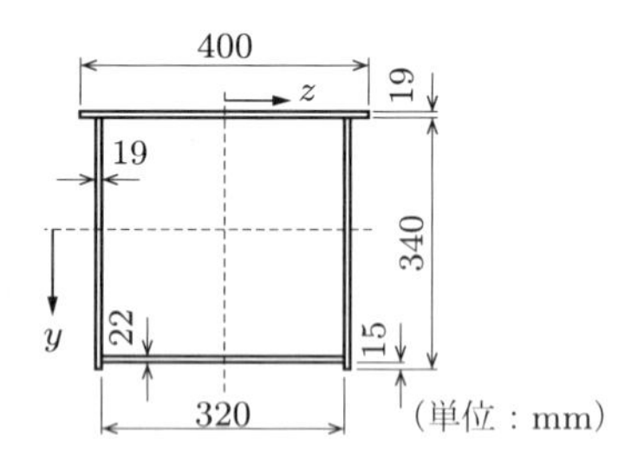

図 9.14 上弦材 U_3 の断面

		$A\,[\mathrm{mm}^2]$	$y\,[\mathrm{mm}]$	$Ay\,[\mathrm{mm}^3]$	$Ay^2\,[\mathrm{mm}^4]$	$Az^2\,[\mathrm{mm}^4]$
1-UFlg	400×19	7,600	−179.5	−1,364,000	244,874,000	101,333,000
2-Web	340×19	12,920			124,463,000	371,195,000
1-LFlg	320×22	7,040	144	1,014,000	145,981,000	60,075,000
	$A = 27{,}560\,\mathrm{mm}^2$			−350,000	515,318,000	532,603,000

$$e = -\frac{350000}{27560} = -12.7\,\mathrm{mm}$$
$$I_y = 515318000 - 27560 \times 12.7^2 = 510873000\,\mathrm{mm}^4$$
$$I_z = 532603000\,\mathrm{mm}^4$$

有効座屈長：$l_y = 8{,}000\,\mathrm{mm}$，$l_z = 4{,}000\,\mathrm{mm}$（横構により上弦材の格点中央が拘束されているため，面外方向の有効座屈長は格点間長の半分になる）

$$断面二次半径：r_y = \sqrt{\frac{I_y}{A}} = \sqrt{\frac{510873000}{27560}} = 136\,\mathrm{mm}$$

$$r_z = \sqrt{\frac{I_z}{A}} = \sqrt{\frac{532603000}{27560}} = 139\,\mathrm{mm}$$

$$細長比：\frac{l_y}{r_y} = \frac{8000}{136} = 58.8 < 120, \qquad \frac{l_z}{r_z} = \frac{4000}{139} = 28.8 < 120$$

作用応力 σ_{cd} は,

$$\begin{aligned}\sigma_{cd} &= \frac{\gamma_{pD}\gamma_{qD}N_D + \gamma_{pL}\gamma_{qL}N_L}{A_g}\\ &= \frac{1.0 \times 1.05 \times (-2468000) + 1.0 \times 1.25 \times (-1263000)}{27560}\\ &= -151.3\,\mathrm{N/mm^2}\end{aligned}$$

$$\lambda = \frac{1}{\pi}\sqrt{\frac{\sigma_{yk}}{E}}\frac{l}{r} = \frac{1}{\pi}\sqrt{\frac{355}{200000}} \times \frac{8000}{136} = 0.788$$

$$\begin{aligned}\rho_{crg} &= \begin{cases} 1.00 & (\lambda \leqq 0.2) \\ 1.059 - 0.258\lambda - 0.19\lambda^2 & (0.2 < \lambda \leqq 1.0) \\ 1.427 - 1.039\,\lambda - 0.223\,\lambda^2 & (1.0 < \lambda) \end{cases}\\ &= 1.059 - 0.258 \times 0.788 - 0.19 \times 0.788^2 = 0.737\end{aligned}$$

制限値 σ_{cud} は,

$$\begin{aligned}\sigma_{cud} &= \xi_1\,\xi_2\,\Phi_U\,\rho_{crg}\,\rho_{crl}\,\sigma_{yk}\\ &= 0.90 \times 1.0 \times 0.85 \times 0.737 \times 1.0 \times 355 = 200.1\,\mathrm{N/mm^2}\end{aligned}$$

なお，鋼板の局部座屈は無視する．以上より，

$$\sigma_{cd} \leqq \sigma_{cud}$$

であり，限界状態 3 を満足する．

演習問題 9

9.1 例題 9.1 において上弦材 U_2 を設計せよ．

9.2 例題 9.1 において下弦材 L_4 を設計せよ．

9.3 例題 9.1 において斜材 D_2 を設計せよ．

9.4 例題 9.1 において斜材 D_3 を設計せよ．

9.5 トラスで橋門構の役割を考えよ．

9.6 中間対傾構の役割を考えよ．

9.7 トラスの二次応力を減少させるにはどうすればよいか．

第10章 アーチ橋

10.1 アーチ橋とは

10.1.1 アーチの原理

いま，図 10.1 に示すように，いくつかの支えるべき鉛直力 F_1，F_2，F_3，F_4 があるとする．これらの力の大きさに比例させた長さの線分を，作用方向に図に示したように描き，ある一点 O より，これらの線分の始点と終点とを結ぶ線を引く．できあがった三角形を力の多角形とよんでいるが，一つひとつの三角形の各辺の長さに比例する力は平衡していることになる．いま，Oa，O1，O2，O3，O4 に平行に A1，12，23，34，4B を引くと，連力図とよばれるものができあがる．

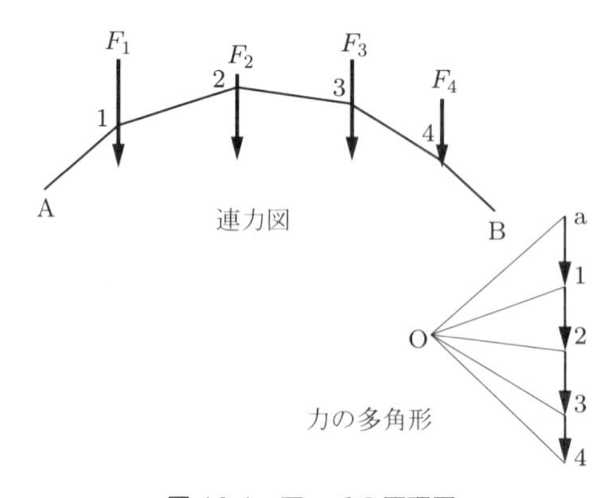

図 10.1　アーチの原理図

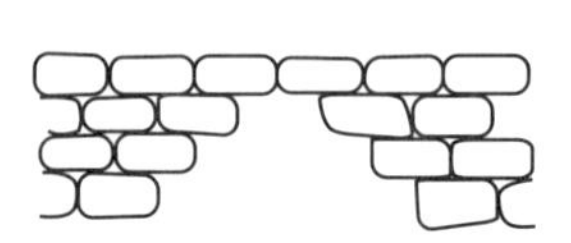

図 10.2　コーベル・アーチ

アーチの軸線をこの連力線と一致させ，しかも両端部が不動で軸力に応じた反力が生じるならば，F_1，F_2，F_3，F_4 とつり合う各軸線方向にはたらく力は力の多角形より定まり，F_1，F_2，F_3，F_4 は空間に支えられる．このように，両端部で十分に反力に抵抗でき，アーチ軸線に沿って外力とつり合う圧縮軸力が生じる構造をもっていれば，その構造はアーチ作用をもつという．図 10.2 に示した構造はアーチの形をしているが，前記の構造力学的条件を満足していないのでアーチではない．これは第 1 章で述べたとおり，コーベル・アーチ（corbel arch）とよばれている．

鉛直力の大きさや分布が変動しても，連力線がつねに断面の核内にあるようにアーチ形状を選べば，その断面には引張応力は生じないことになり，アーチは石造りであっても無筋コンクリートであっても成立する．これが，古代よりアーチが石造りで架設されてきた理由である．

等分布荷重による連力図は放物線であるため，アーチ軸線の形状が放物線であれば等分布荷重に対してアーチ軸力のみで抵抗できる．アーチ軸線長に比例した荷重強度分布であれば，第 11 章で述べる懸垂曲線が軸力のみで抵抗できるアーチ軸線形状となる．単一荷重に対しては，アーチ形状は当然三角形となる．

鋼アーチでは，連力線は断面の核外にあってもよい．しかし，荷重の一部はアーチ軸力で支えられているので，断面にはたらく曲げモーメントは同じ支間の単純はりに比較して小さくなる．**図 10.3** は，集中荷重が 1/4 点に載荷されているアーチの曲げモーメント図であるが，単純はりとしての曲げモーメントに比べて小さくなっていることがわかる．

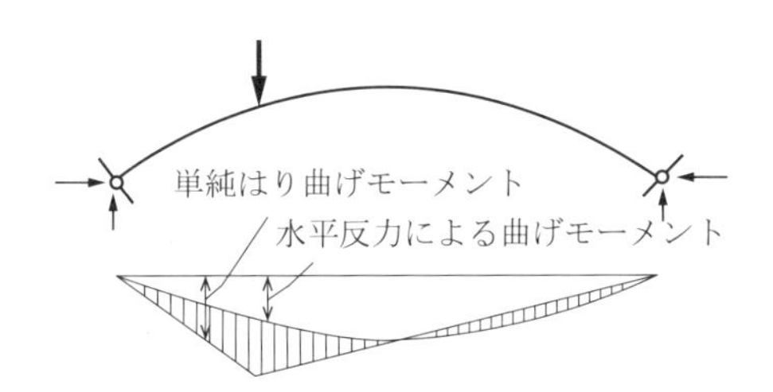

図 10.3　2 ヒンジ・アーチに生じる曲げモーメント

10.1.2　アーチの形状および名称

ローマ時代には，アーチはおもに半円形状に石を積んでつくられてきた．その後，時代とともに軸線形状もより力学的に合理的なもの，より美しいものとするため，多くの形状のものが考案されてきている．その代表的なものを**図 10.4** に示す．とくに，2 心アーチである尖頭アーチは中近東やゴチック建築で愛用されてきた．多心アーチはその形を製図しやすいし，現場での整形が容易である．古くからつくられてきた石造アーチ（ヴソー・アーチ，vousseau arch，masonry arch）では，その各部に特有の名称が付されているので，それらの名称を**図 10.5** にあげておくことにする．

鋼アーチや鉄筋コンクリート・アーチは，連力線をアーチ断面の核内に収めるなどの制約が必ずしもないため，自由な形状とすることができるし，他構造形式のものとも複合されて架設されている．しかし，死荷重に対してはアーチ・リブには軸力のみ生じ，曲げを生じさせないように形状を選ぶのは，アーチ設計の基本である．

構造力学的にみると，アーチは**図 10.6** に示すような形式に分類される．

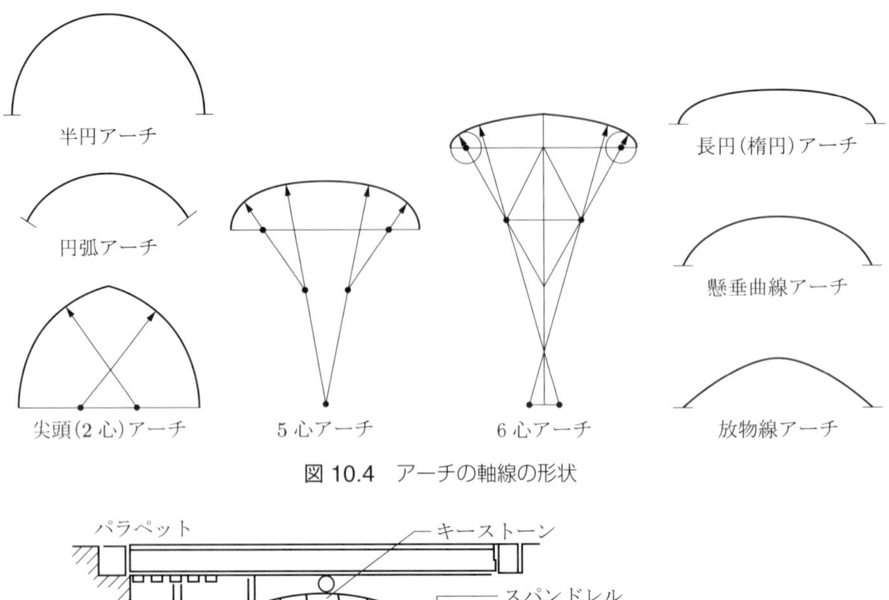

図 10.4　アーチの軸線の形状

図 10.5　アーチ各部の名称

図 (a) は固定アーチであり，三次の不静定構造である．石造アーチはこの形式となる．鋼アーチでも採用されるが，スプリンギングでの曲げモーメントが大きくなる．写真 10.1 に示したアーチは，第二次大戦後初めてわが国で架設された長大橋である，支間 216 m の固定アーチ橋の西海橋である．温度応力を抑えるために，熱反射率の高いアルミ箔の入った塗料が塗装に使われた．

図 (b) は中央にヒンジを挿入した，モノヒンジ・アーチとよばれる形式であるが，架設例は少ない．

図 (c) は両端にヒンジが挿入されており，2 ヒンジ・アーチ（2-hinged arch）とよばれている．鋼アーチではもっともよく用いられる形式である．かつて世界最長の支間 518 m を誇ったアーチである New River Gorge（ニュー・リバー・ゴージ）橋も，この形式が採用されている（写真 10.2）．

図 (d) はさらにアーチ・リブ中間にもヒンジが設けられており，静定構造である．

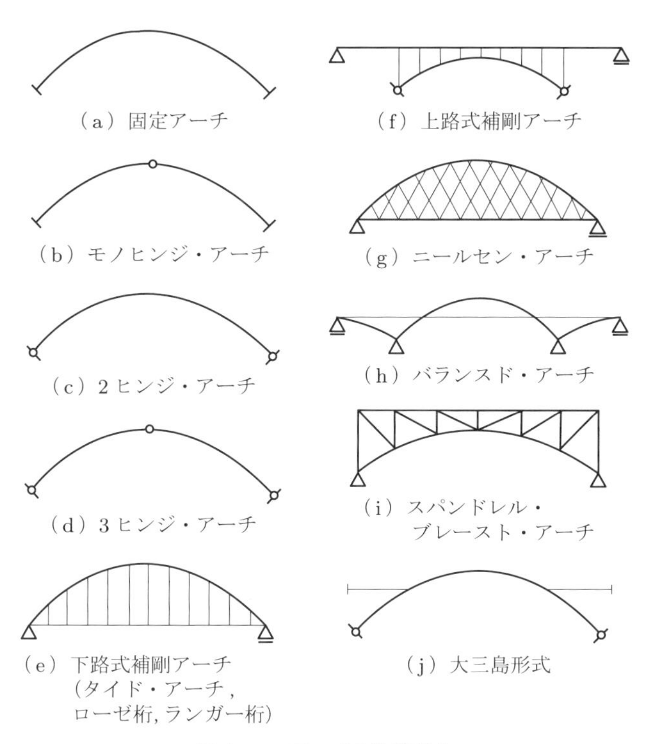

図 10.6　アーチの構造形式

写真 10.1　固定アーチ橋の西海橋（長崎県）

写真 10.2　長支間の 2 ヒンジ･アーチの New River Gorge 橋（アメリカ）

3 ヒンジ・アーチは地盤沈下の可能性のある地点に適した構造と考えられている．写真 10.3 は大阪で架設された桜宮橋である．しかし，振動しやすいなどの欠点がある

写真 10.3　3 ヒンジ・アーチ橋の桜宮橋（大阪府）

写真 10.4　ランガー桁形式の Duisburg–Rheinhausen 橋（ドイツ）

ため，通常この形式で設計されることはないが，クラウン部を細く設計できるので外観に変化をもたせることができる．スイスの天才的設計者，Maillart（マイヤール）が愛用した形式である．

図 (e) に示したアーチでは，両端に生じている水平反力を基礎に伝えず，両端を結ぶタイにとらせているので，タイド・アーチとよばれている．床組，床版は吊材で吊られており，荷重は吊材を通してアーチに伝えられる．さらに，このタイに曲げ剛性をもたせたものを，（下路式）補剛アーチとよんでいる．わが国では，アーチと補剛桁の曲げ剛性の比の小さいものをランガー桁，同程度のものをローゼ桁とよび分けている．曲弦材（アーチ材）は補剛桁により両端の水平変位が拘束されており，アーチ作用を行う．桁全体として生じている曲げモーメントは，アーチ材と補剛桁の曲げ剛性におおよそ比例して分配される．

写真 10.4 はランガー桁のドイツの Duisburg–Rheinhausen（デュースブルク・ラインハウゼン）橋であり，1950 年の完成で，支間は 255 m である．写真 10.5 はハンブルクに架けられた，ローゼ桁の原形をとどめている Nord Elbe（ノルド・エルベ）橋であり，こういった形状の橋をレンズ（lense）橋ともいう．

写真 10.5　ローゼ桁形式の Nord Elbe 橋（ドイツ）

写真 10.6　連続補剛桁をもつ上路式アーチ橋の三坂大橋（群馬県）

補剛アーチは上路式のアーチ橋でも採用される（図 (f)）．この場合は，通常採用される形式のものでは補剛桁には軸力は生じない．図 (f) のアーチ橋では補剛桁を側径間まで連続して伸ばしている．V 字形の谷を渡るのに適しているので，現在広く採用されている形式である．この形式の最初の例となった三坂大橋を写真 10.6 に示す．

図 (g) は吊材にケーブルを用い，それらを斜めに配置した形式で，ニールセン・アーチとよばれる．景観に優れるが，斜材ケーブルに発生する軸力の制御が難しい．

図 (h) は両端に片持ちばりと吊支間を付したもので，バランスド・アーチ（balanced arch）とよばれる．中間支承で中央と側径間の水平反力をバランスさせることができる，または支点モーメントにより径間曲げモーメントを減少させることができるなどの特徴を有している．写真 10.7 は，この形式の晩翠橋の例である．

図 (i) は，床版とアーチ・リブ間のスパンドレル部をトラス化したスパンドレル・ブレースト・アーチ（spandrel braced arch，わが国では単にスパンドレル・アーチともよぶ）である．曲弦のトラス下弦材がアーチ作用をしており，トラスとの複合構造といえる．剛性が高く，アーチ特有の現象である橋軸方向の変位が小さいため鉄道橋にも用いられる．

図 (j) は写真 10.8 に示した本州四国連絡橋の一つ，大三島橋で採用された形式である．固定アーチとする代わりに，アバットの固定点よりタイを出しアーチ・リブの約 1/6 点と結び，アーチ・リブの橋軸方向の変位を拘束し，剛度の増加と応力の軽減に成功している．

写真 10.7 バランスド・アーチ橋の晩翠橋（栃木県）

写真 10.8 側方タイで橋台に結ばれている大三島橋（しまなみハイウェイ）

10.2 アーチの簡単な歴史

第 1 章で述べたように，アーチ構造そのものの歴史は古く，すでに紀元前 3000 年以前より，メソポタミア地方やエジプト北部で使われていたといわれている．その後，建築物の屋根構造として，地中海沿岸・中近東諸国へと広がった．しかし，その中には本当のアーチもあれば，単に積み上げられたブロックがアーチ形の空間となっている，片持ち構造に近いコーベル・アーチもあったと考えられる．ローマ人は先住民族のエトルリア人よりアーチ技術を習ったといわれるが，その技術を橋構造へと大きく進歩させ，帝国版図内各地に偉大なアーチ橋を数多く残し，現在でもその姿をみることができる．現在のローマ市内には当時のアーチが3橋現存しているが，写真10.9には少し時代が下ったローマ繁栄の後期，紀元134年に架設されたSant Angelo（サンタンジェロ）橋を示す．

写真 10.9 天使像が並ぶ Sant Angelo 橋（イタリア）

写真 10.10 中世アーチ橋の Avignon 橋（フランス）

その後ヨーロッパ中世を支配したのはキリスト教会であり，当時の重要な宗教的行事である巡礼をする人々の交通路を確保するため，僧団が結成され橋の維持などを行ったが，ローマ時代のような壮大なアーチが架設されることはなかった．再びアーチが建設され始めるのは12世紀に入ってからであり，その一つ，南フランスのアヴィニョンに1188年に架設されたAvignon（アヴィニョン）橋の例を写真10.10に示す．神の啓示によりこの橋を建設したといわれる羊飼いのBénezét（ベネゼ）は，その功績により聖者に列せられ，橋のたもとの教会に葬られている．橋はその後の洪水で壊され，一部が残るのみである．

戦乱の時代では，河は軍事上の重要な防衛拠点であり，アーチ橋は武装橋としても架設された．写真10.11は，台頭し始めた市民の要求に応え建設された，南フランスのカオールに残る，14世紀の武装橋のValentré（バレントレ）橋の例である．また，橋は人の集まる場所でもあり，商業の発達とともに架橋が再び行われるようになると，橋上には商店が立ち並ぶようになった．13世紀当時のロンドン橋もそうであったが，その面影は，16世紀に，橋のアントニオとよばれる橋梁技術者によりイタリアのヴェネチアに建造されたRialto（リアルト）橋（写真10.12）や，その2世紀前の14世紀の架設のVecchio（ヴェッキオ）橋（写真1.4）にみることができる．

写真 10.11 武装橋の Varentré 橋（フランス）

写真 10.12 商店街が並ぶ Rialto 橋（イタリア）

ヨーロッパ社会以外は，アラブ人の影響を受けていたスペインのトレドに，9 世紀にはアーチ橋が架設され，さらに 12 世紀にはアラビア風の尖頭をもつアーチが設計されている．また中国でもアーチ橋が 7 世紀に建造されていることはすでに述べたとおりである．

近代的構造力学が芽生え始めるのは，ルネサンス期も 16 世紀に入ってからであり，ローマの半円アーチとは異なった，美しい曲線をもった石造アーチ橋も各地に建設されるようになった．ロンドンの旧 Waterloo（ウォータールー）橋，パリの Notre Dame（ノートルダム）橋，Pont Neuf（ポンヌフ）（写真 10.13），フィレンツェの Santa Trinita（サンタ・トリニタ）橋，プラハの Karls（カールス）橋などが有名である．

1747 年には，フランス・パリに École nationale des Ponts et Chaussées（橋梁道路学校）が設立され，著名な近代橋梁の技術の先駆者である校長の Perronet（ペロネ）が，近代的構造理論に基づきアーチの設計を行っている．写真 10.14 に示したパリのセーヌ河に架かる扁平アーチの Concorde（コンコルド）橋は彼の手によるものである．その橋脚は両側からかかる水平反力を考慮して，それ以前のものに比べて橋脚の幅を狭くすることに成功している．その後，数多くのアーチ橋が世界中の各都市で架設され，都市の美観の一つとなっている．

写真 10.13 Pont Neuf（フランス）

写真 10.14 近代構造力学に基づいて設計された Concorde 橋（フランス）

18世紀に，イギリスのセヴァーン川流域で製鉄業が栄えると，世界最初の鉄の橋が，伝統的なアーチ形式で，1779年にこの地に建造されている．その The Iron Bridge（アイアンブリッジ）を写真10.15に示す．1874年には，アメリカ・セントルイスでミシシッピ河を渡る1支間約150 m，3径間の鋼アーチ橋が，Eads（イーズ）大佐により多くの困難を乗り越えて完成している（写真1.7）．19世紀末には，支間100 mを超えるアーチは世界ですでに13橋も架けられている．ポルトガルのポルトに，エッフェルの弟子が1883年に架設した2階橋の Don Luís I（ドンルイス一世）橋を写真10.16に示す．

写真 10.15 世界最初の鉄の橋 The Iron Bridge（イギリス）

写真 10.16 2階橋の Don Luís I 橋（ポルトガル）

1881年には，ランガー桁がオーストリアで発明されている（写真10.4参照）．この形式は既存の桁橋の補強にもしばしば利用された．しかし，本格的なものは1926年にポツダムに架設された Havel（ハーヴル）橋，あるいはスイスの Taassin（ターシン）橋を待つことになる．このころには，写真10.5に示したローゼ桁の原形も架設されている．1896年には，圧延鋼を用いた3ヒンジ・アーチである Mirabeau（ミラボー）橋がパリで完成している（写真14.1参照）．

鋳鋼製のアーチの例として，1900年パリ博覧会に際してロシア皇帝より贈られた，装飾の多い Alexandre III（アレキサンダー三世）橋を写真10.17に示す．写真10.18はフィーレンディール（Vierendeel）橋とよばれている形式の橋である．箱形ラーメンを横につないだ形となっているが，垂直材は桁の耐荷力にはほとんど寄与せず，逆に二次応力を大きくするはたらきをしている．この形式のベルギーの Hasselt（ハッセルト）橋は，1937年冬に垂直材と弦材の溶接接合部に亀裂が生じ，崩壊している．しかし，斜材がないため，橋の上に視野を妨げるものがない利点があり，いまでも歩道橋や横構に用いられる．

近代的大アーチ橋の架設は，1907年のニューヨークの Hell Gate（ヘル・ゲート）橋の架設で幕が切って落とされる．その後，同じくニューヨーク郊外に Bayonne（ベ

写真 10.17　1900 年万博にロシア皇帝より寄贈された Alexandre III 橋（フランス）

写真 10.18　ラーメン形式橋の一つであるフィーレンディール橋（ベルギー）

イヨン）橋（写真 10.19），オーストラリアでは Sydney Harber（シドニー・ハーバー）橋が，1932 年に支間 500 m 以上をもって完成している．世界で 4 番目に支間の長いアーチ橋は，アメリカのウエスト・ヴァージニア州にある耐候性鋼製の New River Gorge 橋であり，支間 518 m，1977 年の完成である（写真 10.2 参照）．

写真 10.19　長大アーチ橋の一つ Bayonne 橋（アメリカ）

写真 10.20　斜吊材をもった Fehmarnsund 橋（ドイツ）

第二次大戦後，パリで全溶接の Neuilly（ニュイ）橋が完成している．写真 10.20 は，アーチの欠点である剛性の低さを補うために吊材ケーブルを斜めに張った，いわゆるニールセン桁とよばれる，ドイツの Fehmarnsund（フェーマルン海峡）橋である．完成は 1963 年であり，支間は 248.4 m である．その後，各種形式のアーチ橋が設計され架設されてきているが，大三島橋（写真 10.8）にみられるような，設計者が工夫を凝らした新構造形式の橋の架設が盛んである．写真 10.21 にみられるような，Calatrava（カラトラバ）の設計による鋼とコンクリートの複合構造の Fellipe II（フェリペ二世）橋（スペイン）や，写真 10.22 の Luciana（ルチアーナ）橋（スペイン）などの架設が行われている．なお，2003 年には，中国で世界第 2 位の支間 550 m の盧浦大橋が，1999 年にはコンクリート・アーチとして世界最大支間 420 m を誇る万県大橋（写真 10.23）が完成している．

写真 10.21　バスケット取っ手型の独立 2 主桁で設計された Fellipe II 橋（スペイン）

写真 10.22　三角断面トラス・アーチ・リブをもつ鋼コンクリート複合アーチの Luciana 橋（スペイン）

わが国では，1667 年に木製の錦帯橋が完成し，その後もほとんど同じ構造で架け替えられてきている（写真 10.24）．石造アーチが九州で多く架けられるようになったのも，17 世紀に入ってからである．その代表的な霊台橋を写真 10.25 に示す．鉄製のアーチ橋は，1871 年，大阪で支間 12 m の新町橋が輸入され架設されている．1876 年には北海道・札幌の豊平橋，少し遅れて，兵庫の神子畑橋が輸入され架設されている．1914 年には，東京の八ッ山橋が独自の技術により完成をみている．さらに，第二

写真 10.23　世界最長支間をもつ鉄骨コンクリート・アーチ橋の万県大橋（中国）

写真 10.24　特異な木造アーチの錦帯橋（山口県）

写真 10.25　石造アーチとしてわが国最長支間の霊台橋（熊本県）

写真 10.26　震災復興事業として架設された永代橋（東京都）

次大戦前には，高張力鋼を用いた永代橋（写真 10.26）などの近代橋梁が架設されている．戦後の本格的橋梁の架設は，九州の西海橋（写真 10.1）より始まっている．

10.3　アーチ橋の力学的性質

10.3.1　微小変形理論による応力

アーチの特徴の一つは，軸線形状をうまく選べば，軸力のみで荷重を支えることができるところにある．すなわち，**図 10.7** からわかるように，式 (10.1) を満足するように軸線形状を定めればよいことになる．

$$-H\frac{d^2y}{dx^2} = w \tag{10.1}$$

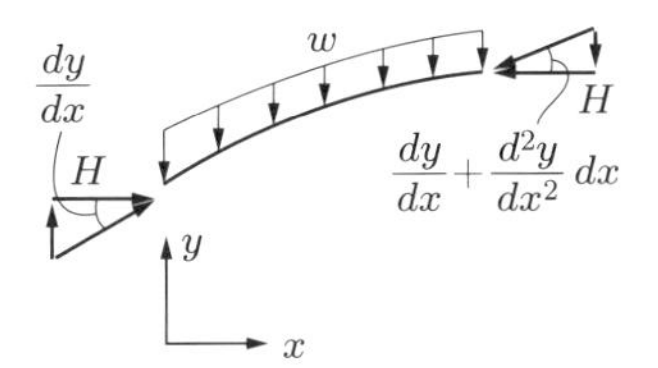

図 10.7　外力とアーチ軸力の平衡

等分布荷重の場合は，軸線形状は放物線となり，そのときの水平反力は式 (10.2) で与えられる．

$$H = \frac{wL^2}{8f} \tag{10.2}$$

ここで，f：ライズ，L：支間である．この値は固定アーチ，2 または 3 ヒンジ・アーチでもほとんど変わらない．ほかの形状のアーチも，ライズ・スパン比が等しければ式 (10.2) に近い水平反力となる．

しかし，橋においては一般に荷重は変動するものであるから，軸力のみで荷重に抵抗することはできない．たとえば，3 ヒンジ・アーチを考えよう．**図 10.8** に示すよう

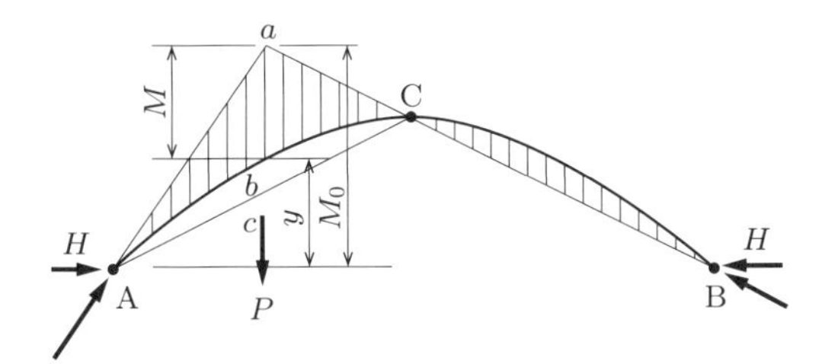

図 10.8　3 ヒンジ・アーチの曲げモーメント

に，集中荷重 P がアーチの 1/4 点に載っているものとする．ヒンジ部では曲げモーメントはゼロとなるので，支点 B の反力は中央ヒンジを通ることになる．荷重点で荷重とつり合うため，支点 A，B の反力は荷重線上で交わる．アーチ・リブの任意の点での曲げモーメント M は，その点の軸線の高さを y とし，支点水平反力を H とすると，次式で与えられる．

$$M = M_0 - Hy \tag{10.3}$$

ここで，M_0 は単純ばりとしての曲げモーメントである．アーチ・リブにはたらく曲げモーメントは，Hy だけ減少することがわかる．この関係は，2 ヒンジ・アーチでも同様である．固定アーチでは，さらに支点モーメントにより曲げモーメントは減少する．

例題 10.1　2ヒンジ・アーチの断面力

アーチ・ライズ f，支間長 L の 2 ヒンジ・アーチに等分布荷重 q が作用している場合（図 10.9），支点水平反力 H，アーチ・リブの曲げモーメント M と軸力 N を求めよ．

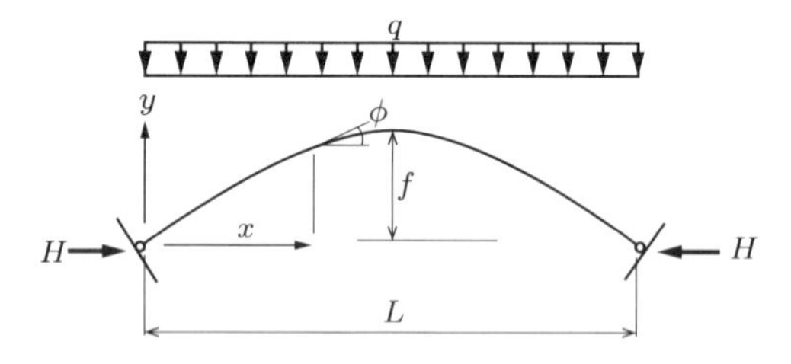

図 10.9　2ヒンジ・アーチの形状

解答　アーチ形状 y および接線角度 ϕ は，

$$y = -\frac{4f}{L^2}x(x-L)$$
$$\phi = \frac{dy}{dx} = -\frac{8f}{L^2}\left(x - \frac{L}{2}\right)$$

である．これを用いて，支点水平反力，アーチ・リブの曲げモーメントおよび軸力は，

$$H = \frac{qL^2}{8f}$$
$$M = M_0 - Hy$$
$$N = N_0 - H\cos\phi = -Q_0\sin\phi - H\cos\phi$$

となる．ここで，M_0 と N_0 は 2 ヒンジ・アーチの片端を水平方向に可動とした場合の，静定アーチ（図 10.10）のアーチ・リブの曲げモーメントおよび軸力である．また，M_0 および Q_0 は，アーチを単純ばりとしたときの曲げモーメントおよびせん断と等しい．した

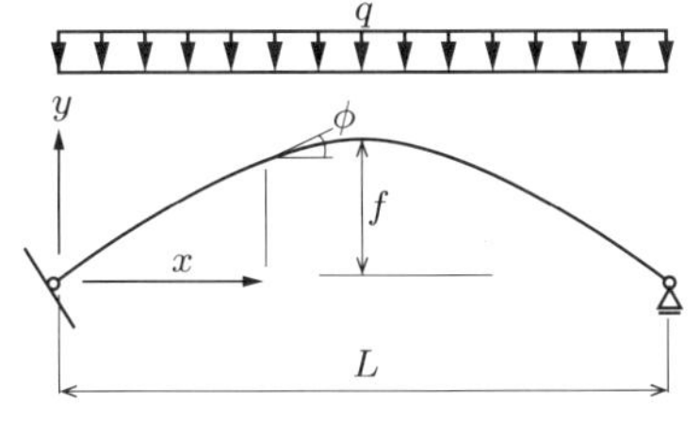

図 10.10 静定 2 ヒンジ・アーチ

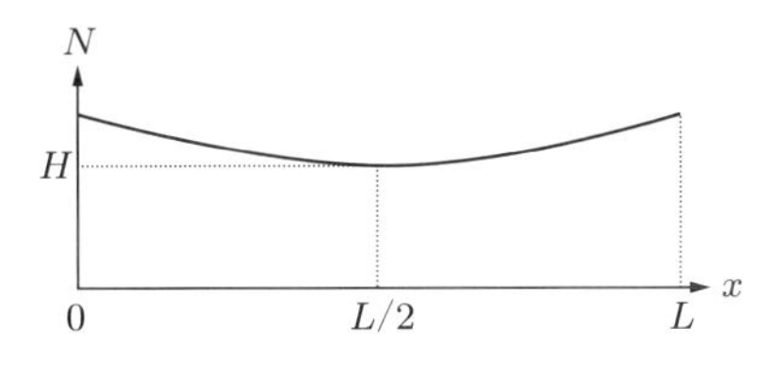

図 10.11 圧縮軸力図

がって,

$$M = M_0 - Hy = \frac{q}{2}(Lx - x^2) - \frac{qL^2}{8f}y = 0$$

$$N = N_0 - H\cos\phi = -Q_0\sin\phi - H\cos\phi = -\left(\frac{qL}{2} - qx\right)\sin\phi - \frac{qL^2}{8f}\cos\phi$$

曲げモーメントは 0 であり,圧縮軸力は**図 10.11** となる.

タイを有するアーチでも,**図 10.12**(a) からわかるように,曲げモーメントは式 (10.3) と同じ関係となる.ランガー桁では,図 (b) に示したように,曲げモーメントは補剛桁にはたらき,細いアーチ部は単にアーチ作用を起こさせているにすぎない.ローゼ桁では,この曲げモーメントは,ほぼアーチと補剛桁の曲げ剛性に比例して配分される.

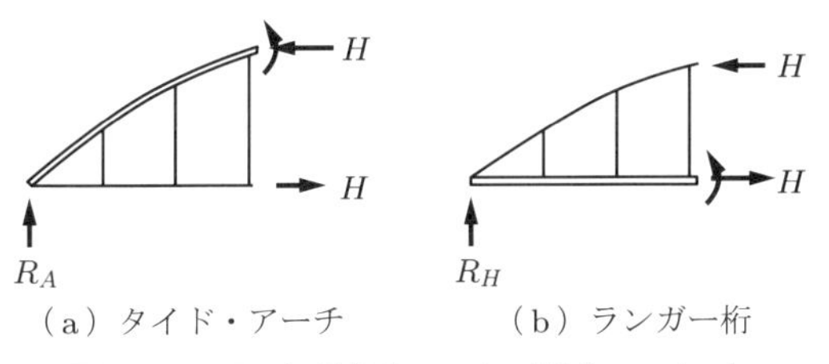

(a) タイド・アーチ　(b) ランガー桁

図 10.12 下路式補剛アーチの曲げモーメント

詳しい構造解析はここでは省略するが,アーチでは軸応力と曲げ応力が最大になる断面位置が異なることに注意すべきである.断面の核でのモーメントを求めて応力計算を行う.しかし,近似的には,曲げ応力が最大になる断面で応力照査がなされる.

アーチに半載荷重が載荷されると,アーチの載荷側は下方に,非載荷側は上方向にたわむとともに,水平方向にも変位する.アーチの強度は,通常,この載荷状態で決定される.この非対称載荷によって,水平変位と同じ現象がアーチの振動および座屈にも現れ,アーチの一つの特徴となっている.アーチでもっとも応力が大きくなる断面位置は 1/4 点付近であり,1/4 点の応力を減少させるには,この水平変位を拘束することが有効な手段となる.このため,前述の大三島橋では 1/6 点をアンカー・ブロックとタイで結び水平変位を拘束し，応力の軽減を図っている．上路式補剛アーチ橋では，クラウンを橋台と結んでいる場合もある．いずれの場合でも，活荷重による応力は軽減されるが，温度応力が大きくなることと，タイには支点水平反力の半分程度の軸力が生じることには注意を要する．また，吊材を斜めに配したいわゆるニールセン形式のアーチ橋も，この水平変位を拘束して高い剛度を得ている．

10.3.2　アーチの変形の特徴

アーチは，その軸線が湾曲しているため，変形にあたり，直線の構造とは異なった性質を示すことになる．そのおもな違いは，まず図 10.13(a) に示すように，軸線が傾斜しているため，その傾斜角が変化すると軸線の伸び縮みと関係なく見かけ上の水平変位が生じることである．次に，図 (b) でわかるように，最初から曲率をもっているため，その曲率変化により，やはり見かけ上の軸方向変位が生じることである．すなわち，下方にたわむと見かけ上伸び，上方にたわめば縮むことになる．さらに，アーチでは軸線そのものの伸び縮みの変位に与える影響は小さく，また 10.1.1 項で述べたように，両端の変位は拘束されている．

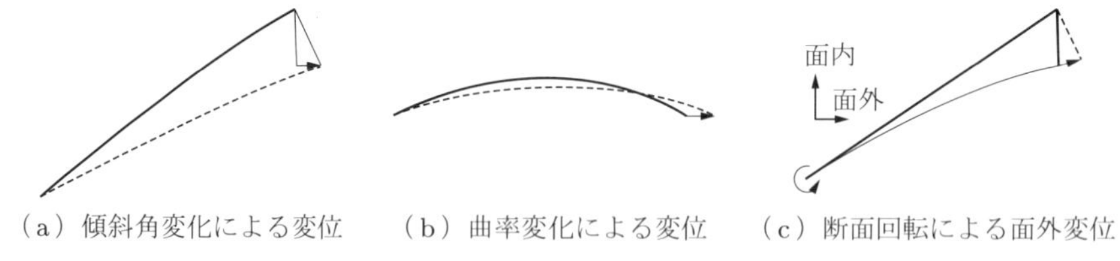

（a）傾斜角変化による変位　（b）曲率変化による変位　（c）断面回転による面外変位

図 10.13　アーチ軸の変形に伴う変位

そこで，アーチでは荷重を受けたり，振動あるいは座屈現象により変形するときは，アーチ・リブの一部が下方に変位すれば，ほかの部分は上方に変位することになる．下方に変位している部分は見かけ上伸び，上方へ変位している部分は見かけ上縮むことになり，全体としての実際のアーチ軸の伸び縮みはきわめて小さいことになる．そのため，アーチでは上下方にたわんでいる部分の面積がほとんど等しくなるのが普通となる．

2 ヒンジ・アーチで一番起こりやすい変位は，中央に変曲点ができる変位であり，支間左右の上下変位量はほとんど等しくなる．このとき，支点とこの変曲点では曲げモーメントがゼロとなり，実質上この 2 点で支えられた単純はりと似た性質を示すことになる．固定アーチでは，支点から少し離れた点に変曲点が現れるため，アーチは，支点からその点までのカンチ・レバーと，その点間を支点とする 2 ヒンジ・アーチとに分けて考えることができる．

次に，アーチを含む面外方向への変位では，図 (c) に示したように，アーチ軸がねじれることにより面外方向のたわみが生じる．このことがわかりやすいように，湾曲したアーチ・リブを 2 本の直線の微小部分に分けて示してある．下方に突出している部分がねじれにより側方に変位することは容易に理解できるだろう．すなわち，この影響で，アーチは直線構造より，ねじれによるたわみ分だけ側方にたわみやすいことになる．この現象の影響を小さくするには，アーチ・リブにねじれ剛性の大きなものを用いることになる．なお，アーチでは変形ばかりでなく，ねじれと面外曲げモーメントも連成する．

10.3.3　座　屈

放物線アーチに等分布荷重が載荷されると水平反力 H が生じ，アーチ軸には圧縮力のみがはたらく．この圧縮力によって，アーチが鉛直変位 v を起こすと，Hv だけの付加的曲げモーメントが生じる．この付加的曲げモーメントにより，アーチは座屈を起こすことになる（図 10.14）．いま，面内座屈を起こす限界水平反力 H_{cr} とアーチ・リブの支間長 L で表した細長比 λ との関係を次式で書き，その座屈係数 α_{cr} とライズ・スパン比 f/L との関係を図示すると，図 10.15 が得られる．

$$H_{cr} = \alpha_{cr}\frac{EI}{L^2} = \alpha_{cr}\lambda^2 A \tag{10.4}$$

ここで，EI はアーチ・リブの曲げ剛性，A は断面積である．細長比はアーチ支間長と断面二次半径との比で表したが，これをアーチ軸長との比で表すと，2 ヒンジ・アー

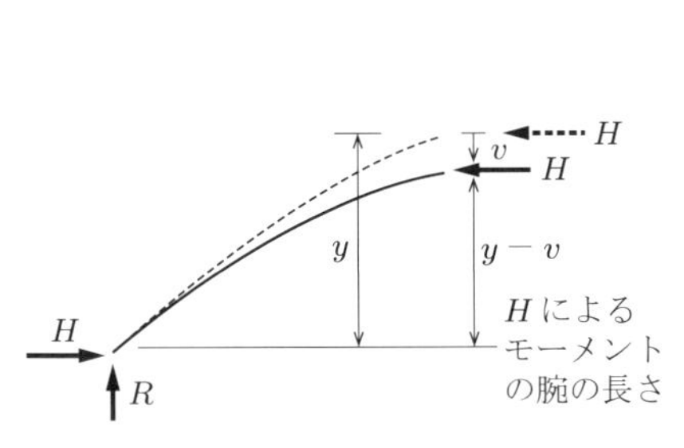

図 10.14　変形の影響図

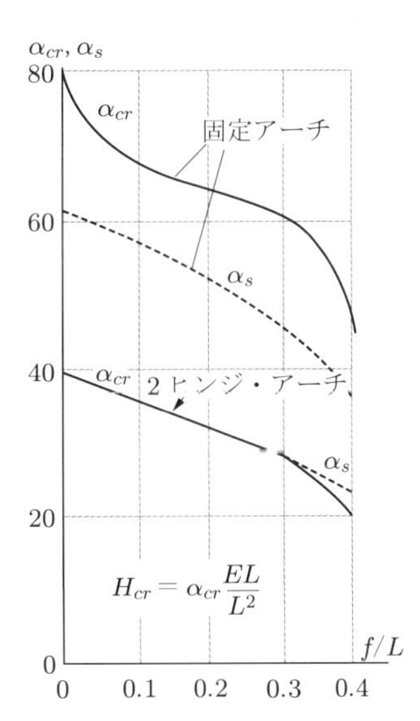

図 10.15　アーチの座屈係数 α_{cr} および振動係数 α_s と，ライズ・スパン比 f/L の関係

チでは，アーチの有効座屈長はおおよそアーチ半軸長となる．

タイまたは補剛桁を有する下路式アーチ橋では，アーチの圧縮軸力とつり合っている引張りの軸力が，タイまたは補剛桁にはたらいている．いま，荷重により変位を起こしても，この変位によって付加的に生じる曲げモーメントは，アーチに生じている圧縮力と補剛桁の引張力によるものは符号が逆であり，打ち消しあい座屈は起こりにくくなり，有限変位の影響も小さくなる．そのためランガー桁などでは，全体としての面内座屈は考えなくてよい．

アーチに対してもっとも厳しい載荷状態は，死荷重に加えて活荷重が偏載された状態であり，この状態では軸圧縮力の影響により生じている応力がアーチの耐荷力を定める大きな要素である．座屈水平反力は，軸力による応力の増加に対する影響を示す指標にも用いられる．

ランガー桁やローゼ桁のように格間のアーチ弦材が細長い場合は，格間で座屈を起こすおそれがあることに注意を要する．また，格間でアーチ軸線に合わせて部材を湾曲させると，この曲がりの影響で付加的曲げモーメントが弦材に生じる．

アーチは面外にも座屈を起こす．この場合はねじれも伴うので，純粋な側方へのたわみ座屈とはならない．しかし，アーチ主桁が十分なねじれ剛性をもち，しかも 2 本主桁の場合には，十分な剛度の横構と横はりをもっていれば，近似的にはアーチ軸長をもつ両端固定の柱のせん断剛度も考慮に入れた座屈強度に近い強度をもっているとみなすことができる．なお，面外座屈については道示に規定が設けられている．

10.3.4　アーチの振動

アーチの基本面内振動モードは，**図 10.16** に示すように，クラウン部が上下動に対し節となる，座屈と同じく逆対称形である．このときの振動数 p は次式で与えられる．

$$p = \frac{\alpha_s}{L^2}\sqrt{\frac{EIg}{w}}\sqrt{1 - \frac{H}{H_{cr}}} \tag{10.5}$$

ここで，L は支間長，EI はアーチの曲げ剛性，H は水平反力，H_{cr} は限界水平反力，α_s は振動係数（図 10.15），w は単位長さあたりアーチ・リブ重量，g は重力加速度である．この逆対称振動はつねに橋軸方向の変位を伴っているところに，アーチの振動の特徴がある．地震動のような橋軸方向の加速度を支点に受けると，当然この逆対称振動が励起される．しかも，上路式アーチ橋では，重い橋床版も橋軸方向に動くこ

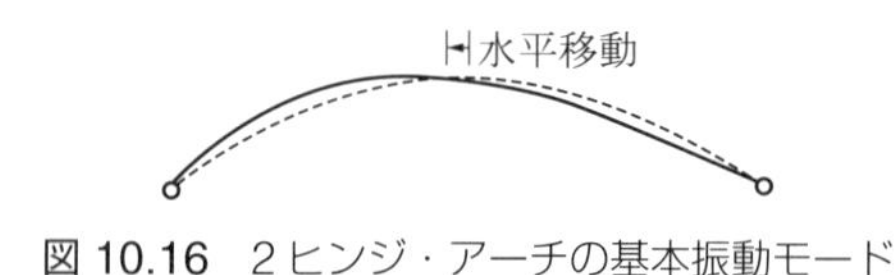

図 10.16　2 ヒンジ・アーチの基本振動モード

とになり，アーチ単体の場合より固有振動周期は長くなる．ここでクラウンの水平動を止めると，この逆対称振動は一般には現れなくなる．

二次振動モードは，節を 2 箇所にもつ対称振動である．アーチの場合は，鉛直たわみ曲線の面積がアーチ軸の伸び縮みに比例する性質をもっているため，アーチ軸の曲げ剛性と断面積の比により振動モードは変化する．面外振動は，面外座屈と同様のアーチの構造パラメータの影響を受ける．

10.3.5 設計荷重に対する有限変位の影響

全長に比してアーチ・リブの曲げ剛性の高いアーチでは，弾性一次解析（微小変形理論）に従って応力解析を行えば，十分な精度で応力や変位を求めることができる．しかし，全長に比してアーチ・リブの曲げ剛性が低いアーチでは，荷重による変位も大きくなり，図 10.14 に示したように断面と支点反力作用線間の距離が変わり，変位と反力に比例した付加的曲げモーメントが生じる影響が大きくなる．

この付加的曲げモーメントの値は，アーチ・リブの細長比，ライズ・スパン比，荷重強度とその分布により変化するが，座屈水平反力に対する作用水平反力の比でその影響を判断することができる．道示では，設計荷重の載荷で 10% 以上の応力増加をもたらすとき，この変形の影響を考慮するよう定め，その基準として，活荷重に対し変形の影響を考慮すべき死荷重強度の値を，座屈荷重との関係で与えている．

また，道示では，死荷重と橋に対しもっとも不利になるように載荷された活荷重，および衝撃荷重の 1.7 倍の荷重による変形を考慮した応力が降伏点を超えない，あるいは局部座屈を起こさないよう照査することを定めている．

10.4 設計法

10.4.1 アーチ軸線形状

アーチの設計の基本は，死荷重に対し軸力のみで抵抗できるように，その連力線図に合わせて軸線形状を定めることにある．とくに，これは石造アーチや，コンクリート・アーチではきわめて重要な事項である．さらに，これらのアーチでは，活荷重載荷による連力線が断面の核内に入るようにする必要がある．等分布荷重に対して連力線は放物線となる．しかし，一般に石造アーチやコンクリート・アーチでは，軸力はクラウンよりスプリンギングにいくに従い増加し，しかも，スパンドレル部が高くなるので，死荷重も端部にいくに従い増加する．そこで，アーチ軸線形状は放物線より端部に向かって勾配が急な曲線となる．以上のことを勘案し，アーチ軸線形状はより適切な，しかも美しいものを選び出すことになる．

長大アーチ橋では，アーチ・リブはトラスで構成されることが多い．この場合，死荷重により，そのスプリンギング付近の下弦材応力が大きくなる傾向をもっている．そこで，下弦材応力との関係で形状が決定される場合が多い．たとえば，New River Gorge 橋では 5 心アーチを採用している．中長径間の鋼アーチ橋では，死荷重は水平方向に対し等分布荷重とみなされるので，放物線形状で設計される例は多い．しかし，放物線は必ずしも美しい外観を与えるとは限らないので，設計にあたり，まずこの点に心を配るべきである．

10.4.2　構造形式

図 10.6 で説明したように，アーチ橋は多様な構造形式で設計できる．しかし，基本的な形式は，V 字形の谷，あるいは低い河川などを渡るのに用いられる上路式アーチであろう．アーチ上に設けられた支柱により床組を支えるが，それらに十分な強度をもたせて重い床版などを支えなければならない．そこで，補剛桁を用いて床組を支えるとともに，上部にも剛度をもたせる設計もしばしば採用される．

さらに，地形上，側径間が必要となる場合は，側径間の桁と補剛桁を連続させることは，不必要な不連続部をつくらないうえ，地震加速度による床版慣性力を支点に伝えやすくする．さらに，アーチ部の応力の軽減にもなり，合理的構造となる．外観上も，一般に補剛アーチは，その桁高を自由に選べることになり設計の自由度が増加するし，アーチにはアーチ作用と最小限の曲げ剛性を与え，補剛桁は大部分の曲げモーメントに抵抗するように設計すると，使用材料の軽減になることが多い．こういった形式のランガー桁の例が，写真 10.4，10.27 に示されている．

鋼アーチ橋は，水平反力により生じるモーメント分だけはり曲げモーメントが減少する，合理的な構造である．しかし，荷重による変位は比較的大きく，さらに半載荷重により橋軸方向の変位が生じるので，必ずしも剛度の高い構造ではない．この欠点を改良するには，上路式のアーチ橋では，クラウン部でアーチと補剛桁を剛結合し，前述の側径間と連続させた補剛桁の端支点を固定する．このときアーチは橋軸方向の変位が拘束され，アーチ半分が大きなトラスを形づくったようになり，剛性が増すとともに，作用曲げモーメントも減少する．しかし，温度応力が大きくなり，その端支点に大きな水平反力が生じることに注意を要する．

上路式アーチの設計で注意を要するのは，このクラウン部でのアーチ・リブと補剛桁の接合である．ここに短い支柱を設けることは，補剛桁に固定点がない設計では補剛桁にはたらく橋軸方向の力が，固定点がある設計ではアーチと補剛桁の水平変位差による力がこの支柱に集中することになり，大きな応力が生じやすい．前者の場合，長い支柱ではその力に耐えられないので，アーチと補剛桁を剛結合する．また後者の場合，長い支柱ではこの部分に空間がある印象となる．また，アーチ軸線の最高点に柱が立つことはアーチ軸線の美しさを損なうことになる．そこで，支柱の数を偶数とし，この部分に支柱を設けない設計も行われている．この場合，補剛桁の固定点はアーチを拘束しないし，この支柱に生じる曲げ応力にも注意を払う必要がある．

アーチの剛度を上げる別の方法に，スパンドレル・ブレースト・アーチ（spandrel braced arch，図 10.6(i)）の採用がある．この場合は，アーチは支点に水平反力を受けるトラス構造となる．

下路式アーチ橋では，桁下面より床上面までの高さ，すなわち取り付け道路を低く設計でき，しかも通行者に美しいアーチ曲線をみせることができる．さらに，タイあるいは補剛桁により水平反力をとらせると，外的には静定構造となり，基礎に負担をかけることはない．そこで，都会地でもこの形式は好んで架設される．

下路式アーチでも，座屈挙動を除けば，アーチのもつ基本的性質に変わりはない．アーチは，非対称載荷，振動により橋軸方向に変位を起こすことになる．そこで，吊材を垂直とせず，斜めに張ったケーブルとした，いわゆるニールセン形式のアーチ橋とすることにより，アーチの水平変位は拘束され，この目的は達せられる．ケーブルは等しく傾斜させるほうが外観上優れるが，下格間長を縦桁支間長と等しくとるため，アーチ部でケーブルは一点に会しない．そこでトラス作用が崩れ，二次的曲げモーメントが生じるが，これに対してはアーチ・リブに必要なだけの曲げ剛性を与えるように設計される．ケーブルの能率を考えすぎ，ケーブルの傾斜角をあまり大きくしないほうが外観はよくなる．結局，この構造はアーチとトラスの中間的性格をもつことになる．しかし，剛な斜材を用い弦材と一点で交わらせて設計する場合は，第 9 章で述べたように，トラス構造に近いものと考えられる．

一般に，下路式アーチは，タイド・アーチ，ランガー桁，およびその中間的性格をもつローゼ桁で設計される．タイド・アーチはアーチが重厚な感じとなりやすく，また吊材と床組における横桁とタイとの取り付けに難がある．それに対しランガー桁は，アーチ部は軽快な印象を与えるが，その反面，あまりにも繊細であり，軽薄な感を与える設計になりやすい（写真 10.27）．また，アーチ部の細長比が大きいので，格間で直線をつくらざるをえず，優美さにも欠ける．しかし，純圧縮を受けアーチ作用する弦材と，曲げモーメントを受けもつ補剛桁に分離しているために，経済的な設計ができる．ローゼ桁は，横桁の取り付けが容易であり，アーチ・リブは十分な曲げ剛性をもっているため，格間でアーチ軸線に合わせて部材を湾曲させても，強度の低下は大きくない．また，中央に 1 本のアーチ・リブをもつ単弦アーチ橋としても設計しやすい（写真 10.28）．しかし，上下弦材はともに曲げと軸力を受けることになるので，短スパンの場合は必ずしも経済的にはならない．

写真 10.27 軽やかなランガー桁の音戸大橋（広島県）

写真 10.28 単弦アーチ橋の名取橋（宮城県）

固定アーチでは，両端部に生じる大きな負の固定モーメントにより中間部の曲げモーメントは軽減されるが，もっとも軸力が大きくなるスプリンギング部にさらに大きな固定モーメントがはたらき，アンカー・ブロックもこれに抵抗できなければならない．2 ヒンジ・アーチでは固定アーチにみられるようなスプリンギング部への過度の応力集中はなく，製作も容易なため，鋼アーチでは広く採用される形式である．3 ヒンジ・アーチは静定構造であるが，ヒンジ部に欠陥が生じやすく，また振動を起こしやすいという欠陥をもっているため，鋼アーチでは現在ほとんど採用されない形式である．2 ヒンジ・アーチにヒンジを中間にもった側径間を連続させる，いわゆるバランスド・アーチでは，適度の端曲げモーメントを起こさせることができ，応力を平均化して設計できる．しかし，カンチ・レバー形式の桁（ゲルバー桁）のもっている欠点はやはり内包している．

10.4.3 応力解析および強度設計

弾性一次構造解析による応力計算は，構造力学での取り扱いに任せることにする．10.3.2 項で述べた，有限変位を考慮して解析をしなければならないような場合は，その解析は有限要素法などの使用により行われる．ここでは，アーチに特有の問題に限って論じることにする．

アーチ橋は本来立体構造である．すなわち，鉛直荷重によって面内座屈が生じるばかりでなく，構造条件によっては，側方への曲げとねじれを伴った座屈が生じる．側方からの荷重によっても側方への曲げとねじれが生じるので，厳密には立体構造として解析すべきものである．しかし，それはあまりにも煩雑な作業となるため，アーチを含む面内にある主構造と，それと直交する横構構造に分けて解析する．そのためには，アーチはアーチ面内強度とともに，十分な側方への曲げ剛性とねじれ剛性をもっていなければならない．

道示で定められている側方への曲げ剛性の目安としては，複弦アーチ橋（主桁が 2

本並列またはそれに近い形に置かれ，横構で結ばれている）では，支間と主構間隔の比が 20 程度以下であればよく，単弦アーチの場合は（写真 10.28），側方への座屈強度を検討する必要がある．あるいは，ポニー・トラスに準じた十分な側方強度があればよいと考えられる．

必要なねじれ剛度は，通常，主桁に箱形断面を採用することにより達成される．しかし，複弦アーチの場合，主桁のねじれ剛性が大きくても，それを結ぶ横はりの曲げ剛性および横構の剛性が小さければ，主桁のねじれ剛性は十分に発揮できないことに注意すべきである．特殊な形状のアーチを設計する場合は，最近のこの方面の研究結果を参照することになる．横構もアーチの立体的強度を発揮させる重要な部材であるから，その剛度にも考慮を払うべきである．

実構造では，アーチ単体で用いられることはなく，床版と床組，あるいは補剛桁のもっている剛性を適切にモデル化して検討することになる．とくに，下路式の場合は，必要建築限界を確保するため，その部分に横構は組めず，橋門構が設けられるので，その剛性の側方への座屈に対する影響も検討すべきである．

2 ヒンジ・アーチおよび固定アーチともに，アーチ面内鉛直荷重が半載された状態がアーチにとってもっとも不利な載荷となり，支間の 1/4 の点付近断面がもっとも大きな応力を受ける．道示で定めている，有限変位の影響を考えなくてよい荷重と剛度の条件を満たすときは，許容応力度は，格間長を有効座屈長にとった，曲げと軸力を受けるはり柱の照査式（道示）に従ってよいと考えられる．有限変位の影響を考慮する場合の許容応力度に対しては，格間での部材強度をとることになる．

格間でアーチ部材が直線で構成され，道示で規定される剛性をもっている場合は，柱強度照査式により部材の格間での座屈強度の照査を行う．アーチ軸線に合わせて部材を湾曲させているときは，その湾曲の影響を考慮する必要がある．格間での座屈が生じるおそれのある載荷状態は，アーチ全支間に等分布荷重が載ったときであるが，その荷重強度は，アーチが設計されている半載荷重の強度よりは大きいことを考えると，とくに格間でのアーチの細長比が大きい場合以外では，その影響はあまり大きくない．ランガー桁では，一般に，格間ではアーチ・リブは直線で軸力部材として設計される．

平面構造として解析できる条件を満たしていれば，横構は両端支点を含む平面に伸ばして平面構造として解析してよい．

アーチでは，軸力がもっとも大きくなる断面と，曲げモーメントがもっとも大きくなる断面が異なり，荷重状態も異なるので，通常の曲げと軸力を受ける断面のように，両者を別々に分けて応力を求めることはできない．そこで，いま，求めようとしている最外縁と断面中心に対し，反対側にある断面の核に対するモーメントを求めて，応力の計算を行うのが正しい方法であるが，近似的には曲げモーメントによる応力が最大になる断面を主にして応力の照査を行う．いずれにしても，アーチ構造は多様であるので，それぞれの構造に適したモデル化とそれより得られた結果に対し，設計者は適切な判断を下さなければならない．

アーチ橋の限界状態は，アーチ橋を構成する部材が限界状態 1 を満足する場合は，構造そのものも限界状態 1 を超えないとみなされる．一方，限界状態 3 に関しては，部材が限界状態 3 を満足するとともに，死荷重および活荷重の 1.7 倍によって生じる応力が，局部座屈を考慮した鋼材降伏強度の特性値を超えなければならない．さらに，橋全体の面外座屈に対しても安全であることも照査しなければならない．

演習問題 10

10.1 なぜ，アーチは古代よりつくられてきたのか．

10.2 アーチの成り立つ条件は何か．

10.3 アーチ断面にはたらく軸力がどの位置にあれば，断面に引張力がはたらかないか．

第11章

吊　橋

11.1　吊橋とは

吊橋とは，固定間に張り渡されたケーブルにより，おもに交通路を吊る構造となっている形式の橋をいう．このため，荷重は高強度のケーブルに生じる高い引張力によりケーブル碇着部を通じて大地に伝えることができ，しかも，このケーブル張力は変形に対し復元作用をもっており，これが見かけ上の剛度を増加させるので，とくに長径間の橋梁としてきわめて適した形式となっている．そこで，現在でも，500 m 程度以上の長大橋梁は吊橋で架設されることが多い．

吊橋は，**図 11.1** に示すような構造部分よりなっている．吊橋の主役はケーブルであるが，吊橋に適当な剛度，ケーブルに対する荷重分散作用，耐風性などを与えるために補剛桁が併用される．補剛桁には，トラスかプレート・ガーダーが用いられる．ケーブルと補剛桁とは吊材で結ばれ，荷重は吊材を通してケーブルに伝えられる．通常，ケーブルは塔頂に導かれ，さらにアンカー・ブロックに碇着され，荷重は基礎に伝えられる．

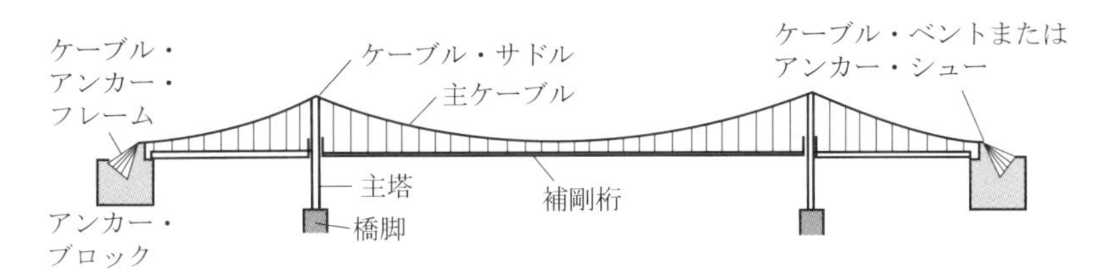

図 11.1　吊橋の構造図

3 径間の吊橋の側径間補剛桁は，ケーブルで吊られる場合もあるし，**図 11.2** のように単に桁構造となる場合もある．中小支間のものでは，**図 11.3** に示すように，ケーブル張力をアンカー・ブロックに導入せず，ケーブルと補剛桁を接合し，ケーブル反力を補剛桁にとらせる自碇式吊橋とする場合がある．自碇式吊橋は外的に静定である．この場合は補剛桁に圧縮力がはたらき，この圧縮力がケーブル張力とつねにつり合っているため，先に述べたケーブル張力による見かけ上の剛度の増加は期待できない．

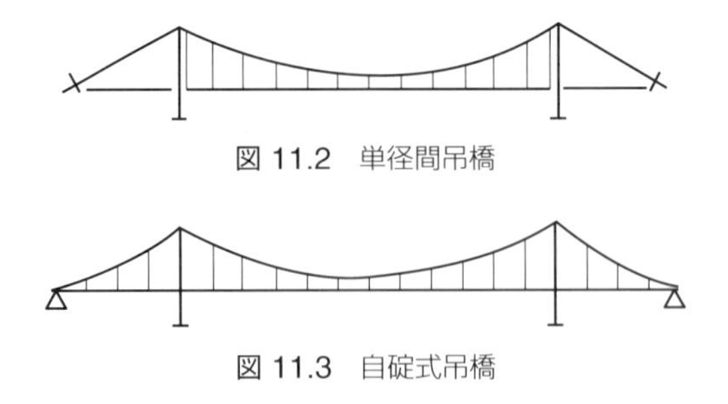

図 11.2　単径間吊橋

図 11.3　自碇式吊橋

これは，ちょうどアーチ系のランガー桁に逆向きの荷重を与えたような状態となっている．

イギリスで 1966 年に建設された Severn（セヴァーン）橋の補剛桁は，耐風性を高めるために，流線形の断面をしたボックス・ガーダーが世界に先駆けて用いられている（写真 11.1）．補剛桁は通常の垂直に張られた吊材と異なり，斜めに張られた吊材により吊られている．これはちょうどワーレン・トラスの斜材のようなはたらきをして，主ケーブルと補剛桁を水平方向の動きに対しても一体化し，全体としての剛性を高め，補剛桁の低い曲げ剛性を補っている．この作用は，第 10 章でニールセン桁に関して述べたことと同様である．

写真 11.1　最初に流線形断面ボックス・ガーダー補剛桁が採用された Severn 橋（イギリス）

写真 11.2　軽快なアンカーブロックをもつ Great Belt East 橋（デンマーク）

こういった形式の橋梁は，高次の不静定構造となるため，高い製作精度と，細心の注意をもって設計された細部構造が要求される．写真 11.2 は，箱形断面補剛桁をもつものとして支間 1,624 m を誇る，デンマークの Great Belt East（グレート・ベルト・イースト）橋である．橋により高い制振性をもたせるために，通常の固定支点に代わり，塔支点に油圧緩衝装置が設けられている[†]．

アメリカ・ニューヨークの海への玄関口に架かる Verrazano Narrows（ヴェラザ

† なおこの構造に関しては，倉西が 1973 年に出願し特許を取得している．

ノ・ナローズ）橋の中央支間長は1,298 m で，1964年の完成である．補剛桁は，これも耐風性を改善する一つの方法である，トラス構造の採用が行われており，その上下面を使い2階橋となっている．塔はニューヨークに架設されているほかの吊橋のGeorge Washington（ジョージ・ワシントン）橋やBronx Whitestone（ブロンクス・ホワイトストーン）橋などと同様に，塔頂部に高い，そして半円形のそりを下面に付けた横ばりをもつラーメン形式となっている．有名なGolden Gate（ゴールデン・ゲート）橋は，支間長は1,280 m で，竣工は1937年である（写真11.3）．トラスの補剛桁をもち，主塔は多層ラーメン構造であり，主塔柱軸は上にいくに従い細くなり，中国の塔を思い浮かべるような形状となっている．**表11.1**に，おもな長大吊橋を示す．

写真 11.3 サンフランシスコのシンボルともなっているGolden Gate橋（アメリカ）

表 11.1 世界のおもな長大吊橋

名称	国	支間長 [m]	竣工年
明石海峡大橋	日本	1,991	1998
西堠門大橋	中国	1,650	2009
グレート・ベルト・イースト橋	デンマーク	1,624	1998
オスマン・ガーズィー橋	トルコ	1,550	2016
李舜臣大橋	大韓民国	1,545	2012
潤揚長江公路大橋	中国	1,490	2005
南京長江第四大橋	中国	1,418	2012
ハンバー橋	イギリス	1,410	1981
青馬大橋	香港	1,377	1997
ゴールデン・ゲート橋	アメリカ	1,280	1937
南備讃瀬戸大橋（瀬戸大橋）	日本	1,100	1988
セヴァーン橋	イギリス	988	1966
タコマ・ナローズ橋	アメリカ	853	1950
関門橋	日本	712	1973
ブルックリン橋	アメリカ	483	1883

本州と四国を結ぶ三つの連絡ルートには，長大吊橋が多く建設された．明石海峡大橋は，中央支間長が 1,991 m の世界最長の吊橋である（写真 1.14）．また，大鳴門橋は，補剛トラス内に鉄道も併用できるように設計された道路橋である．Severn 橋の斜め吊材に対応するものとして，少し役目は違うが，支間中央にタイを設け，ケーブルと補剛桁をつないでいる．有名な鳴門の渦潮に影響を与えないように，塔基部は多柱式の下部構造で支えられている．坂出と児島を結ぶ本州四国連絡橋は道路鉄道橋であり，そのうち下津井瀬戸大橋，南北備讃瀬戸大橋が吊橋である．さらに，瀬戸内しまなみ海道の来島海峡にある来島大橋は，3 連吊橋となっている．

吊橋はこういった長支間の橋ばかりでなく，中小支間の橋として架設されることも多い．写真 11.4 は，ハンガリーのブダペストに架かる，支間 290 m の中規模吊橋の例である．これは自碇式吊橋である．特殊な小支間の吊橋の例としては，補剛桁を用いずに，ケーブル張力によって得られる見かけ上の剛度のみを期待して設計された，いわゆる重床式の小支間の吊橋がある．写真 11.5 は，岩手県白金ダムの湛水湖上に架設された白金橋である．ケーブルはダム工事に使用した古ワイヤ・ケーブルを用い，塔を立てずに両岸の斜面上の岩盤にケーブルを直接碇着している．支間は 180 m，幅員は 2.5 m である．

写真 11.4　中規模吊橋の例（ハンガリー）

写真 11.5　無補剛吊橋の白金橋（岩手県）

歴史的にみると，人類は有史以前より植物のかずら，あるいは植物繊維の綱などを利用して，ケーブルあるいはハンモック状のものをつくり，橋の役目をさせてきたであろうことは第 1 章で述べたとおりである．写真 11.6 に示した四国の祖谷に架かる「かずら橋」は，昭和初期に近代技術の目で再設計されてはいるが，こういった橋の例である．

写真 11.6　祖谷のかずら橋（徳島県）

良質の鉄材が得られるようになると錬鉄製で，後には鋼製のチェーン，アイバーあるいは鉄線を用いて吊橋ケーブルが製作されるようになった．写真 11.7 に示した吊橋は，イギリスの大土木技術者 Telford（テルフォード）によって 1826 年に完成した，歴史的吊橋の Menai Straits（メナイ海峡）橋である．墨田川に架かる 1928 年完成の清洲橋（写真 11.8）は，ケーブルにアイバーを用いた例の一つである．

写真 11.7　アイバーのケーブルをもつ，Telford により架設された Menai Straits 橋（イギリス）

写真 11.8　アイバー・ケーブル吊橋の清洲橋（東京都）

鉄線を用いた吊橋は，フランスを中心に 19 世紀に数多く架設されたが，鉄線の腐食に悩まされ，現在まで残っているものは少ない．また，この時代は各種形式の吊橋が試みられた時期であり，ケーブルの架設も，ケーブルを 1 本ずつ引き出すエア・スピニング（air spinning）法や，あらかじめ工場で束ねたものを使用するプレファブリケイテッド・ストランド法が行われている．

鋼線を使用した近代的長大吊橋の架設は，ニューヨークのイースト河上に 1883 年に完成した，中央支間 483 m 余りの Brooklyn 橋（写真 1.9）の完成によって幕明けとなる．その後，吊橋の解析理論も発達をとげ，変形の影響を考慮した，いわゆるたわみ度理論（有限変位理論）が開発され，荷重に対するケーブルのはたらきを正しく評価できるようになった．この理論により最初に設計された橋は，1909 年にニューヨークのイースト河に架設された Manhattan（マンハッタン）橋であり，この橋の完成は，その後の Golden Gate 橋に代表される，多くの近代的長大吊橋の架設を促すことになる．

その後，すべての長大橋はこのたわみ度理論により設計されるようになったが，この理論により補剛桁の応力計算を行うと，補剛桁はきわめて剛度の低いものでよいという結果が得られる．1940 年アメリカ・シアトル郊外に架設された Tacoma（タコマ）橋は，853 m という長い支間にもかかわらず，桁高 2.4 m の 2 本の I 形断面のプレート・ガーダーの主桁を補剛桁にもっていた．しかし，架設後数箇月で，19 m/s という遅い風速にもかかわらず，風により自励振動を起こして落橋し，長径間橋梁における耐風設計の重要さを，あらためて世に認識させた．もちろん，こういった長大橋ばかりでなく，近世の吊橋が風により落橋や損傷を受けた例はきわめて多い．現代の吊橋の耐風性の改善は，補剛桁に曲げおよびねじれ剛性の高い，しかも風の吹抜けのよいトラス桁と，第 14 章で解説するオープン・グレーチング床版の組合せで用いるか，あるいは流線形断面のボックス・ガーダーの採用によって行われる．

11.2　吊橋の力学的性質

11.2.1　ケーブル

単位長さあたり w の荷重または自重を受けているケーブルがつり合い状態にある．いま，図 11.4 に示す座標系により，その形状を表すと，その微小長さ部分の平衡条件より次式が得られる．

$$H\frac{d^2y}{dx^2} = w \tag{11.1}$$

w がケーブルの水平方向単位長さあたり一定であると，式 (11.1) の解は x についての二次方程式で表される．すなわちケーブル形状は放物線となる．すなわち，

$$y = \frac{w}{2H}x^2 \tag{11.2}$$

で与えられる．ここで，両支点よりのケーブルの垂下 f をケーブル・サグ（cable sag）

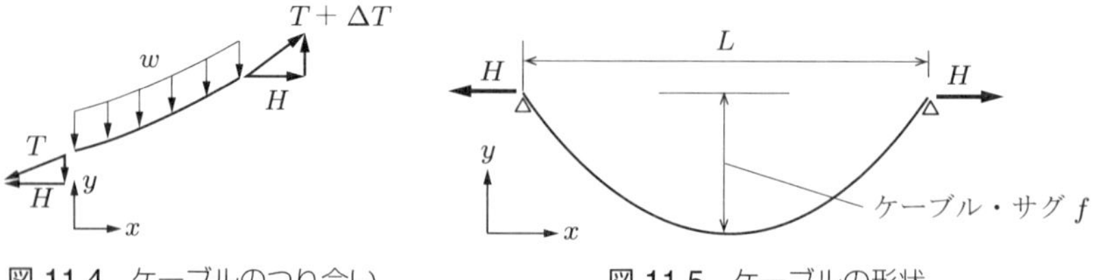

図 11.4　ケーブルのつり合い　　図 11.5　ケーブルの形状

とよぶ．両支点の高さが等しいとき（**図 11.5**），ケーブル・サグ f，支点間距離 L をもつケーブル張力の水平成分 H は，

$$H = \frac{wL^2}{8f} \tag{11.3}$$

で与えられる．すなわち，同じ荷重 w での水平反力は，ケーブル・サグに反比例して，支点間距離 L の 2 乗に比例して大きくなる．

w がケーブルの単位長さあたり一定であると，式 (11.1) の解は次式で表される．

$$y = \frac{H}{w}\left(\cosh\frac{w}{H}x - 1\right) \tag{11.4}$$

これは懸垂曲線（catenary curve）とよばれる曲線を表している．

吊橋は，架設時に補剛桁がケーブルに吊り下げられた状態にあるのが普通であり，しかも，補剛桁は一般に水平方向に一定の重量をもっており，ケーブルはその単位長さあたり重量が一定である．そのため，ケーブル形状は放物線と懸垂曲線の中間のものとなる．補剛桁重量がケーブル重量に比べて大きい場合には，近似的に放物線とみなされる．

水平方向あたり一定の重量の荷重を受けているケーブルに，さらに荷重 p が載荷されたとする．ケーブルは鉛直方向に v だけたわんだとすると，その状態でケーブルの微小長さ部分の平衡条件より，式 (11.1) と同じく次式が得られる．

$$\frac{d^2v}{dx^2} = \frac{p}{H} \tag{11.5}$$

たわみ v の 2 階微分はたわみ曲線の曲率を表しているので，荷重によるたわみ曲線の曲率は，ケーブルの水平反力と荷重の比に反比例して減少することになる．いい方を変えれば，ケーブル自身は曲げ剛性をもっていなくても，ケーブルはその大きな張力の影響を受けて変形することにより，曲げに抵抗することができる．すなわち，ケーブル張力により，見かけ上の曲げ剛性をもつことになる．写真 11.9 は，ケーブル・サ

写真 11.9 吊床版橋のうさぎ橋（宮崎県）

グを小さくし，ケーブルに大きな張力を作用させて，その復元力を利用するとともにコンクリート桁をケーブルと一体化した，いわゆる吊床版橋とよばれる宮崎県のうさぎ橋の例である．

11.2.2 鉛直荷重を受ける吊橋の解析

架設が終了し，吊橋が完成した状態では，全荷重はケーブル張力により支えられており，通常補剛桁は無応力である．いま，この状態の補剛桁に荷重 p が載荷され，ケーブル水平反力 H が ΔH だけ増加し，ケーブルと補剛桁はそれらの間に密に張られた吊材により等しいたわみ v が生じているとする．すると，**図 11.6** に示すように，ケーブルと補剛桁の微小長さ部分の力の平衡より，たわみ度理論の基礎式が次のように得られる．

$$EI\frac{d^4v}{dx^4}-(H+\Delta H)\frac{d^2v}{dx^2}-\Delta H\frac{d^2y}{dx^2}=p \tag{11.6}$$

ここで，EI は補剛桁の曲げ剛性である．

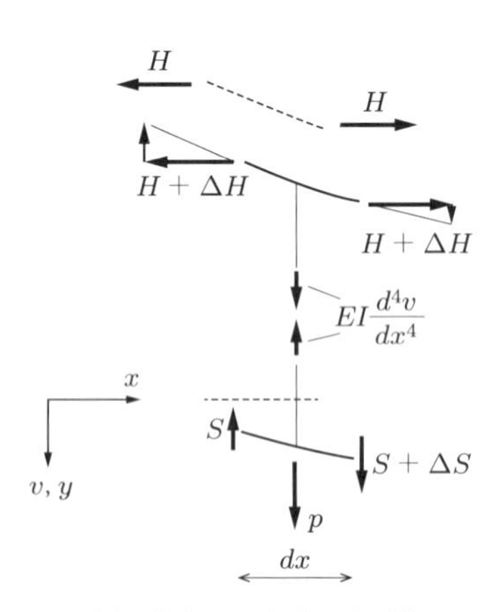

図 11.6 吊橋の微小長さ部分の変形後のつり合い

また，ケーブルの全長は，載荷後ケーブル張力の増加分 ΔN による伸び分だけ伸びることになり，次のいわゆるケーブル方程式が得られる．

$$\Delta H=-\frac{E_{\mathrm{C}}A_{\mathrm{C}}}{L_{\mathrm{E}}}\frac{d^2y}{dx^2}\int_L vdx,\qquad L_{\mathrm{E}}=\int_L \sec^3\psi dx \tag{11.7}$$

ここで，$\int_L dx$ はケーブル全長について積分すること，ψ はケーブルの傾斜角を示す．$E_{\mathrm{C}}A_{\mathrm{C}}$ はケーブルの伸び剛性である．上の二つの式により，ケーブル張力と変位の影響を考慮した吊橋の解析を行うことができる．ただ，式 (11.6) の中の ΔH の項は未知数であり，このままでは陽に解くことはできない．求められたたわみより，式

(11.7) のケーブル方程式を用いて ΔH を求めることになる.

いま，式 (11.6) 中の ΔH の項の影響を無視すると式は線形となり，解くことができる．このとき構造パラメータ $c = L\sqrt{H/EI}$ が得られるが，この c を変えて集中荷重を受ける吊橋補剛桁に生じる曲げモーメントを描くと，**図 11.7** が得られる．この項が大きくなると，補剛桁にはたらく曲げモーメントが小さくなることがわかる．すなわち，c は荷重に対するケーブルの貢献度を表しているということができる．ΔH の項を無視した式を線形たわみ度理論式とよぶ．式 (11.7) によれば，荷重によるケーブル水平反力の増加の割合がわかるので，本式により ΔH を求め，あらためて荷重載荷後の全水平反力を求め，式 (11.6) に再び代入することにより近似度の高い解とすることができる.

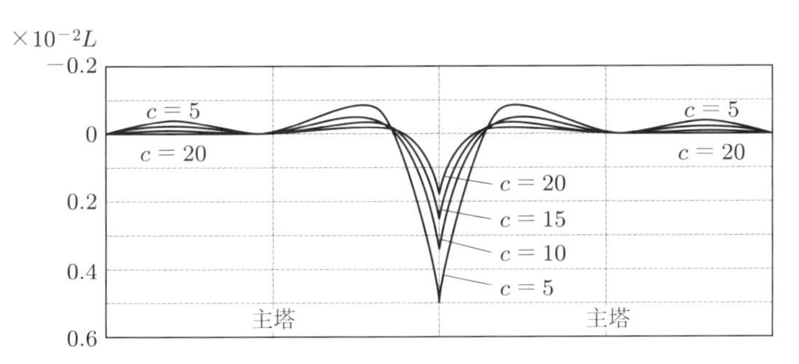

図 11.7　曲げモーメント影響線（中央径間中央）

自碇式吊橋の場合は，ケーブル反力と等しい補剛桁軸力がはたらいているので，**図 11.8** に示すように，ケーブル張力による復元力と補剛桁軸力による変形を増加させようとする作用が打ち消しあい，全体としてケーブルの復元力はケーブル水平反力の増加分 ΔH と y の積の項のみとなる．すなわち，水平反力と補剛桁垂直変位が関係する項は現れてこない．支間の短い吊橋でも，この項の影響は H が小さいため小さくなる.

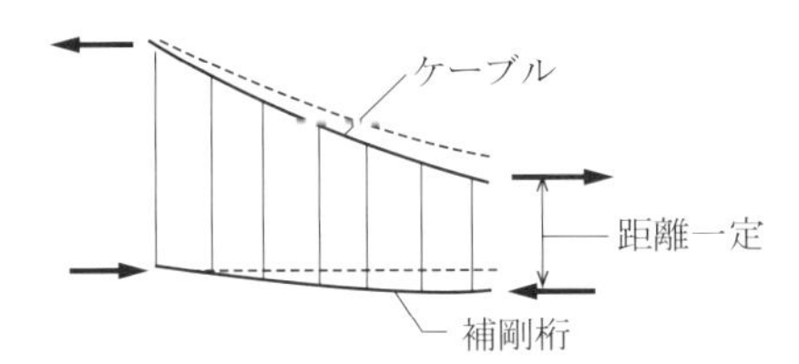

図 11.8　自碇式吊橋のケーブルと補剛桁軸力が変形後のつり合いに与える影響

11.2.3　水平側方荷重を受ける吊橋の解析

いま，吊橋を任意の横断面で切って微小長さ部分の力の平衡を考えると，**図 11.9**

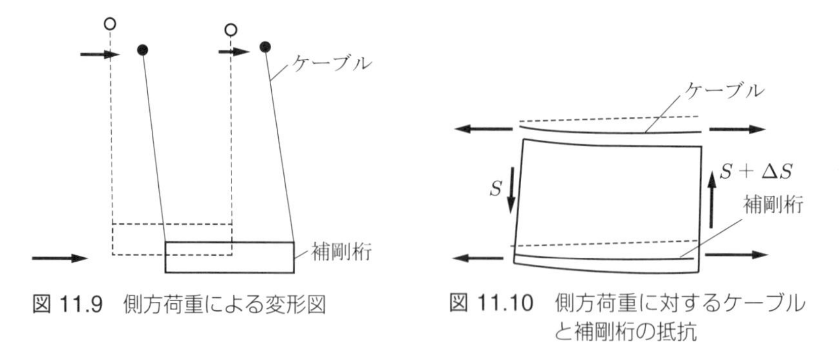

図 11.9 側方荷重による変形図

図 11.10 側方荷重に対するケーブルと補剛桁の抵抗

に示すようになる．ケーブルには，自重のほかに風荷重のような水平荷重，両端面で方向が変化していることによるケーブル張力の水平成分の変化分，および吊材の傾斜による吊材応力の水平成分がはたらく．補剛桁には同じく垂直荷重と水平荷重，および吊材応力水平成分と水平荷重がはたらいている．

ケーブルの水平方向の力のつり合いを，**図 11.10** に示すように上方よりみると，鉛直軸方向の場合と同様に，ケーブルのもつ鉛直軸周りの曲率と，ケーブルの張力の積と，吊材応力の水平成分との和で水平外力とつり合っている．ここでも，ケーブル張力は水平荷重に対し抵抗力を示している．補剛桁はこの吊材応力の水平成分だけ少ない水平荷重を受けるので，間接的にケーブル張力により水平荷重の軽減の恩恵を受けることになる．すなわち，補剛桁にはたらく水平荷重も一部ケーブルに伝えられ，ケーブルが受けもつ．この場合，補剛桁にはねじれもはたらくことに注意を払う必要がある．なお，こういった複雑な立体構造の解析には，ケーブルの初期応力も考慮した有限要素法などの助けが必要となる．

11.2.4 吊橋の振動

a) ケーブルの面内振動

ケーブルの面内基本振動モードは，アーチと同様に，**図 11.11** に示すような逆対称形である．このケーブルの基本振動の特徴の一つは，はりの振動と異なり，はりの材料に生じる応力変化による復元力ではなく，ケーブルの変形に伴うケーブル張力の方向変化により復元力を得ているところにある．これは，応力変化による材料のエネルギー吸収作用を期待できないことを意味し，振動の減衰はきわめて小さいことになる．もう一つの特徴は，つねに水平方向の変位を伴うことである．

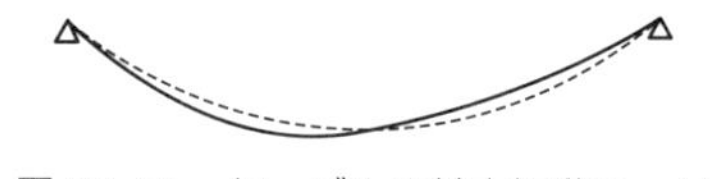

図 11.11 ケーブルの基本振動モード

b) 吊橋の面外振動

ケーブルに補剛桁が吊り下げられた状態では，ケーブルと補剛桁は，鉛直方向には等しいたわみが生じるとみてよい．すると先に述べたように，ケーブルは水平方向に変位しようとする．このため，**図 11.12** に示すように，補剛桁は吊材の傾斜による吊材応力の水平成分がはたらくことになる．結局，吊橋は補剛桁が起こす振動（遊動円木振動）とケーブルのたわみ振動の，連成たわみ振動を起こすことになる．しかし，水平方向に動くには補剛桁全体の質量が関係してくるため，この水平振動の振幅は必ずしも大きなものとならない．すると，ケーブルと補剛桁の間には相対的な水平方向のずれが生じるため，支間中央付近の短い吊材は傾斜し，大きな応力変化を受ける可能性が生じる．

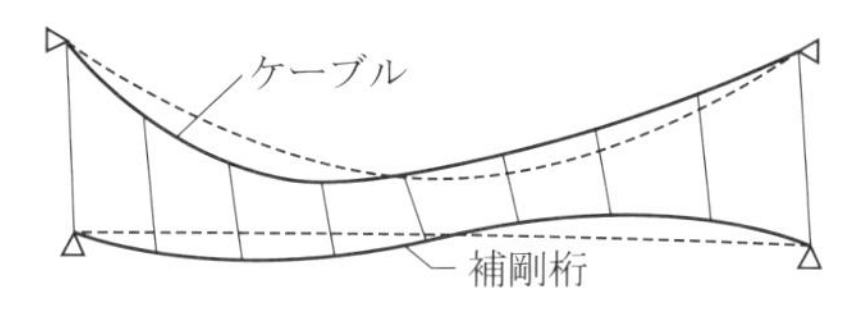

図 11.12　吊橋の基本振動モード

このケーブルと補剛桁の相対的ずれを防ぐには，支間中央でケーブルと補剛桁を接合するか，**図 11.13** に示すようなセンター・ダイヤゴナル・ステイを設けることになる．また，こうすることにより吊橋全体の剛度を高めることができる．写真 11.10 はデンマークの Lilli Baelt （リリ・ベルト）橋に設けられたセンター・ダイヤゴナル・ステイの例である．なお，ケーブルと補剛桁とを接合しても，補剛桁には水平方向の変位が生じることに注意を要する．また，端部を短いアイバーを用いて吊ることによって，補剛桁の橋軸方向の変位に拘束を与えることもできる．なお，以上で基本振動モードについて述べたが，吊橋は対称振動も含め，高次の振動が数多く発生する可能性をもっている．

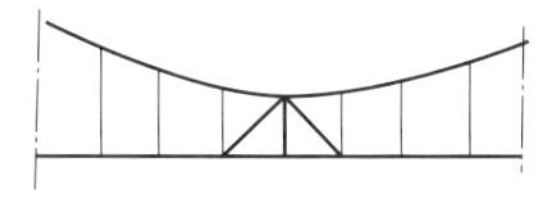

図 11.13　センター・ダイヤゴナル・ステイ

写真 11.10　センター・ダイヤゴナル・ステイの例

c) 面外振動

静的水平側方荷重を受ける場合と同様に，ケーブルと補剛桁は一体となって側方に振動する．復元力にケーブル張力が関与してくるのも静的な場合と同じである．詳しいことは専門書を参照されたい．

11.3　吊橋の設計

吊橋で構造的にもっとも重要な部分は，ケーブル，ケーブル張力を基礎に伝えるアンカー・ブロックおよびケーブルを高い位置に導く塔である（写真 11.11，因島大橋のアンカー・ブロックおよびアンカー・フレーム）．もちろん，橋としては交通路面を支える床組，これをケーブルに結びつける吊材がなくてはならないものである．さらに適当な剛性を吊橋に与える補剛桁が設けられる．そこで，これらの構造部分の設計上の留意点について簡単に述べることにする．

写真 11.11　アンカー・ブロックとアンカー・フレーム（後方の黒くみえる部分）

11.3.1　形　状

吊橋は通常，単径間か 3 径間で架設される．単径間の場合は，1 対の主塔間で補剛桁は吊られる．ケーブルは塔頂に設けられたサドルより，直接あるいは途中に支点（スプレー・サドル）を設けてケーブルの傾斜角を変えるか，あるいは子縄に分けてアンカー・ブロックに導かれ碇着される．3 径間の吊橋では，側径間が短いときは補剛桁をケーブルで吊らない場合があるが，一般には側径間もケーブルにより吊られる．この場合，側径間長と中央径間長の比は，塔頂で死荷重によるケーブル軸力の水平成分がつり合うよう設計する必要がある．実際には，その比は 1/2 から 1/4 程度となる．ただし，この比が 1/2 のときは，中央径間の逆対称の振動モードと側径間の振動モードのもつ固有周期が等しくなり，振動が起こりやすくなるといわれている．

ケーブル・サグと支間の比（サグ比）は，1/9 から 1/11 程度にとられる．この比が小さいほどケーブル張力は大きくなり，張力による見かけ上の剛度の恩恵に浴することができるし，塔を低くできる．しかし，軸力の増大によるケーブルおよび塔断面積の増加，温度変化などによるケーブルの伸びによるたわみの増大などを招くので，通常は 1/11 より小さくして設計されることはない．サグ比を大きくすると逆となり，塔の高さも高くなる．

11.3.2 ケーブル

中小支間の吊橋ではロックド・コイルなどのケーブルが用いられるが，長径間の吊橋のケーブルは直径 5〜7 mm 程度のピアノ線を多数平行に束ねてつくられる．Brooklyn 橋の架設当時より最近まで，長大吊橋では 1 本 1 本の素線を空中で張り渡してケーブルに形成してきた（エア・スピニング法）．その後，カナダの Newport（ニューポート）橋の架設にあたり，数十本のピアノ線であらかじめ正六角形の断面をした平行線ストランドをつくり，これを所定の長さに製作した後ケーブル止めを行い，現場でこれを引き出して，ストランド（ピアノ線を束ねたもの）ごとにアンカー・フレームに碇着し，ケーブルを架設する方法が開発された（プレファブリケイテッド・ストランド（PPWS）工法）．わが国では，現在ではほとんど PPWS 工法によっている．

なお，本州四国連絡橋の下津井瀬戸大橋のケーブルは，アンカー部を小断面にできることを考えエア・スピニング法によった．写真 11.12 は，明石海峡大橋でのケーブル・ストランドの引出し作業を示している．なお，プレファブリケイテッド・ストランドを用いた架設工法そのものは，すでに 19 世紀より広く行われてきたところである．エア・スピニング法による場合は，断面は円形につくられる．一方，平行ストランドを用いる場合は，断面はサドルのところで六角形になる（写真 11.13）．所定の本数だけ張り渡されたケーブルは，油圧ジャッキで押付け成型し，さらに吊材を取り付けるケーブル・バンド（写真 11.14 参照）を組み付けた後，ワイヤで巻き締めるかプラスチック材で

写真 11.12 ストランド・ケーブルの引出し

写真 11.13 塔頂サドル

写真 11.14 ケーブル・バンド

被覆し完成される.

ケーブルには，死荷重，および衝撃を含む活荷重による応力に耐えるだけの断面積をもたせなければならないのは当然である．さらに，ケーブルは塔頂に設けられたケーブル・サドル，あるいは碇着部付近に設けられるスプレー・サドルなどにより曲げられる．そのため，ケーブルは，これらの曲げ応力，ならびにケーブル・バンドによる二次的応力などにも耐えられなければならない.

平行線ストランド用の亜鉛めっき鋼線の引張強度は，おおよそ 1.6〜2.0 MPa である．引張強度の特性値を**表 11.2** に示す．ケーブル部材の限界状態 1 は，式 (11.8) に示す制限値を超えないことを照査する.

$$\sigma_{tyd} = \xi_1 \Phi_{Yt} \sigma_{yk} \tag{11.8}$$

ここで，σ_{tyd}：軸方向引張降伏応力度の制限値，σ_{yk}：ケーブルの引張降伏強度の特性値（表 11.2），ξ_1, Φ_{Yt}：調査・解析係数および抵抗係数（**表 11.3**）である.

表 11.2　平行線ストランド用亜鉛めっき鋼線の強度の特性値 [N/mm^2]

<table>
<tr><th rowspan="2">種別</th><th colspan="2">降伏強度</th><th rowspan="2">引張強度</th></tr>
<tr><th>0.7% 全伸び耐力</th><th>0.8% 全伸び耐力</th></tr>
<tr><td>ST1570</td><td>1,160 以上</td><td></td><td>1,570 以上，1,770 以下</td></tr>
<tr><td>ST1770</td><td></td><td>1,370 以上</td><td>1,770 以上，1,960 以下</td></tr>
</table>

表 11.3　調査・解析係数および抵抗係数（限界状態 1）

<table>
<tr><th>荷重組合せ</th><th>ξ_1</th><th>Φ_{Yt}</th></tr>
<tr><td>$D+L$</td><td rowspan="2">0.95</td><td>0.90</td></tr>
<tr><td>$D+EQ$ (L1)</td><td rowspan="2">1.00</td></tr>
<tr><td>$D+EQ$ (L2)</td><td>1.00</td></tr>
</table>

ケーブル部材の限界状態 3 は，式 (11.9) に示す制限値を超えないことを照査する.

$$\sigma_{tud} = \xi_1 \xi_2 \Phi_{Ut} \sigma_{uk} \tag{11.9}$$

ここで，σ_{tud}：軸方向引張応力度の制限値，σ_{uk}：ケーブルの引張降伏強度の特性値（表 11.2），ξ_1, ξ_2, Φ_{Ut}：調査・解析係数，部材係数および抵抗係数（**表 11.4**）である.

表 11.4　調査・解析係数，部材係数および抵抗係数（限界状態 3）

<table>
<tr><th>荷重組合せ</th><th>$\xi_1 \times \xi_2$</th><th>Φ_{Ut}</th></tr>
<tr><td>$D+L$</td><td>0.7〜0.1</td><td>0.90</td></tr>
<tr><td>$D+EQ$ (L1)</td><td>死・活荷重応力比に依存</td><td rowspan="2">1.00</td></tr>
<tr><td>$D+EQ$ (L2)</td><td>(0.7〜0.1) × 1.4</td></tr>
</table>

例題 11.1 **ケーブルの限界状態 1 の照査**

ケーブルに，死荷重（D）により引張軸力 N_D，活荷重（L）により引張軸力 N_L が作用している．$D+L$ が作用している場合，ケーブルの限界状態 1 を超えないか照査せよ．ただし，ケーブルを構成する亜鉛めっき鋼線は ST1770（降伏強度の特性値 $1370\,\mathrm{N/mm^2}$），ケーブル断面積 $A = 700{,}000\,\mathrm{mm^2}$，$N_D = 500{,}000\,\mathrm{kN}$，$N_L = 100{,}000\,\mathrm{kN}$ とする．

解答 作用応力 σ_{td} は，

$$\begin{aligned}\sigma_{td} &= \frac{\gamma_{p1}\gamma_{q1}N_D + \gamma_{p2}\gamma_{q2}N_L}{A}\\ &= \frac{1.0 \times 1.05 \times 500000000 + 1.0 \times 1.25 \times 100000000}{700000} = 928\,\mathrm{N/mm^2}\end{aligned}$$

である．一方，制限値 σ_{tyd} は

$$\sigma_{tyd} = \xi_1\,\Phi_{Yt}\,\sigma_{yk} = 0.95 \times 0.90 \times 1370 = 1171\,\mathrm{N/mm^2}$$

であるため，

$$\sigma_{td} \leqq \sigma_{tyd}$$

となり，限界状態 1 を超えない．

11.3.3 アンカー・フレームおよびアンカー・ブロック

ケーブルはアンカー・フレームに碇着される．通常，ケーブルの端部は**図 11.14** に示したようなソケットの中で素線を広げ，亜鉛を主成分とする合金で埋め込む．これを合金止めとよぶが，素線のソケット挿入部に合金を十分回り込ませなければならないこと，その部分で素線に応力集中が起こりやすいこと，あるいは鋳込む合金の熱でピアノ線の組織が変わるおそれがあることなどに注意を要する．写真 11.15 は，明石海峡大橋のケーブル碇着部を示している．写真 11.16 は，Golden Gate 橋のケーブル断面模型を示している．

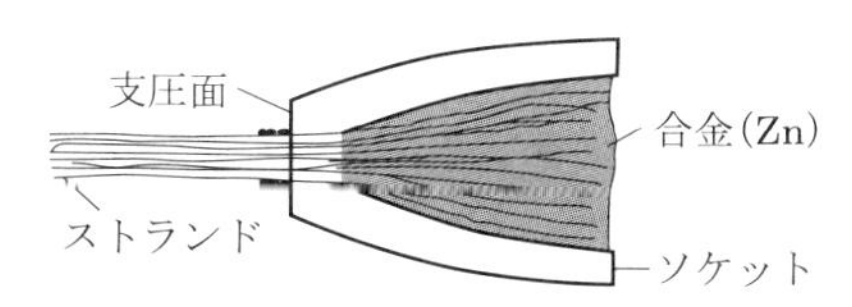

図 11.14 ケーブルの合金止め

塔よりスプレー・サドルに導かれたケーブルは，数十本ごとに，またはストランドごとに広げられ，アンカー・ブロックに固定されたアンカー・フレームに碇着される．写真 11.17 は明石海峡大橋の例である．アンカー・ブロックは，通常その自重でケーブル張力による滑動と転倒に抵抗できるような寸法が与えられる．しかし，強固な基

写真 11.15　ケーブル碇着部

写真 11.16　Golden Gate 橋のケーブル断面模型

写真 11.17　ケーブルのスプレー部とアンカー・フレーム

礎岩盤があるときは，それに碇着してもよい．

11.3.4　主　塔

吊橋を特徴づけるものは，高くそびえ立つ主塔である．主塔をどのような形状にするかによって，その吊橋の人々へ訴える力が異なってくるものであり，強度および経済性ばかりでなく，その外観には十分な注意を払って設計すべきである．現在までに設計された代表的な吊橋の主塔を，**図 11.15** に示す．**図 11.16** には，代表的な主塔断面を示している．多室構造として組み立てるとともに，外観変化を与えている．図(e) は倉西の案であるが，曲面構造とし外観に変化をもたらすとともに，電波障害の軽減を図ったものである．

主塔の基部は橋脚に固定される．ここは一種の柱脚構造となる．主塔下面のベース・プレート（base plate）と直接あたるコンクリート橋脚上面は，応力が一様にはたらくように，鏡面仕上げをするか，あるいは軟らかい金属板を挿入する．固定には十分に軸部分の長いボルトを使用し，底面の接触状態の変化によりボルト軸力が影響を受けないようにする．なお，Fatih Sultan Mehmet（ファティ・スルタン・メーメト）橋（トルコ）では，塔基部は橋脚に埋め込まれ，埋込部でのせん断により，塔軸力を橋脚に伝える構造となっている．

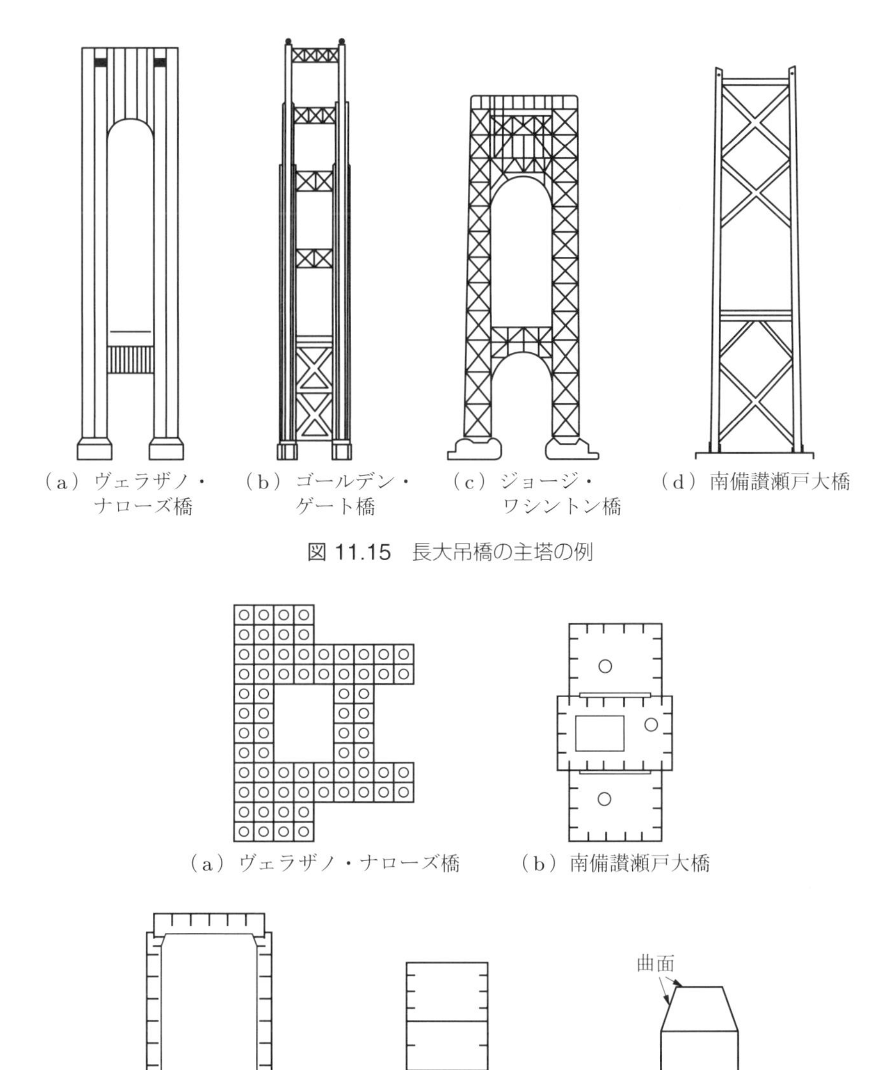

（a）ヴェラザノ・ナローズ橋　（b）ゴールデン・ゲート橋　（c）ジョージ・ワシントン橋　（d）南備讃瀬戸大橋

図 11.15　長大吊橋の主塔の例

（a）ヴェラザノ・ナローズ橋　（b）南備讃瀬戸大橋　（c）ファティ・スルタン・メーメト橋　（d）関門橋　（e）電波障害の少ない主塔

図 11.16　代表的な主塔断面

主塔断面は，外観に変化をもたせるためにも，電波障害を少なくするためにも，単純な長方形断面とはせずに，図 11.16 にも示したように多セル（multi-cell，多室）構造にする，または多角形あるいは曲面断面にするなどの工夫をするのも一法である．主塔を構成している壁板は寸法が大きく，作用する応力も大きいため補剛板となる．

頂部にはケーブル・サドルが突出して設けられるが，これを単なるサドル・カバーで覆わずに塔の中に入れ，外部よりみえないようにするなどして，塔軸と一体感をもたせるのがよい．Humber（ハンバー）橋（イギリス）では主塔軸部より横ばりを少し下げ，塔上面よりサドルが直接突き出ている感じを薄めている．なお，主塔はPCを用いてもよい．

主塔の基本形状はケーブルの垂直反力に耐えられるように与えられる．それに加えて，補剛桁および塔自身にはたらく風荷重や地震の影響による水平面外力にも耐えられなければならない．また，活荷重の載荷位置によって，主径間と側径間のケーブル張力には差が生じるため，これによって塔頂上にはたらく水平力にも抵抗できるような強度をもっていなければならない．通常，塔頂に鉛直力を受けるラーメンあるいは骨組構造の線形座屈解析により有効座屈長を求め，曲げと軸力を受ける部材の強度式により強度設計を行う．

11.3.5　補剛桁

長径間の吊橋では，荷重の大部分はケーブルが受けもつので，補剛桁は応力的には大きな意味をもたない．しかし，補剛桁は，床版および床組を支え荷重を分散してケーブルに伝える，吊橋に適当な曲げおよびねじり剛性を与え耐風性を改善するなどの理由によって設けられる．耐風性は，補剛桁をトラス構造とするか，あるいは流線形断面のボックス・ガーダーを採用することにより得られる．

一般に，長大な吊橋の死荷重は，活荷重に比べて大きく，その絶対値も大きいのが普通である．そのため，ケーブルにはたらいている張力も大きくなる．この大きなケーブル張力と，活荷重によるたわみの相乗作用により生じる復元力の効果を考慮している，たわみ度理論が吊橋の解析に用いられる．ケーブル張力として死荷重および活荷重の張力の両者を考慮する厳密な理論と，死荷重によるもののみを考慮する線形たわみ度理論がある．後者による場合は，死荷重ケーブル張力の影響は，ちょうど大きな引張軸力がはたらいているはりのたわみや，曲げモーメントが受ける軸力の影響と同様である．

しかし，上記の理論では直接計算されないが，実際の吊橋では，活荷重が支間に対し非対称に載荷されると，ケーブルは橋軸方向に変位する．このため，ケーブルと補剛桁間に相対的なずれが生じ，支間中央付近の短い吊材は傾斜し，二次的な応力を受けることに注意する必要がある．ケーブルと補剛桁を剛結合しこのずれを止めると，ケーブルの水平変位は拘束され，吊橋は全体の剛度が上がるし，また，逆対称形の振動も起こりにくくなる．しかし，この部分に大きな応力がはたらき，補剛桁の水平方向の動きが生じることは，振動の11.2.2項で述べたとおりである．

長大吊橋では，温度変化による補剛桁の端部移動は大きくなるため，一般のローラー支承では対処できなくなり，主塔よりリンクで吊る場合が多い．

11.3.6 耐風設計

風により構造物が風圧を受けることは第3章で述べたとおりである．風はこういった静的作用ばかりでなく動的な作用も及ぼし，橋を振動させる．とくに吊橋のような長大な橋は，風の影響が大きく，設計にあたってはその影響を十分に考慮する必要がある．

風による振動のおもな原因は，次のように分類されている．

1) 渦が桁の上下面から周期的に発生することによる振動
2) ギャロッピングとよばれる，桁断面の風力特性よりくる，負の減衰作用による自励振動
3) ねじれ振動している桁の縁端より渦がはく離することによる失速振動
4) フラッターとよばれる，桁のねじれと曲げ振動の連成する発散振動
5) 風の息による振動

風の流れの中に置かれた桁には，1) のように，風速に比例した周期で渦が上下面より発生し，桁の曲げ振動周期で同調し曲げ振動を起こさせる．側面が大きくふさがれていないトラスでは，渦による振動には鋭敏ではないが，ある種の断面のプレート・ガーダーやボックス・ガーダー，あるいは円形，高さと幅が近いH形断面や箱形断面の部材でも，渦による振動を起こしやすい．渦による振動を小さくするには，**図 11.17** に示すような桁断面を選ぶとよい．すなわち，

a) なるべく扁平な断面とする
b) 縁端を縦桁，あるいは高欄でふさがない
c) 桁の下面を覆う
d) ウェブを傾ける
e) フェアリングあるいはデフレクターを設ける

断面形状に工夫を凝らす以外に，構造減衰を大きくすることは，渦による振動振幅を減少させるのにきわめて有効である．また，部材にロープなどを巻きつけることで，長手方向での一様な渦の発生を防ぐのも有効な手段である．

2) のギャロッピング振動は，断面に対しある風速，角度をもって風があたると，その方向への力が発生することによる振動で，風により負の減衰が与えられることにより生じる．**図 11.18** に示すような断面に発生しやすい．ギャロッピング振動が生じると，急速に振動振幅が大きくなり，桁に損傷を与えることになるので注意を要する．これを防ぐには，負の減衰をもたないような断面を選ぶことが大事であるが，構造減

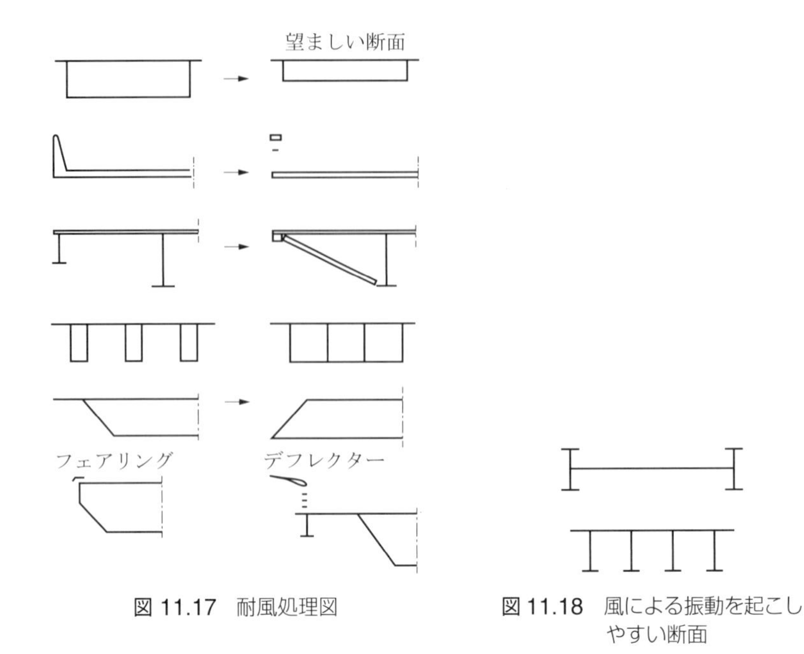

図 11.17 耐風処理図

図 11.18 風による振動を起こしやすい断面

衰の増加に比例してこの発散振動が発生する風速を高めることができる．しかし，一度発生すれば急速に発散振動となる．図 11.18 に示したような断面形状の桁では，ねじれ振動にも関係する場合がある．いずれにしても，桁の剛性を高めることは，限界発散振動風速を高めるのに有効である．

3) について，風に対してある角度で扁平な桁断面が回転している状態では，回転角に比例して風によるねじれ力は大きくなる．回転した状態で，縁端部で渦がはく離すると急激にねじり力は失われ，逆方向に回転を始める．そこで，またねじれ角とねじれ力の関係が復活するが，この過程でエネルギーが供給され振動は発散していく．この失速振動は曲げとねじれ振動で起こるため，この振動を防ぐには，桁のねじれ剛性を高める必要がある．

4) のフラッターは，桁の曲げとねじれ振動周期が近い場合に，空気力との複雑な関係により生じる．とくに，吊橋は曲げとねじれ振動はそれぞれ多くのモードを有しており連成振動を生じやすい．一般に，流線形断面を用いれば，平板で知られているフラッター現象となり，予測が容易となる．フラッターへの構造減衰の影響は小さい．また，桁断面の縁端に縦桁を設けたり，吹抜けのない高欄でふさぐのはフラッターを起こしやすくする．吊橋は，側方からの風荷重でねじれ座屈を起こす性質をもっている．このことは，静的な風荷重により構造不安定性を内部で増加させていることになる．これを防ぐには，ねじれ剛性の大きいことが要求される．

5) の風の息による振動はバフェティグとよばれ，発散的ではなく，限定振動ではあるが，静的風荷重の 2 倍程度になると考えられている．

風により発生する振動周期，振幅，限界発振風速などについての大略の参考値を与える式が「British Design Rules」，「阪神公団・耐風設計における動的照査法（案）」といった形で与えられているので，設計にあたってはそれらを参照されたい．

演習問題 11

11.1 吊橋はなぜ長径間橋梁形式として適しているか考えよ．

11.2 自碇式吊橋はケーブルの張力による復元力の効果がないのか．

11.3 吊橋がゆれやすい理由は何か．

11.4 吊橋の補剛桁にトラスと流線形断面のボックス・ガーダーが使われている．その特徴を述べよ．

第12章

斜張橋

12.1 斜張橋とは

斜張橋は，はり構造をケーブルで直接吊っている形式の橋である．吊橋との違いは，吊橋では，塔間に張り渡したケーブルが，その方向が変化することにより生じる張力を利用し，吊材を通して桁を吊っているのに対し，斜張橋では，桁と塔はケーブルで直接つながれているところにある．そのため，塔とケーブルがなす直線を基調とした，近代的外観をもっている．斜張橋におけるケーブルの力学的はたらきは直感的に理解できるものであり，古くより採用されてきた形式である．たとえば，ジャワ島の竹製の原始的斜張橋や，中世の城門の跳ね上げ橋などにもその例をみることができる．しかし，近代的な橋梁として設計および架設するには，ケーブルやケーブル碇着部の信頼性，耐風安定性，死荷重と活荷重両者に対し高次の不静定構造となるなどの問題があり，1950 年代になるまで架設されることはなかった．しかし，近代的優美さをもった姿で斜張橋の設計がドイツでなされるようになると，多くの橋梁設計者の関心を引き，その後世界各地で広く架設されるようになった．現在では，小支間の歩道橋から 500 m を超える長大橋まで，広く採用される形式となっている．

写真 12.1 の橋は，19 世紀にロンドンのテームズ河に架設された Royal Albert（ロイヤル・アルバート）橋である．一見，斜張橋と吊橋との複合構造の外観を有しているが，最上段のケーブルは補助的なものである．吊橋に併用した例は多く，たとえば

写真 12.1 最初の本格的斜張橋の Royal Albert 橋（イギリス）

写真 12.2 マルチ・ケーブル形式の始まりとなる Bonn–Nord 橋（ドイツ）

ニューヨークの Brooklyn（ブルックリン）橋にもみられ，吊橋の剛度の向上に貢献している．写真 12.2 は，ドイツで架設された Bonn–Nord（ボン・ノルド）橋である．桁中央より高くそびえる独立塔より，多数のケーブルによって中央の 1 本主桁のボックス・ガーダーを吊っている．ボックス・ガーダーが採用されたのは，桁を 1 面で吊ることによる橋全体としてのねじれ剛性の低さを，ボックス・ガーダーのもつ大きいねじれ剛性により補っているためである．また，ケーブルを多数用いることにより，大きなケーブル張力が，少数の碇着部に集中的に作用することを防いでいる．写真 1.12 に示したドイツのデュッセルドルフに架かる Theodor–Heuss（テオドール・ホイス）橋では，2 面で吊られているため，ねじれに対するケーブルの抵抗が期待でき，全体として十分なねじれ剛性をもっていると思われる．なお，主桁はボックス・ガーダー形式であるが，これはケーブルの碇着のためにも採用されたと思われる．

写真 12.3 は，カナダのモントリオールに架設されている Isle（アイル）橋である．塔はプレストレスト・コンクリート製であり，この十分大きな曲げ剛性をもった塔が，合成プレート・ガーダーを吊っている．同様の考えで，やぐら状の大きな剛性をもつ塔で桁を吊っている Ludwigshafen（ルードヴィヒスハーフェン）橋を，写真 12.4 に示す．写真 12.5 は，日本最長の支間 890 m をもつ，1999 年完成の多々羅大橋である．中央径間は鋼，側径間はコンクリートの複合橋梁である．写真 12.6 は，フランスで架設された，プレストレスト・コンクリート長大斜張橋の嚆矢となった，支間 320 m をもつ Brotonne（ブロトンヌ）橋である．写真 12.7 は，セヴィーリャ万博の折に Calatrava により設計された，傾斜したコンクリートの塔をもつ Alamillo（アラミリョ）橋である．コンクリートの重量で桁を吊っている感をダイナミックに表現している．

写真 12.8 は，オランダ・アムステルダムに架設された Erasmus（エラスムス）橋である．側径間が短いために，側径間側は塔頂の 1 本のケーブルで碇着している．そのために，中央径間側にある多数のケーブル反力を効率よく受けるために（一種のアー

写真 12.3 剛なコンクリート製の塔をもつ Isle 橋（カナダ）

写真 12.4 やぐら形式の塔をもつ Ludwigshafen 橋（ドイツ）

写真 12.5　日本最長支間の多々羅大橋（瀬戸内しまなみ海道）

写真 12.6　長径間 PC 斜張橋のさきがけとなる Brotonne 橋（フランス）

写真 12.7　傾斜した PC 塔をもつ Alamillo 橋（スペイン）

写真 12.8　折れ角構造塔でケーブル反力に耐える Erasmus 橋（オランダ）

写真 12.9　尖塔に特徴のあるルアーブルの歩道橋（フランス）

写真 12.10　トラス形状の塔より吊っている形式の歩道橋（ドイツ）

チ作用で）塔は湾曲させて設計されている．写真 12.9 は，尖塔の美しいフランス・ルアーブルの歩道橋である．写真 12.10 は，塔の代わりにトラスを用いた，デュッセルドルフに架設された歩道橋の例である．同様の考えで設計された例として，羽田空港連絡橋などがある.

12.2 斜張橋の力学的特徴

図 12.1 に示すように，適当な固定点 C があれば，はり AB は引張部材 CD を用いて吊ることができる．この場合，はりの自重の半分以上は，この引張部材が受けもっている．このはりの上に載る荷重は，引張部材 CD がばねとしてはたらき，C 点でばね支承されたはりにより支えられる．引張部材として，斜張橋ではケーブルが通常用いられる．多数のケーブルを用いても，荷重配分の様子が変わるだけで，その基本的性質は変わらない．前述の Isle 橋（写真 12.3）のように固定点として剛度の高い独立塔を用いてもよいし，吊橋の白金橋（写真 11.5）の例のように両岸の岩盤を利用してもよい.

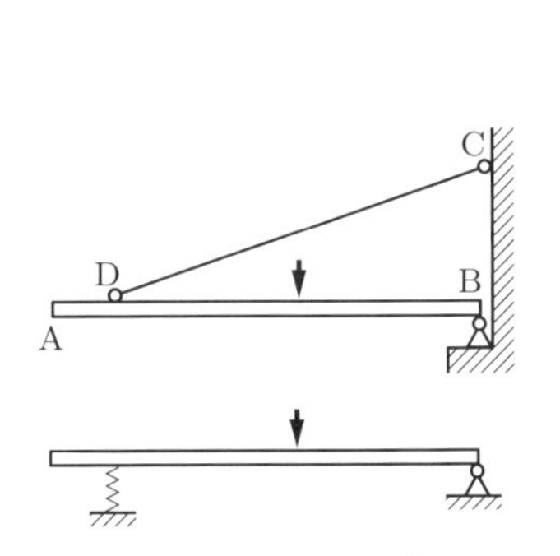

図 12.1 固定点よりケーブルで吊る

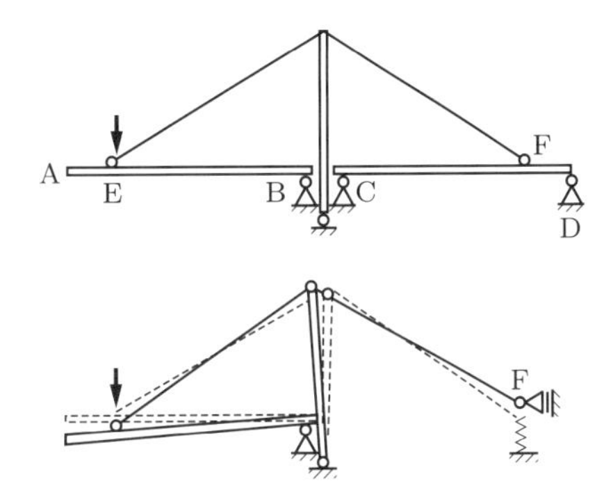

図 12.2 塔を介して側径間の桁に碇着して吊る

図 12.2 では，E 点に載った荷重を固定点から塔を介して F へ，さらに桁を介し D へと移した構造とみることができる．この場合，桁は一種のばねとして直列に作用するから，碇着点が端支点から離れるに従いケーブルが桁を吊るばねとしての剛度は低くなる．いま，**図 12.3** のように桁の中央で互いにケーブルで結び合うことにする．ケーブル碇着点 E，F に荷重が載ると，この場合桁はばねでモデル化できるので，この構造は図 (b) に示したようにモデル化でき，E, F 点に載った荷重が逆向きのときは，結局ばねを二重にしただけの，図 (d) の効果しか得られないことになる．すなわち桁のみで支持される．しかし，E，F 点に対称に荷重を加えるとケーブルは有効にはたらき，ケーブルの伸び剛度と桁のばね剛度との比で分配される分だけ桁に荷重は加わることになる（図 (c)）．そのため，このような吊り方では，対称荷重である死荷重に対しては有効であるが，活荷重に対しては必ずしも能率のよい吊り方とはなっていない.

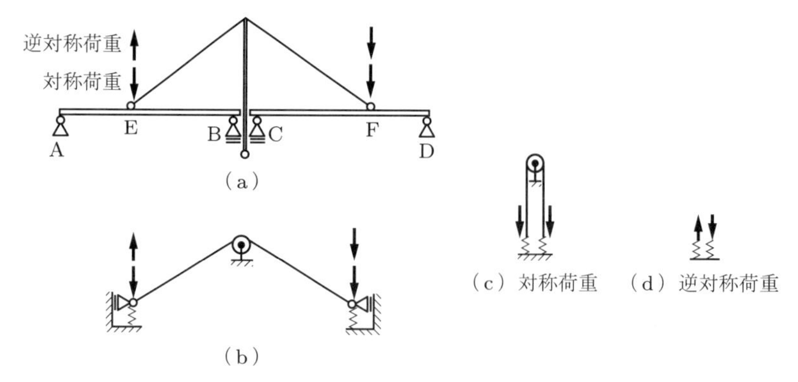

図 12.3　桁の碇着効果

結局，図 12.2 に示したような場合は，支点 D 付近で碇着されたケーブルが一番能率よく桁 AB を支えるが，ケーブル碇着点 E 以外では桁は支えられていないので，桁を中間でも支えることができるように，適当な数のケーブルを挿入することになる．これらのケーブルは，前述の理由により，必ずしもすべて能率よくはたらくとは限らない．BC 点を連続させても不静定の度合いが変わるだけで，その力学的性質は本質的に同じであるが，側径間と主径間との相互作用は強くなる．

ケーブルを側径間の端支点付近で碇着させると，主径間の桁を能率よく吊ることができるが，ケーブル長は長くなり，その伸び剛度は低くなること，その近傍の支点には上向きの反力が作用しやすくなることに注意を払う必要がある．

ケーブルを張る角度が小さくなると，**図 12.4** に示すように同一の垂直変位に対してケーブルの伸び量が小さくなる．これはケーブルの見かけ上の伸び剛度が低くなり，生じるケーブル軸力が小さくなるうえ，ケーブル軸力の垂直成分も小さくなり，ケーブルが有効にはたらかないことを意味している．そこで，ケーブルを張る角度は大きいほど能率的ということができる．しかし，桁にはたらく応力は，支点より離れた桁中央部がケーブルにより支えられることにより軽減されるので，この角度を大きくすることは，ケーブル長の増加とそれに伴う伸び剛度の低下，塔高の増加を意味する．そのため，それぞれの構造形に応じた適当な角度があることになる．

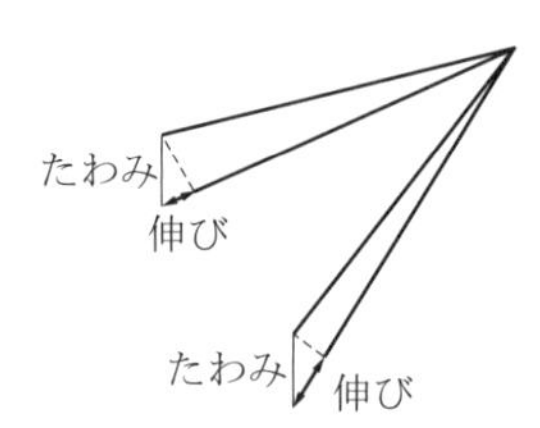

図 12.4　ケーブル傾斜角による伸びの差

ケーブルは，自重によりつねにサグが生じる．このため，引張力を受けると，ケーブルは応力により伸びるとともに，サグが減少して，それによる伸びが加わり見かけ上の伸び剛性はケーブル自身がもっている伸び剛性より小さくなる．この見かけ上の伸び剛性を表す式はいくつか提案されているが，アメリカ土木学会で推奨している式を次に示す．

$$E_{\mathrm{eq}} = \frac{E}{1 + \dfrac{(\gamma l)^2}{12\sigma^3}E} \tag{12.1}$$

ここで，E_{eq}：換算ヤング率，E：ケーブルのヤング率，γ：ケーブルの単位体積あたり重量，l：ケーブルの水平投影長，σ：ケーブルの引張応力度である．

例題 12.1　ケーブルの換算ヤング率

式 (12.1) を用いて，以下の条件のケーブルの換算ヤング率 E_{eq} を求めよ．

$\sigma = 100,\ 300,\ 500\,\mathrm{N/mm^2}$

$l = 50,\ 100,\ 200,\ 400,\ 600\,\mathrm{m}$

$E = 1.95 \times 10^5\,\mathrm{N/mm^2}, \qquad \gamma = 77\,\mathrm{kN/m^3}$

解答　一例として，$\sigma = 300\,\mathrm{N/mm^2}$，$l = 400\,\mathrm{m}$ の場合は，

$$E_{\mathrm{eq}} = \frac{E}{1 + \dfrac{(\gamma l)^2}{12\sigma^3}E} = \frac{1.95 \times 10^5}{1 + \dfrac{(77 \times 10^{-6} \times 400000)^2}{12 \times 300^3} \times 1.95 \times 10^5}$$

$$= 1.24 \times 10^5\,\mathrm{N/mm^2}$$

となる．上記の条件における換算ヤング率を図 12.5 に示す．

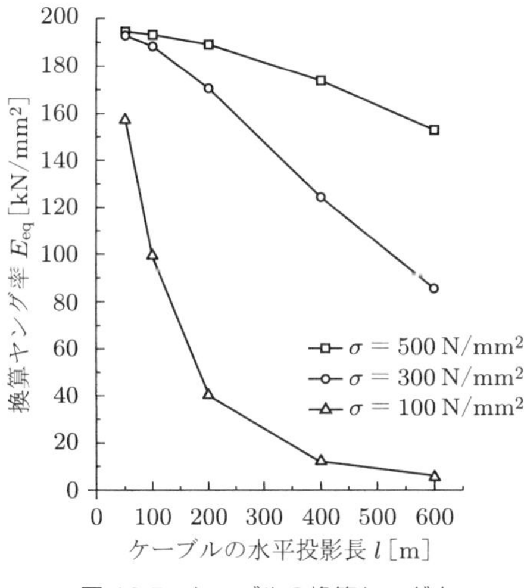

図 12.5　ケーブルの換算ヤング率

斜張橋の塔にはしばしば1本の独立塔が用いられるが，ケーブル張力の垂直成分を受け圧縮され，座屈が生じる．このとき，この塔を橋軸方向よりみると，**図12.6**のように変形する．桁の垂直軸周りの曲げ剛性は塔に比較して大きいため桁の側方への変形は小さく，塔はケーブルの桁碇着点を固定点とし，ケーブルを介して圧縮される柱とみなすことができる．この柱が側方に座屈を起こすと，碇着点は動かず，つねに柱軸上にあるので，この点で曲げモーメントはゼロとなる．すなわち，一見片持ち構造のようにみえるが，座屈強度的には両端ヒンジの柱に近い．

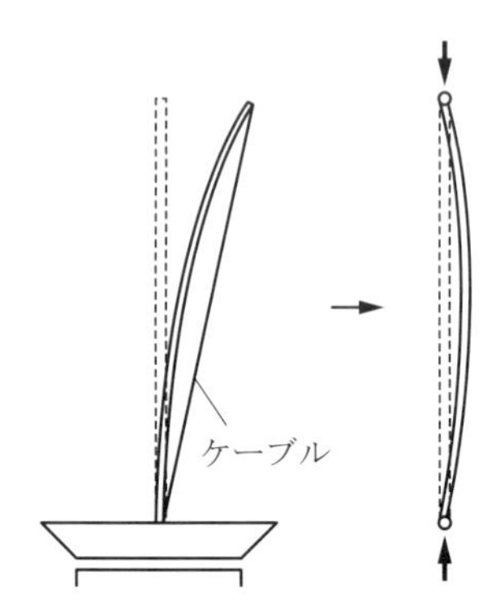

図12.6　ケーブル張力を受ける独立塔に生じる座屈

すべてのケーブルを桁に碇着している（自碇式）斜張橋では，ケーブル張力の水平成分はすべて桁に圧縮力として加わる．そこで，ケーブルも含めて，ある断面で切って考えると，ケーブル張力の水平成分と桁の圧縮力はつねにつり合っている．そこで，桁が垂直たわみを起こした場合，自碇式吊橋と同様に，ケーブル張力がもつ復元力と，桁の圧縮力がもつ，座屈にみられるような変形を増加させる作用が打ち消しあい，ケーブル張力により全体としての見かけ上の剛度が増加することはない（微小変形理論により解析してよい）．もちろん，ケーブルを大地に碇着した形式のものは有限変位の影響が出る．ケーブルを1面で吊ると，両側に車道部分が設けられ，橋軸方向よりみて一方側に荷重が載ると，桁はねじられることになる．

12.3　斜張橋の設計

直立する塔と直線的に張られたケーブルで特徴づけられる斜張橋は，その塔とケーブルと桁の組合せを，かなり自由に選んで設計することができる．また，それらの組合せによって異なった印象を与える外観とすることができる．設計にあたって設計者がまず選択すべき事項としては，次のような事項があげられる．

1)　全体の構造系および吊るべき支間と支間割
2)　1 面または 2 面のケーブル
3)　塔の高さとケーブルの数および配置
4)　桁および塔の材料（鋼またはコンクリート）
5)　桁の構造および断面（プレート・ガーダー，ボックス・ガーダー，トラス，耐風性）
6)　塔の形状
7)　塔支点での塔および桁の支持条件
8)　ケーブルの碇着構造

1) の支間割は多くの場合，架設地点の条件により自ら定まってくるものであるが，3 径間の場合は主径間と側径間のケーブル張力のバランス，端支点に生じる負の反力，活荷重によるケーブル張力の変動などを考慮する必要がある．構造系は，先にあげた力学的特性をつねに考慮して決定すべきである．橋面の中央に設けられた塔より 1 面のケーブルのみで桁を吊る構造は，簡潔で優美な外観を与えるが，塔の幅以上の中央分離帯を必要とし，幅員が広くなる．

また，2) について，1 面ケーブルは偏載荷重に対してケーブルのはたらきが低いので，桁構造にねじれ剛性の高いボックス・ガーダーなどの採用が必要となる．2 面ケーブルを用いると，耐風性の改善のために桁にねじれ剛性が必要な場合を除いて，とくに桁に大きいねじれ剛性は必要とせず，桁の設計はより自由となる．とくに，A 字形の塔を用いれば，塔自身も大きな側方への剛度を有するし，傾斜したケーブルも側方荷重に抵抗するため全体剛度は増加する．

3) のケーブル配置は，一般に**図 12.7** に示したように放射形（図 (a)）とハープ形（図 (b)）とに大別されるが，その中間のファン形（図 (c)）とよばれるものなど，いくつかの変形が考えられる．

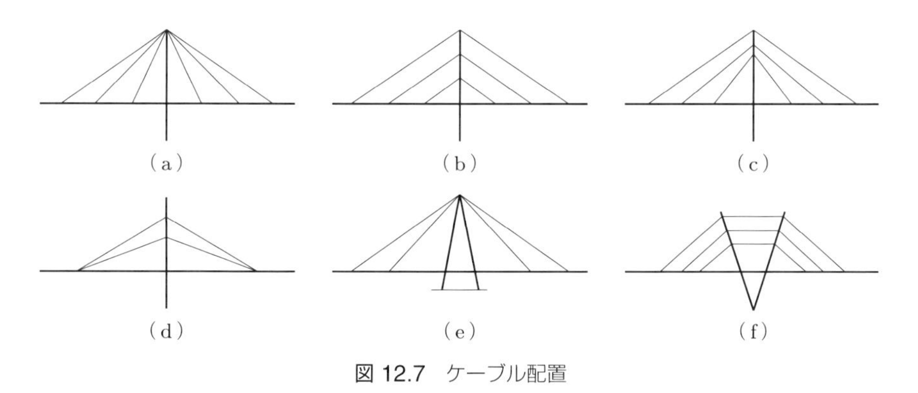

図 12.7　ケーブル配置

ケーブルの傾斜角度を大きくすれば，ケーブルが桁を吊る能率は高くなるが，塔より離れた点を吊るには高い塔が必要となる．ファン形のケーブル配置では，内側のケーブルの傾斜角度は大きくなるが，その長さは大きくなり，それ自身の伸び剛度の低下をきたす．ハープ形の内側ケーブルではその逆のことがいえる．ケーブル数を多くすると，1 本あたりのケーブル張力は小さくなり，碇着部の桁に作用する大きな集中力を分散することができ，桁は多くのばね支点で支えられることになり，作用曲げモーメントを小さくさせることができる．

しかし，活荷重によるケーブル張力や，側径間の曲げモーメントの変動が大きくなることがある．結局，その支間割と橋の規模により適当な塔高，ケーブル配置と数が決まってくるが，斜張橋は設計にあたり自由度の多い構造物であり，いく通りかの比較設計と設計者の裁量により定められるところが多い．また，図 (f) のような V 字形の塔より吊ればケーブルの能率はよくなる．これは逆の見方をすれば塔を低く設計できるということであり，試みられてよい形式であると考えている．

4) について，桁は通常鋼製が多いが，プレストレスト・コンクリートを用いても製作は可能である．しかし，コンクリートはクリープや乾燥収縮があり，これが高次の不静定構造物である斜張橋の応力に影響を与えるし，本質的に引張りやせん断力に対する抵抗性が低いことと，ケーブル碇着部の支圧応力の桁への導入に工夫がいることに注意を払う必要がある．端支点に生じる負の反力を打ち消すために，側径間のみを重量の大きい PC とした本四連絡橋の生口橋（写真 1.18）などの例もある．また，塔の材料も鋼でもコンクリートでもよい．塔は斜張橋のシンボルであり，塔が年とともに薄汚くなることは避けなければならない．ケーブルについても，PC とするとケーブルの剛度を高めることができる．

5) について，斜張橋は吊橋と同様，直接的と間接的の違いはあるが，ともにケーブルで吊るというきわめて能率のよい材料の使われ方がなされている．そのことは逆に，桁全体のもつ減衰性はきわめて小さくなることを意味しており，風により何らかの振動を起こす危険性をもっている．そこで，吊橋と同様に，桁断面および塔断面は，風により振動が誘起されないものであることが望ましい．トラスを用いることにより耐風性を増すこともできるが，一般には流線形断面を採用して耐風性の改善を行っている．**図 12.8** に，代表的な桁断面を示す．

前に述べたように，下段の断面のほうが風による振動を受けにくい．なお，2 階橋では，トラスが半ば必然的に使用される．多数のケーブルを用いれば桁高を低く設計でき，耐風性の改善にもつながる場合がある．また，桁の減衰性を高めるような装置の導入も考えてみるべきであろう．

6) の，塔の形状の決定は，先に述べたように，斜張橋設計にあたりもっとも重要な

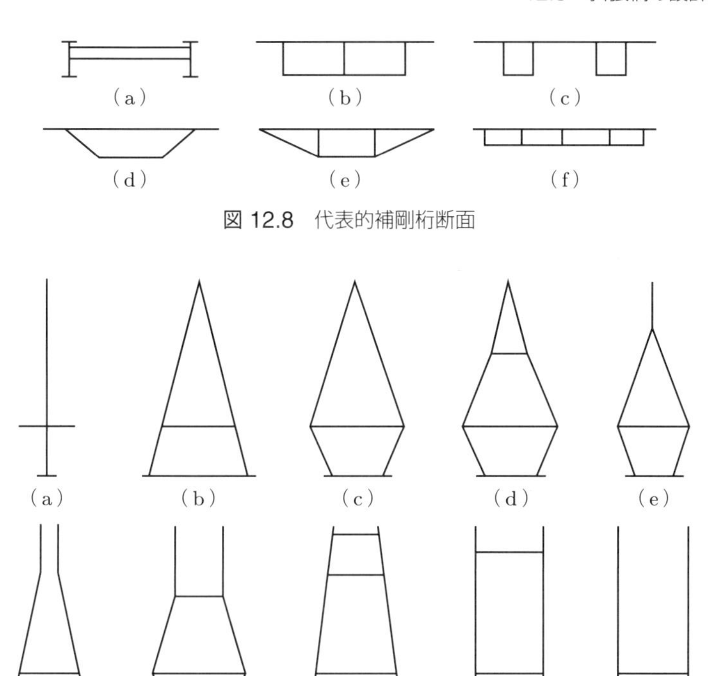

図 12.8 代表的補剛桁断面

図 12.9 代表的な塔の形状

課題である．しかも，その設計上の自由度は大きいものであるから，設計者は存分に腕を奮うことができる．**図 12.9** に，代表的な塔形状の例をいくつか示す．桁は塔と一体とするか，あるいは塔のところに支点が設けられる．

7) の支持条件に関しては，耐震設計の観点からも重要であり，種々の方法が用いられている．たとえば，端支点部のみを固定し他支点はすべて自由とする，支点部でばねにより主塔および橋脚で接合する，エネルギー吸収機能を有したゴム支承を用いる，などである．

8) のケーブルの碇着部の細部構造の設計も，もっとも工夫の要するところである．**図 12.10** に，碇着力の桁への伝達法の概念図を示す．原則的には，桁のウェブに，できる限り直接的にせん断力としてケーブル張力を伝えるのがよい（図 (a)）．この点，多数のケーブルを用いると，1 箇所で碇着すべきストランド数が少なくなり，ケーブル張力も小さいので碇着には有利である．この場合，鋼管をウェブに溶接し，これに碇着するなどの細部構造が試みられている．ストランド数が多い場合は，横はりのウェブにまとめて碇着する（図 (b)）．さらに，アンカー用のはりを設けそれに碇着

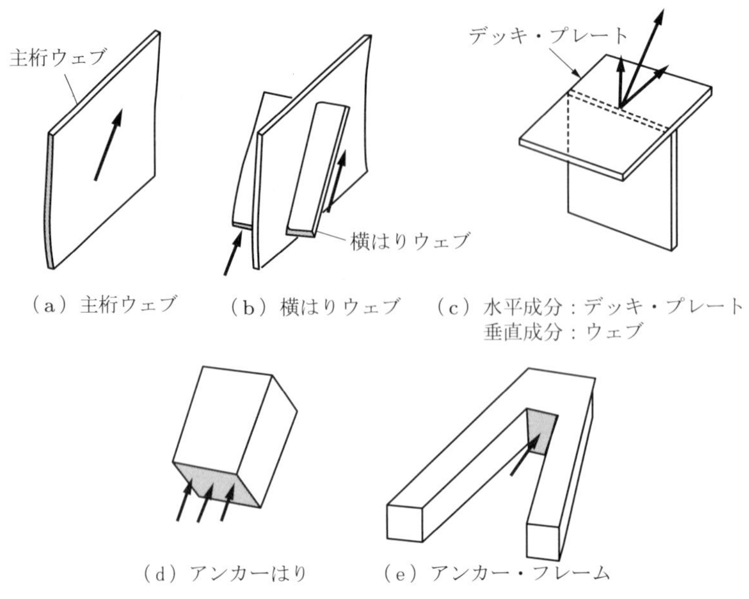

図 12.10　ケーブル反力の桁へのアンカー方法

し，アンカー用のはりはさらにダブル・ウェブの主桁などに碇着する．アンカー・フレームを桁断面に組み込む設計もできる．

一般に，支圧を板の面外荷重の形で直接受けるような，あるいはケーブルに二次応力が生じるような構造は避けるべきである．いずれの場合も，この碇着部は精密な応力解析を行うとともに細部構造の設計に十分な注意が望まれる．コンクリート構造の場合はケーブル軸力が大きいことを考え，**図 12.11** に示すような，碇着部がコーン状に抜け出す，いわゆるパンチングが生じないように配慮する．このような細部構造の決定には，適切なトラスモデルの採用や，塑性解析で行われている上下界の定理の適用が参考になろう．たとえば，図 12.11 に示したような崩壊変形を仮定し，この崩壊変形に十分抵抗できるように鉄筋配置などを考える．

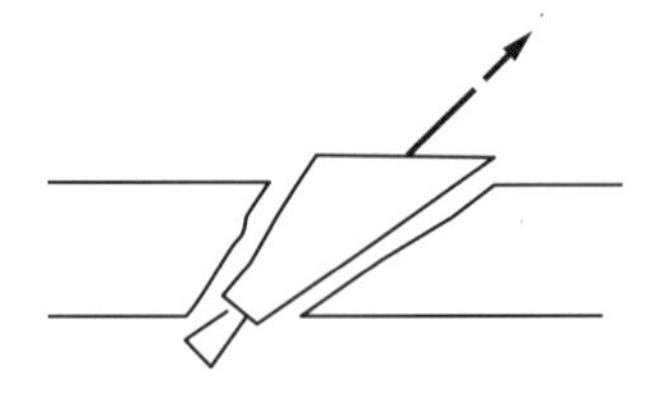

図 12.11　ケーブル張力によるコンクリートのパンチング

演習問題 12

12.1 自碇式吊橋と斜張橋とを比較して論ぜよ.

12.2 1 面ケーブルと 2 面ケーブルの優劣を論ぜよ.

12.3 写真 12.1 の Royal Albert 橋の最上段のケーブルは, 吊橋のケーブルと同じ形をしている. その役割を考えよ.

第13章

その他の構造

桁やプレート・ガーダー構造はその曲げ抵抗能力を，トラスは構成要素の軸抵抗能力を期待し，アーチ橋と吊橋は軸力の圧縮と引張りの違いはあるが，ともに軸力の方向の変化により生じる分力を利用し，斜張橋は直接ケーブルに吊られた構造となっている．こういった構造を組み合わせることにより，さらに新しい構造形式を生み出すことができる．アーチとトラス，アーチとプレート・ガーダー，吊橋と斜張橋の組合せなどについては，すでに述べたとおりである．しかし，ここで注意すべきことは，単に目新しさのために組み合わせるのでは，構造力学上はまったく意味がないということである．それぞれの構造形式のもつ特性が生かされた形で使用されるべきである．また，鋼とコンクリート構造の複合構造も，これからますます設計されるようになると考えられるが，つねにそれらの長所が発揮できる構造でなければならない．

ここで，柱と桁よりなる建築物の大部分で使用され，橋でも採用されるラーメン橋について少し触れることにする．ラーメン橋は，桁橋と橋脚を一体化した構造形式といえる．そのため，桁に走行上問題となる支承が必要なくなり，しかも，桁にはたらく応力は減少するという利点をもつことになる．

一般に採用されている形式は，**図 13.1** に示すようなものとなる．

図 (a) はもっとも基本的な，門形ラーメンとよばれる形式である．端部の柱は壁構造で設計され，土留めの役も兼ねさせる場合もある．

図 (b) は図 (a) より桁を延長させたもので，橋下に大きな空間をつくる．図 (a) より，より支間の長い橋に適する．

図 (c) は脚を傾けたものであり，アーチと似たような性質をもち，図 (b) よりさらに支間の長い橋に適したものとなる．

図 (d) は V 字形の脚をもち，桁の実質的支間長を減少させる．さらに，V 字をなした脚間にある桁には，ほぼ一様な曲げモーメントが生じるという特徴をもっている．連続桁の中間支点でピーク上に大きくなる曲げモーメントを，V 字橋脚が平均化させているともいえる．

そのほか，図 (e) のようにラーメンとゲルバーの組合せなども当然考えられる．

ラーメンの柱は曲げと軸力を受ける部材となるので，それに応じた設計を行う．桁

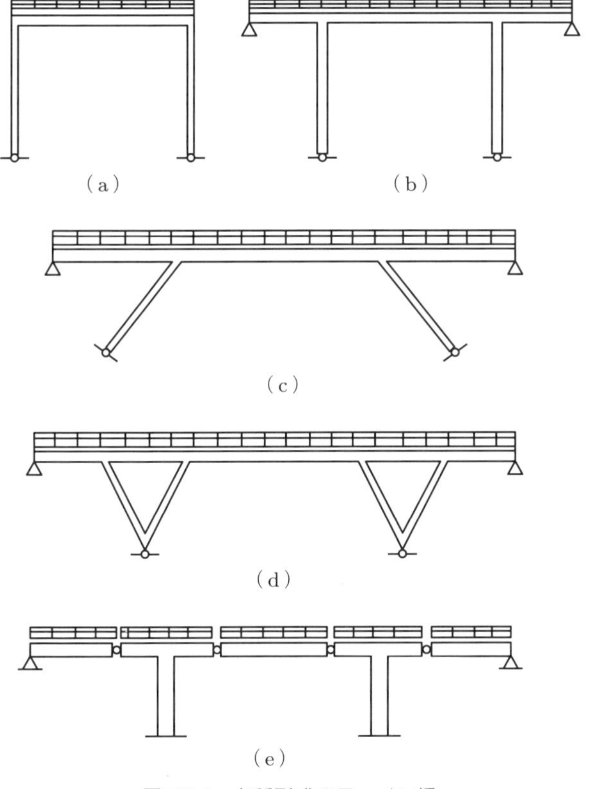

図 13.1　各種形式のラーメン橋

にはたらくせん断力は，柱では隅角部を通じて軸力に変わることに注意を要する．柱と桁はとくに一体感は要求されず，柱というよりは橋脚と桁を一体化した形式でもよい．断面は H 形，箱形，円形でもよく，材料も鋼でもコンクリートでもよいため，かなり自由な設計ができる．

フィーレンディール桁では，**図 13.2** に示すように，桁の腹材は曲げという形でせん断力に抵抗しているので，能率のよい使い方とはならない．おもにその軽快感より横構に使用されている．写真 13.1 に，大正時代に建設された豊海橋を示す．

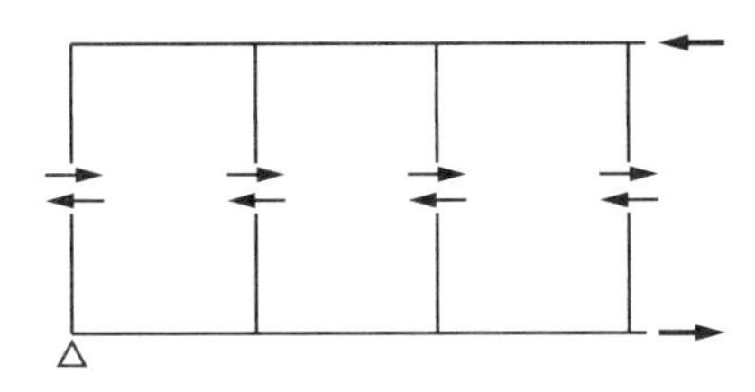

図 13.2　フィーレンディール桁腹材のせん断力に対する抵抗

写真 13.1　フィーレンディール（ラーメン）形式の豊海橋（東京都）

演習問題 13

13.1 わが国でつくられた可動橋の例を調べよ．

13.2 第二次大戦以前にベルギーでつくられたフィーレンディール橋が崩壊した．その原因を調べよ．

第14章

床版・床組・付属物

14.1　床版と床組

道路橋は，交通路面である平らな面を備えていなければならない．これは板構造により形成される．板構造は，桁構造が断面の水平軸周りに大きな曲げ剛性をもっているのに対し，それに直交する断面の軸周りにも曲げ剛性をもっている．しかし，広がりに対して厚さが薄いため，その面に沿ってはたらく荷重（面内荷重）に対しては十分な強度と剛度をもっているが，面外より面に垂直にはたらく荷重（面外荷重）には大きな抵抗力を発揮できない．また一般に，構造要素は小さくなればなるほど，その重量あたりの強度と剛度が大きくなる性質をもっている．そのため，おもに面に対し垂直な荷重を受ける橋の床構造においても，比較的小さな板で垂直荷重を直接受け，その板を能率のよいはり構造で支え，荷重を主桁に伝えるような構造（図 1.3 に示されている縦桁と横桁）がとられるのが普通である．

現場打鉄筋コンクリート床版を用いた床構造はすでに図 1.3 で示したが，**図 14.1** には，鋼材のみで床構造を構成した鋼床版の例を示している．鉄筋コンクリート床版では，**図 14.2** に示すように，床版に加えられる荷重は縦桁に伝えられ，縦桁に伝えられた荷重はさらに横（床）桁に伝えられ主桁に導かれる．縦桁と横桁を合わせて床組とよぶ．

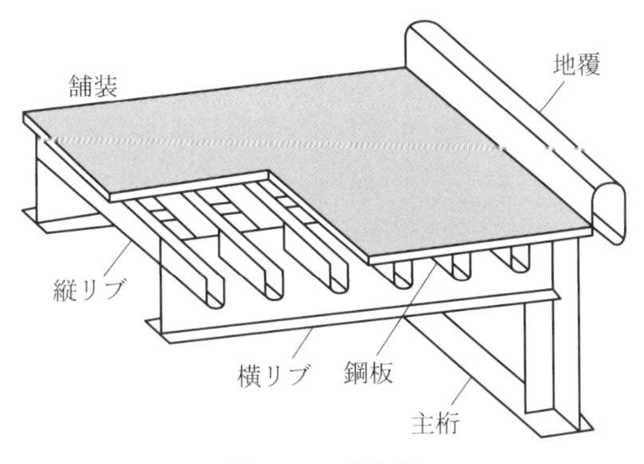

図 14.1　鋼床版

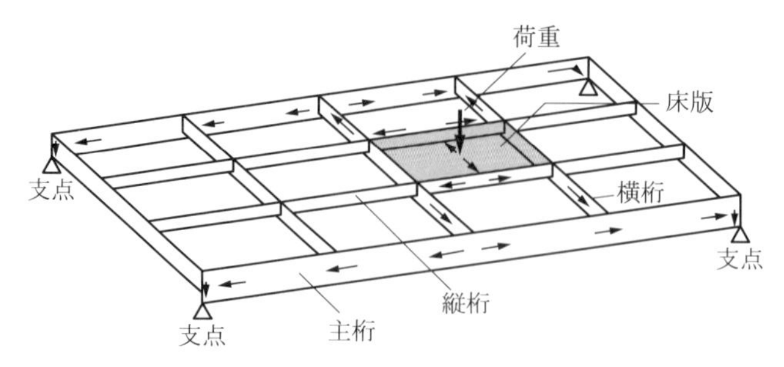

図 14.2　床版上の荷重が支点へ伝わる経路

板構造である床版は，面内 2 方向で曲げ剛性をもっている．この 2 方向の曲げ剛性により，縦桁と横桁で支えられている床版は，載せられた荷重を両者に伝えるように思われる．しかし，先に述べたように，床版の中央に載った荷重はおもに縦桁に伝わる．理由は，床版を細長い形状とし，その床版の長辺が縦桁により支持されているためである．

板は 2 方向に曲げ剛性をもっているので，この性質を，**図 14.3** に示すような，直交して結合されている 2 本のはりで表してみよう．結合部に作用する荷重 P は，長いほうのはりと短いほうのはりに，それぞれ $P_1 = P - R$，$P_2 = R$ ずつ受けもたれる．はりの曲げ剛性が等しいものと仮定すると，P_1，P_2 によりそれぞれのはりは $P_1L_1^3/48EI$，$P_2L_2^3/48EI$ だけたわむことになる．両者のたわみ δ は等しいので，等置すると $P_1/P_2 = L_2^3/L_1^3$ となる．たとえば $L_1 = 2L_2$ とすると，$P_1/P_2 = 1/8$ となり，大部分の荷重は短いほうのはりによって受けもたれることになる．

すなわち，4 辺が単純支持された板においても，短辺が長辺の 1/2 以下であれば，中央に載荷された荷重は大部分が短辺方向に伝わるとみてもよい．この場合，床版は縦桁間に渡されたはりとして強度設計をすることもある．荷重を伝えられた縦桁は，

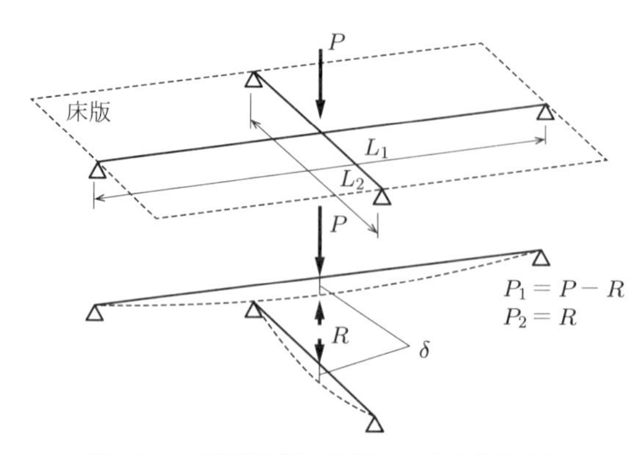

図 14.3　床版の長辺，短辺への荷重分配作用

縦桁に比して十分に曲げ剛性の大きい横桁により支持されているので，横桁の変形の影響は小さく，縦桁は横桁とは独立に解析される．また，横桁上に載った荷重は横桁のみで受けもつことになる．このような作用が可能になるには，床版に比較して縦桁が，縦桁に比較して横桁が十分に大きな曲げ剛性をもつことが前提になる．

図 14.1 で示した鋼床版では，鉄筋コンクリート床版の役割を鋼板が，縦桁と横桁に相当する役割を縦リブと横リブとがなしているようにみえる．しかし，鋼床版の縦リブと横リブは，縦桁と横桁に比較して，曲げ剛性が小さいが密に配置されている．そこで，両リブをはりと見立てると，その交点に載った荷重により，両リブはともにたわむことになる．すると，縦桁と横桁の場合のように，それぞれ独立に取り扱うことはできず，荷重の橋軸方向とその横断方向への分配を考えなければならない．そのため，解析にあたっては，鋼床版の縦リブと横リブをはりに見立て，はりが交差してできている構造，いわゆる格子桁構造として取り扱うか，鋼床版全体を縦横方向で曲げ剛性の異なる版，いわゆる直交異方性版* として取り扱うことになる．縦リブに閉じた断面のものを使用すると，リブは大きなねじれ剛性をもつことになる．この大きなねじれ剛性により荷重をより広く分散させることができるようになると考えられている．しかし，溶接部の疲労の問題が生じる．

床版および床組の強度設計は，トラック後輪荷重を橋の幅員方向にそれぞれの構造部分にもっとも不利になるように並べられるだけ並べて載荷して行う．なお，鉄筋コンクリート床版に生じる応力を求める式は，道示に与えられている．一般的な解析法については，構造力学の専門書を参照されたい．

床構造は橋の中では重量の大きくなりやすい部分であり，橋の支間が長くなると，この重量の増加は橋にとって大きな負担となる．また，橋の構造部分の中で一番損傷を受けやすい．そのため従来から，各種構造の床構造が試みられてきた．鋼床版も軽量床版の一例である．

図 14.4 はバックル・プレートとよばれる床版で，厚さ 10 mm，縦横 1,000 mm × 1,500 mm 程度の鋼板を図のように折り曲げたものであり，凹部にコンクリートが打たれ平面が得られる．丁寧に施工を行えば，軽量で耐久性のある床版とすることがで

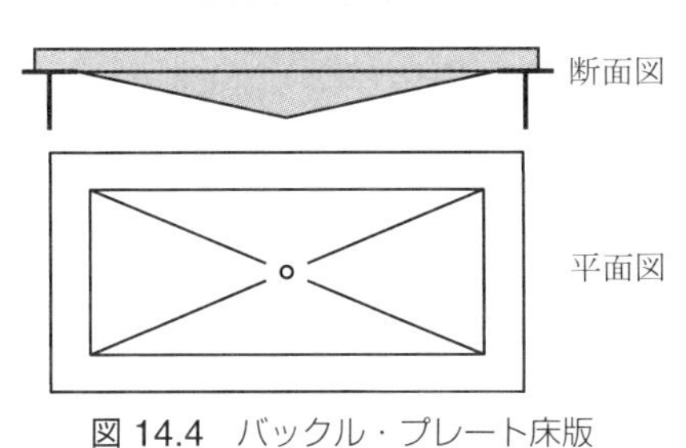

図 14.4　バックル・プレート床版

きる.

図 14.5 は，オープン・グレーチング構造とよばれる床版である．縦横に格子状に鋼リブを組み合わせて床版を形成している．リブ間を自由に空気が吹き抜けることができるので，橋の耐風性改善のために長径間の吊橋で用いられることがある．また，雪が下に落ちて積もらないので，一部の積雪地で用いられている．

このグレーチングの下面に鋼板を溶接し，コンクリートを打設し，**図 14.6** に示すようなソリッド・グレーチングとすることができる．下面に鋼板があるため，コンク

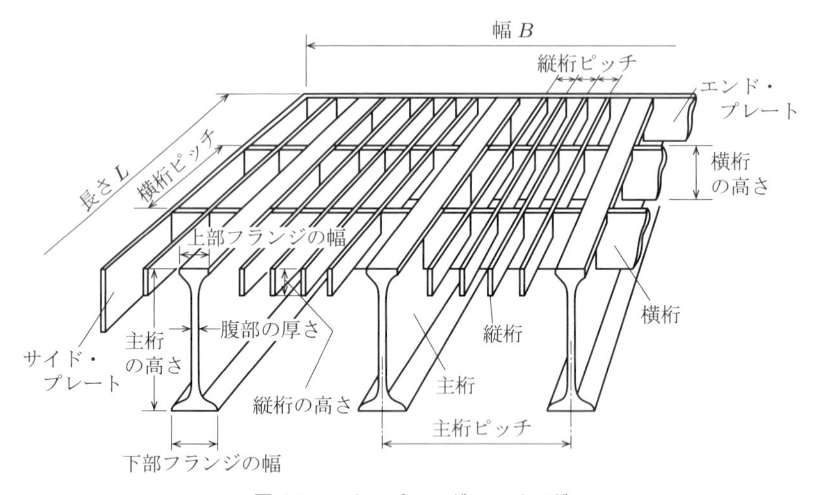

図 14.5 オープン・グレーチング

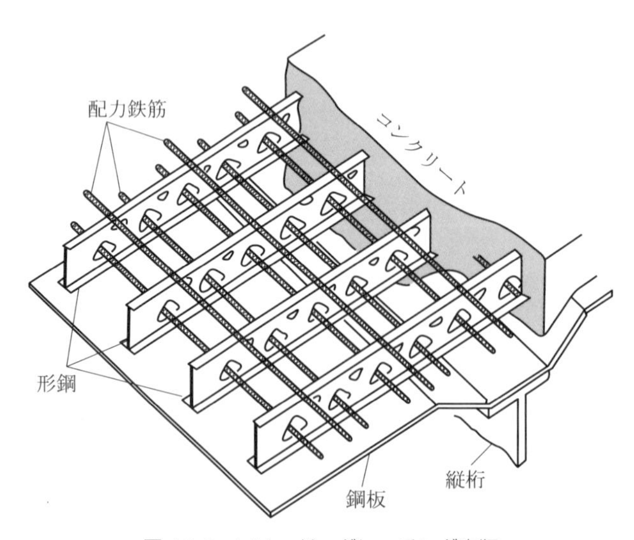

図 14.6 ソリッド・グレーチング床版

リートを打つにあたって型枠が不要になる．また，現場で鉄筋を組む必要もないので，急速施工ができる．

そのほかにも，**図 14.7** に示すような，各種断面形状のプレキャストはりを用いて床版構造とすることができる．また，コンクリート床版を中空構造とし，軽量化を図った例もある．似た構造となるが，U 形のプレキャストはりを使用して多室版構造とすることもできる．

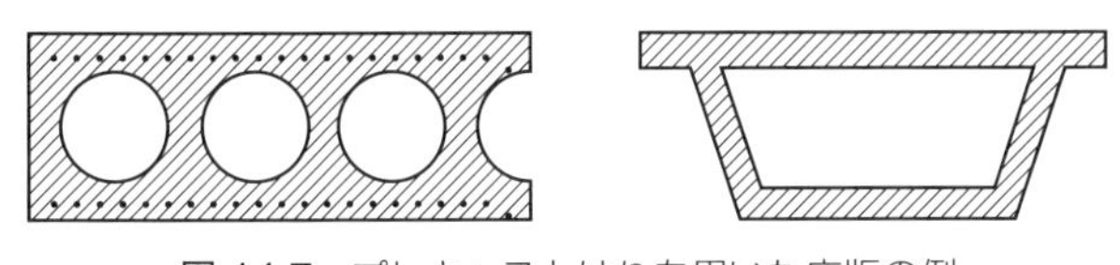

図 14.7 プレキャストはりを用いた床版の例

床版には，もちろんプレストレスト・コンクリート版も使用される．さらにプレキャスト・コンクリート版も利用できるが，プレキャスト・コンクリート版どうしの接合と，主桁との接合に工夫が必要となる．その一例が**図 14.8** に示されている．

なお，倉西は，**図 14.9** に示すような，床版として板厚 30 mm 以上のものを使用し

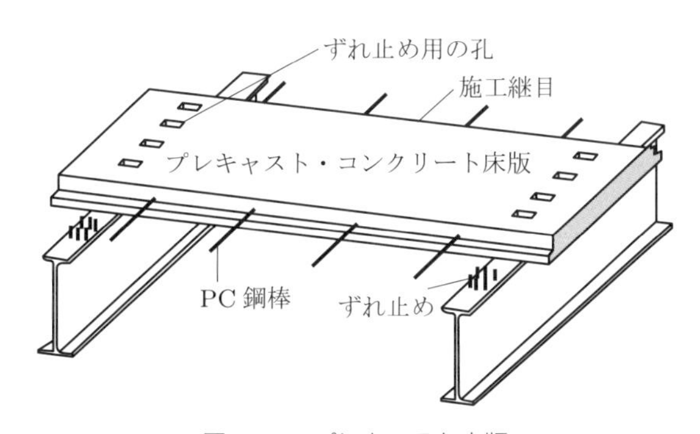

図 14.8 プレキャスト床版

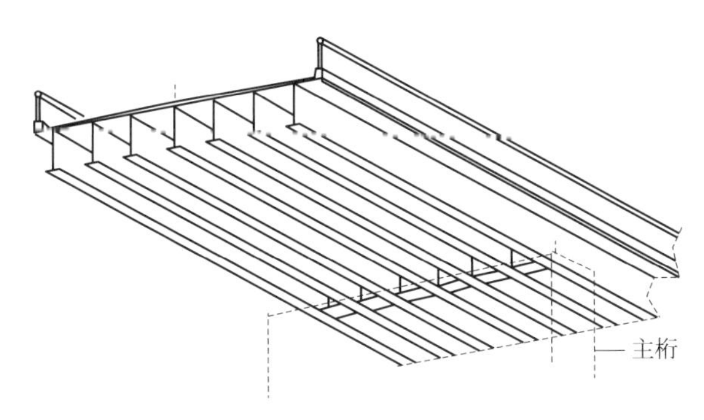

図 14.9 鋼厚板と主桁で構成された桁橋の例

た構造を提案している．

14.2 付属物

床版の両側の縁端部には，図14.1および図1.3に示したように，橋面上より雨水などが落下するのを防止し，また高欄などを支持するために，地覆が設けられる．この地覆に，歩道であれば高欄が，車道であれば防護柵が取り付けられる．橋上を通行するものにとって，高欄はもっとも目につくものであるから，その設計と施工には細心の注意を払うべきである．簡素であるとともに，橋のおかれている景色にもっとも適したものか，その景色を演出するものでなければならない．写真14.1はパリのMirabeau（ミラボー）橋の高欄である．写真14.2はドイツのミュンヘンの歩道橋のものであり，鉄細工が美しい．写真14.3は日本古来の擬母珠（ぎぼし）を付けた横浜・金沢八

写真 14.1　重厚な Mirabeau 橋の高欄（フランス）

写真 14.2　繊細なミュンヘンの歩道橋の高欄（ドイツ）

写真 14.3　わが国の伝統形式の擬母珠を付けた夕照橋の高欄（神奈川県）

写真 14.4　子供用の低い位置の手すり（東京都）

景の夕照橋の高欄であり，写真 14.4 は子供用の低い手すりを付けた高欄の例である．

伸縮継手は，橋が温度変化により伸縮したり，荷重によって端部に角折れが生じても，取り付け道路から橋へと車両が円滑に走行できるように設けられる．写真 14.5 に，伸縮継手の施工前のフィンガー形式のものを示す．上面にある材片は，施工時に平面を保つ仮付け材である．

写真 14.5 フィンガー形式の伸縮継手

しかし，いままで設計されてきたどの伸縮継手でも，完全な平滑面をつくることができず，通過する自動車は伸縮継手上で不快な衝撃を受ける．また，この衝撃が橋の振動の増加をもたらすことになる．伸縮継手は消耗品なので，交通を全面に止めることなく維持管理補修ができる構造でなければならない．伸縮継手はできればないほうがよいのであるから，無伸縮継手の橋梁形式も試みられている．

橋面にはさらに，排水のための集水桝が設けられる．集水桝に集められた雨水は，排水管を通して下水などに排出される．排水管は橋の外観を損なうものであるから，できる限り目に付かないように配置する．

演習問題 14

14.1 鉄筋コンクリート床版と床組とからなる床構造において，一体としてはたらいているのにもかかわらず，鉄筋コンクリート床版，縦桁と床桁がそれぞれ独立に設計される理由を述べよ．

14.2 鋼床版において，通常，デッキ・プレートの板厚はどのような値にとられるか．

14.3 床版がほかの構造部材と大きく異なる力学的役割は何か．

14.4 地覆の役割は何か．

14.5 高欄と防護柵の違いは何か．

14.6 近くの橋の伸縮継手の使用状況を調べよ．

付録：構造用語解説

本書では力学現象や構造要素の役割などには触れていないが，内容の理解を助けるため，ここで用いられている術語の概念を下記のように集録する．

板構造　荷重や力に対して板を用いて抵抗する構造．板は，縁端や表面に沿った荷重（面内荷重）にも，面に垂直な荷重（面外荷重）にも抵抗できる．プレート・ガーダーのウェブ・プレートや部材を構成している板は前者の使われ方で，床板などは後者の例である．

異方性板　方向によって力学的性質の異なる板．鋼床版では鋼板に溶接されている縦リブと横リブとの剛性が異なるため，マクロ的にみて方向によって曲げ剛性の異なる板，すなわち異方性板とみることができる．ガラスや炭素繊維で補強されたプラスチック板もこれにあたる．

ウェブ座屈　プレート・ガーダーのウェブ・プレートに生じる座屈．曲げ座屈とせん断座屈に分けられ，前者は圧縮を受けている部分がおもに面外にたわみ出し，その影響でウェブ・プレートは十分に曲げに抵抗できなくなる．後者の座屈が生じても，主引張応力方向の引張りが斜方向に残り（張力場）せん断に抵抗し続けることができる．

影響線　構造上の各載荷点 i に単位荷重が載ったとき，ある注目点 k で受ける影響量を i 点位置で（通常縦距で）表した曲線．面構造物では曲面となる．影響量としては曲げモーメント，せん断力，変位などがとられる．

影響線縦距　影響線の座標値，影響量の大きさ．

延性破断　大きな塑性変形を伴った材料の破断．

オイラー座屈　材料は完全弾性で，初期曲がりはなく，軸力が断面重心位置に作用している柱に生じる曲げ座屈．ほかの構造部材でも，上記のような完全さのあるものに生じる座屈をオイラー座屈とよぶことがある．座屈の項参照．

応力勾配　断面内あるいは部材軸に沿っての応力変化．断面上下線の応力を σ_1，σ_2 とすると断面内の応力勾配は $\Psi = (\sigma_1 - \sigma_2)/\sigma_1$，あるいは $\phi = \sigma_1/\sigma_2$ で表される．

応力集中　形状や断面急変部，あるいは円孔や切欠き部で応力が大きくなること．応力集中により，疲労破壊やぜい性破壊が起こりやすくなる場合がある．しかし延性の大きな材料であれば構造全体の崩壊には関係しない．

核（断面の）　棒材の断面にはたらく圧縮軸力により，その断面内に引張応力が生じない範囲．直方断面では断面高さの中央 1/3 がこれにあたる．

強度　構造物，部材，材料などが抵抗できる能力，耐えうる限界の荷重あるいは応力で表される．

強軸　断面主軸のうち大きな断面二次モーメントを与える軸．

局部座屈　構造物を構成している要素，あるいは部材を構成している板に生じる座屈．

鋼　炭素やその他の元素の含有の少ない

鉄材．強度が高く，しかも伸びと靱性が高い．

剛度　与えられた荷重に対する変形の小ささを表す係数．

交番応力　荷重位置により圧縮あるいは引張応力となる応力のこと．

降伏　応力に対しひずみが比例的（弾性的）に増加しなくなり，ひずみが急激に大きくなること．材料に降伏が生じると，一般にその要素は初期の形状を保てなくなるので，限界状態の一つとみなされる．

座屈　荷重に対する構造物の変形様式が変わること．一般に，荷重が小さいときは，構造物あるいは要素にある初期変形状態が生じるが，荷重が大きくなりある一定の値になると，初期の変形状態から別の変形状態に急激に移る．これを座屈が生じたとよぶ．座屈は軸圧縮力を受ける棒材にも生じるし，面内圧縮，曲げやせん断を受けている板にも生じる．座屈が生じると変形が急激に大きくなるのが普通であり，これに伴い，材料の降伏も生じ，構造物は崩壊する．そこで，その構造が抵抗できる限界値の一つの目安とされる．なお座屈はおもに圧縮力により生じ，構造の剛度を大きくすることにより防止することができる．

支圧　荷重や反力によりその作用面に直接生じる応力．

時刻歴応答解析　外力の微小な時間の作用に対する構造，または構造物内の各点間の変形関係を求めておき，複雑な外力を微小な時間間隔に分けて作用させて構造物の振動応答を求める方法．

弱軸　断面主軸のうち小さい断面二次モーメントを与える軸．柱の強度はこの軸周りの剛性で評価される．

縦横比　板の長さと幅の比．板の座屈強度はこれの影響を受ける．

靱性　衝撃的荷重や切欠きやクラックによる大きい応力集中による亀裂の伝播に対する材料の抵抗性．

垂直補剛材　プレート・ガーダーのウェブ・プレートに生じるせん断座屈を防止するために，断面に平行に接合されるリブ状のもの．

水平補剛材　プレート・ガーダーのウェブ・プレートの曲げモーメントによる座屈を防止するために，橋軸方向に設けられるリブ．比較的薄いウェブ・プレート板厚で桁高の高いプレート・ガーダーを設計できる．

スタッド　合成桁の鉄筋コンクリート床用のずれ止め．ボルト状をしており鋼桁に溶接されている．

ずれ止め　二つの構造要素をせん断的に接合するためのもの．

ぜい性破断　塑性変形を伴わない破断．

せん断力　構造要素を平行四辺形に変形させようとする力．はりでは曲げモーメントの変化と対になって生じる．

せん断中心　曲げを与えた場合に生じるせん断力の合力が通る点．断面にねじりを与えると，この点を中心として断面は回転する．

対傾構　桁断面内に設け，断面の変形を防止する役をする構造．ラーメン構造かトラス構造でつくられる．桁により大きなねじれ剛性を与える．

ダイヤフラム　断面変形を防止するために断面に平行に設けられている板あるいはフレーム．一般に強度計算で寸法が与えられることはないが，部材，構造に剛度を与え，応力の流れを明確にする．対傾構もこの一種である．

断面係数　ある断面での曲げモーメントを断面係数で割ると最外縁に生じる最大曲げ応力が得られる．

断面積　はり軸に直交する面ではりを切ったとき現れる面の面積．断面重心に荷重を受ける部材の応力は，荷重を断面積で割り求める．

断面二次モーメント 変形後も断面は平面を保つと仮定したとき，曲げを受ける弾性部材に生じる応力は直線分布となる．このとき部材に生じる応力は，曲げモーメントを断面二次モーメントで割ったものに中立軸からの距離を掛けたものになる．また，このとき曲げモーメントは，曲率に断面二次モーメントを掛けたものに比例する．

張力場 ウェブ座屈の結果，圧縮応力に対する抵抗性を失い，引張りのみで外力に抵抗している状態．

二次応力 荷重と直接平衡することとは関係なく生じる付加的応力．トラスの弦材に生じる曲げモーメントなどはこれにあたる．

ねじれモーメント はりの軸周りにはたらき，断面を回転させようとするモーメント．

幅厚比 板の幅と厚さの比．板の強度はこの値を使って表現される．材料の降伏点，あるいは大きな塑性変形まで耐えられる幅厚比は設計示方書に規定されている．またこの値により断面の終局抵抗能力も異なってくる（塑性断面，コンパクト断面，セミコンパクト断面，薄肉断面）．

閉断面 板でできているはり構造物の断面形状が閉じたものとなっている断面．断面変形のない閉断面のはりは，開断面に比較してねじれ剛度がきわめて高い．

補剛板 補剛材が設けられている板．幅の広い板構造をつくるのに用いられる．

補剛材 板に生じる座屈などを防止するために板に接合させて用いられるリブ状の構造要素．平板，U 字断面形状のもの，バルブ・プレートなどが用いられる．

細長比 部材長と断面二次半径との比．柱の強度は細長比をパラメータとして表現される．

曲げモーメント はり断面にはたらき，はりを湾曲させるはたらきをなすモーメント．

モーダル・アナリシス 一般に構造物に生じている振動はいくつかの互いに独立な形状の振動（振動モードという）が重なりあって生じているとみることができる．一つひとつのモードの振動だけを考えれば複雑な（多自由度の）構造物でも，一自由度の振動となり，外力に対する応答が計算できる．そこで各モードに対する応答を求め，それらを加え合わせることにより，複雑な構造の振動応答を求める方法．

有効座屈長 強度が基準となる部材（柱では両端ヒンジの柱）の強度に等しくなるようにとられる部材長．

有限変位理論 荷重により変形した状態で構造物にはたらく力の平衡を考えて，構造物を解析する理論．通常は構造物の解析にあたって，変形前の状態で考える（微小変形理論）．座屈解析や吊橋の解析は有限変形理論によらなければならない．

横座屈 支間に比較して桁高の高いプレート・ガーダーに生じる座屈．圧縮フランジ・プレートが側方へたわむ．

演習問題　解答とヒント

演習問題 1

1.1 日常橋に注意して歩くこと．

1.2 道路構造令によると，普通道路で桁下高：4.5 m，航路上の橋では通過する船舶の高さにより定めているが，本州四国連絡橋などでは 65 m にとられている．自動車高：3.8 m が得られる．

1.3 自動車走行面が橋の上部にある形式の橋で，頭上に構造がないために，走行に開放感がある．しかし，構造が全部下側にあるために，橋桁の空間の高さが低くなる．橋脚の高さや，取り付け道路との関係も考えよ．

1.4 橋長は両側の橋台のパラペット間の内法，支間長は桁の支点間の距離，図 1.2 参照．

1.5 解表 1 の通り．

解表 1

形式	橋名	支間 [m]	国名	完成年
桁橋	ストルマ橋	301	ノルウェー	1998
トラス	ケベック橋	549	カナダ	1917
アーチ	重慶朝天門大橋	552	中国	2009
斜張橋	ルースキー島橋	1,104	ロシア	2012
吊橋	明石海峡大橋	1,991	日本	1998

演習問題 2

2.1 略

2.2 許容応力度設計法は，材料強度を寸法に関係なく定まる応力度で表し，橋にはたらく応力が，許容できる応力度以下になるように定める．そのために広くあらゆる構造形式に適用して設計できるが，必ずしも構造物の真の強度に基づいた設計とはならない．

終局限界状態設計法は，より真の強度に基づいた設計ができるし，荷重などのもつばらつきを，よりよく考慮して設計できる．

演習問題 3

3.1 T 荷重は単一の自動車重量を対象とし，床版と床組の設計に考慮される荷重．L 荷重は橋全体の設計に考慮する荷重．

3.2 活荷重は，任意の載荷位置および範囲に載荷され，その大きさは本来ばらつきがある．

死荷重は不動であり，ばらつきが小さい．

3.3 $i = 20/(50 + 40.0) = 0.222$

3.4 両側 2 車線の橋梁の場合は，その車線幅 $2.75\,\mathrm{m} \times 2 = 5.5\,\mathrm{m}$ には，つねに 1 の荷重が載荷される．4 車線の場合は，一方の 2 車線が渋滞状態の場合は，ほかの反対方向の 2 車線は空いている場合が多い．そのような状態を考え，考慮すべき荷重が過大にならないように半分の荷重強度を載荷するように定めている．

3.5 風荷重，地震の影響，遠心力荷重，衝突荷重，プレストレス力など．

演習問題 4

4.1 引張試験によるが，試験片の形状や，試験法は JIS Z 2241，2201 による．その他，疲労試験やシャルピー衝撃試験というぜい性に関する試験法などがある．詳しくは土木材料の教科書を参照のこと．

4.2 圧縮試験によるが，試験片のつくり方や試験法は JIS による．油圧式圧縮試験機などについても JIS による．土木材料の教科書を参照のこと．

4.3 適切な構造形態を選び，強度の大きい材料を用いることで使用材料を減らす軽量化効果と加工費のバランスを考慮する．また，架設の合理化を図り，全体の費用の削減も考慮するなどの条件を考える．

4.4 構造の水はけをよくし，水の滞留場所をなくす．雨水のかからない構造とする．塗装による防錆を行う．耐候性鋼板を使用する．溶融亜鉛などによる表面処理を行う．非錆性の材料を冶金的に接合させる（クラッド鋼）．密閉された場所では乾燥した空気を循環させる．十分な錆しろをとって設計する（2 mm 程度の錆は安全率の中で考慮されている）．

4.5 鉄筋に急速に錆を発生させる．対策として，十分なかぶり厚をとる．塗装，あるいは空気中の炭酸ガスを減少させる．

4.6 略

演習問題 5

5.1 断面積を下記のように求める．

鋼部材の断面積

		$A\,[\mathrm{mm}^2]$
UFlg	280×12	3,360
2-Web	256×12	6,144
LFlg	280×12	3,360
		12,864

作用応力 σ_{td} は，

$$\sigma_{td} = \frac{\gamma_{p1}\gamma_{q1}N_D + \gamma_{p2}\gamma_{q2}N_L}{A}$$

$$= \frac{1.0 \times 1.05 \times 900000 + 1.0 \times 1.25 \times 600000}{12864} = 131.8\,\mathrm{N/mm^2}$$

である．一方，制限値 σ_{tyd} は

$$\sigma_{tyd} = \xi_1 \Phi_{Yt} \sigma_{yk} = 0.90 \times 0.85 \times 235 = 179.8\,\mathrm{N/mm^2}$$

であるため，

$$\sigma_{td} \leqq \sigma_{tyd}$$

となり，限界状態 1 を超えない．

5.2 断面性能を下記のように求める．

鋼部材の断面性能

		$A\,[\mathrm{mm^2}]$	$y\,[\mathrm{mm}]$	$Ay^2\,[\mathrm{mm^4}]$
UFlg	280×12	3,360	-134	60,332,000
2-Web	256×12	6,144	0	33,554,000
LFlg	280×12	3,360	134	60,332,000
		12,864		$I = 154{,}218{,}000$

作用圧縮応力度 σ_{cd} は，

$$\sigma_{cd} = \frac{\gamma_{p1}\gamma_{q1}N_D + \gamma_{p2}\gamma_{q2}N_L}{A}$$
$$= \frac{1.0 \times 1.05 \times (-900000) + 1.0 \times 1.25 \times (-300000)}{12864} = -102.6\,\mathrm{N/mm^2}$$

である．一方，制限値 σ_{cud} は

$$l = 7000\,\mathrm{mm}, \qquad r = \sqrt{I/A} = 109.5, \qquad l/r = 63.9$$

$$\lambda = \frac{1}{\pi}\sqrt{\frac{\sigma_{yk}}{E}}\frac{l}{r} = \frac{1}{\pi}\sqrt{\frac{235}{200000}} \times 63.9 = 0.698$$

$$\rho_{crg} = 1.059 - 0.258\,\lambda - 0.19\,\lambda^2 = 0.786$$

$$\sigma_{cud} = \xi_1 \xi_2 \Phi_U \rho_{crg} \rho_{crl} \sigma_{yk} = 0.9 \times 1.0 \times 0.85 \times 0.786 \times 1.0 \times 235$$
$$= 141.3\,\mathrm{N/mm^2}$$

であるため，

$$\sigma_{cd} \leqq \sigma_{cud}$$

となり，限界状態 3 を超えない．

5.3 断面性能を下記のように求める．

鋼部材の断面性能

		$A\,[\mathrm{mm^2}]$	$y\,[\mathrm{mm}]$	$Ay^2\,[\mathrm{mm^4}]$
UFlg	560×34	19,040	-867	14,312,158,000
Web	1700×12	20,400	0	4,913,000,000
LFlg	560×34	19,040	867	14,312,158,000
		58,480		$I = 33{,}537{,}317{,}000$

作用曲げ引張応力度 σ_{td} および作用圧縮応力度 σ_{cd} は,

$$\begin{aligned}\sigma_{td} = \sigma_{cd} &= \frac{\gamma_{p1}\gamma_{q1}M_D + \gamma_{p2}\gamma_{q2}M_L}{I}y \\ &= \frac{6000000000 \times 1.0 \times 1.05 + 3000000000 \times 1.0 \times 1.25}{33537317000} \times 934 \\ &= 264.9\,\mathrm{N/mm^2}\end{aligned}$$

である．一方，制限値 σ_{tud}，σ_{cud} は

$$\sigma_{tud} = \xi_1\xi_2\Phi_{Ut}\sigma_{yk} = 0.9 \times 1.0 \times 0.85 \times 355 = 271.6\,\mathrm{N/mm^2}$$

$$\sigma_{cud} = \xi_1\xi_2\Phi_{U}\rho_{brg}\sigma_{yk} = 0.9 \times 1.0 \times 0.85 \times 1.0 \times 235 = 271.6\,\mathrm{N/mm^2}$$

であるため,

$$\sigma_{td} = \sigma_{cd} \leqq \sigma_{tud} = \sigma_{cud}$$

となり，限界状態 3 を超えない．

5.4 作用せん断応力度 τ_d は,

$$\begin{aligned}\tau_d &= \frac{\gamma_{p1}\gamma_{q1}Q_D + \gamma_{p2}\gamma_{q2}Q_L}{A} \\ &= \frac{900000 \times 1.0 \times 1.05 + 500000 \times 1.0 \times 1.25}{1300 \times 12} = 100.6\,\mathrm{N/mm^2}\end{aligned}$$

である．一方，制限値 τ_{ud} は

$$\tau_{ud} = \xi_1\xi_2\Phi_{Us}\tau_{yk} = 0.9 \times 1.0 \times 0.85 \times 135 = 103.2\,\mathrm{N/mm^2}$$

であるため,

$$\tau_d \leqq \tau_{ud}$$

となり，限界状態 3 を超えない．

5.5 まず，断面性能を下記のように求める．

鋼部材の断面性能

		A [mm^2]	y [mm]	Ay^2 [mm^4]
UFlg	420 × 22	9,240	−201	373,305,000
2-Web	380 × 22	16,720	0	201,197,000
LFlg	420 × 22	9,240	201	373,305,000
		35,200		I = 947,807,000

引張軸力による作用応力 σ_{td} は,

$$\begin{aligned}\sigma_{td} &= \frac{\gamma_{p1}\gamma_{q1}N_D + \gamma_{p2}\gamma_{q2}N_L}{A} \\ &= \frac{1.0 \times 1.05 \times 2200000 + 1.0 \times 1.25 \times 1200000}{35200} = 108.4\,\mathrm{N/mm^2}\end{aligned}$$

である．一方，制限値 σ_{tud} は

$$\sigma_{tud} = \xi_1\Phi_{Yt}\sigma_{yk} = 0.90 \times 0.85 \times 355 = 271.6\,\mathrm{N/mm^2}$$

である．強軸周り曲げモーメントによる引張応力度 σ_{tyd} は，

$$\begin{aligned}\sigma_{tyd} &= \frac{\gamma_{p1}\gamma_{q1}M_D + \gamma_{p2}\gamma_{q2}M_L}{I}y \\ &= \frac{1.0 \times 1.05 \times 400000000 + 1.0 \times 1.25 \times 150000000}{947807000} \times 212 \\ &= 135.9\,\mathrm{N/mm^2}\end{aligned}$$

である．一方，制限値 σ_{tuyd} は

$$\sigma_{tuyd} = \xi_1\xi_2\Phi_{Ut}\sigma_{yk} = 0.9 \times 1.0 \times 0.85 \times 355 = 271.6\,\mathrm{N/mm^2}$$

である．これより，

$$\frac{\sigma_{td}}{\sigma_{tud}} + \frac{\sigma_{tyd}}{\sigma_{tuyd}} + \frac{\sigma_{tzd}}{\sigma_{tuzd}} = \frac{108.4}{271.6} + \frac{135.9}{271.6} + \frac{0.0}{271.5} = 0.90 \leqq 1.0$$

となり，式 (5.15) を満足する．また，

$$\begin{aligned}\sigma_{cyd} &= \frac{\gamma_{p1}\gamma_{q1}M_D + \gamma_{p2}\gamma_{q2}M_L}{I}y \\ &= \frac{1.0 \times 1.05 \times 400000000 + 1.0 \times 1.25 \times 150000000}{947807000} \times (-212) \\ &= -135.9\,\mathrm{N/mm^2}\end{aligned}$$

である．一方，制限値 σ_{cuyd} は

$$\sigma_{cuyd} = \xi_1\xi_2\Phi_U\rho_{brg}\sigma_{yk} = 0.9 \times 1.0 \times 0.85 \times 1.0 \times 355 = 271.6\,\mathrm{N/mm^2}$$

となる．なお，本問では箱形断面のため横倒れ座屈は無視できるので，$\rho_{brg} = 1.0$ である．したがって，

$$-\frac{\sigma_{td}}{\sigma_{tud}} + \frac{\sigma_{cyd}}{\sigma_{cuyd}} + \frac{\sigma_{czd}}{\sigma_{cuzdo}} = -\frac{108.4}{271.6} + \frac{-135.9}{-271.6} = 0.10 \leqq 1.0$$

となり，式 (5.16) を満足する．また，本問では鋼板の局部座屈は無視するとしたため，式 (5.17) は考えない．以上より，限界状態 3 を超えない．

演習問題 6

6.1 単純支持の桁に比較し，桁中央部の曲げモーメントを減少させる．伸縮継手のないことによる良好な走行性，支承数の減少，耐震性の向上など．

6.2 静定構造のために支点沈下などの影響を受けない．欠点として，架け違い部の構造上の欠陥が生じやすい，振動が生じやすい，耐震的ではない．

6.3 引張強度の小さいコンクリートに生じる引張応力は，すべて内部に配置されたコンクリートと，せん断的に結合されている鉄筋により抵抗させて構造を成り立たせている．鉄筋コンクリートが成り立つ条件は，線膨張係数がほとんど等しいこととコンクリートが初期においてはアルカリ性であり，鉄筋に生じる錆を防いでいることである．

6.4 伸びのよい高強度 PC 鋼棒により，引張強度の小さいコンクリートにあらかじめ圧縮応力を加えておき，その後に加わる引張応力に耐えさせる．熱によりあらかじめ圧縮応力を

与えて強度を増しているものとして強化ガラスや日本刀がある．その原理を考えよ．

演習問題 7

7.1 水平補剛材を必要としないウェブ厚は 15 mm である．

$$b = 1800\,\mathrm{mm}, \qquad b/124 = 14.5\,\mathrm{mm}$$

断面性能を求め，限界状態 3 を照査する．

次に断面性能を求める．ここで，鋼材は SM490Y とする．

鋼部材の断面性能

		$A\,[\mathrm{mm}^2]$	$y\,[\mathrm{mm}]$	$Ay^2\,[\mathrm{mm}^4]$
UFlg	540 × 32	17,280	−916	14,499,000,000
Web	1800 × 15	27,000	0	7,290,000,000
LFlg	540 × 32	17,280	916	14,499,000,000
		61,560		$I = 36{,}288{,}000{,}000$

作用曲げ引張および圧縮応力度は，

$$\begin{aligned}\sigma_{td} = \sigma_{cd} &= \frac{\gamma_{p1}\gamma_{q1}M_D + \gamma_{p2}\gamma_{q2}M_L}{I}y \\ &= \frac{1.0 \times 1.05 \times 4151000000 + 1.0 \times 1.25 \times 3979000000}{36298000000} \times 932 \\ &= 239.7\,\mathrm{N/mm^2}\end{aligned}$$

である．一方，制限値は

$$\sigma_{tud} = \xi_1\xi_2\Phi_{Ut}\sigma_{yk} = 0.9 \times 1.0 \times 0.85 \times 355 = 271.6\,\mathrm{N/mm^2}$$

$$\sigma_{cud} = \xi_1\xi_2\Phi_U\rho_{brg}\sigma_{yk} = 0.9 \times 1.0 \times 0.85 \times 1.0 \times 355 = 271.6\,\mathrm{N/mm^2}$$

であるため，

$$\sigma_{td} = \sigma_{cd} \leqq \sigma_{tud} = \sigma_{cud}$$

となり，限界状態 3 を超えない．

7.2 支間長 40 m の支間中央 C 点での設計曲げモーメントを影響線により求める．

$$y_1 = L/4 = 40.0/4 = 10.0$$

$$y_2 = (15.0/20.0)y_1 = 7.5$$

$$A_2\text{（三角形 ABE の面積）} = y_1L/2 = 10.0 \times 40.0/2 = 200.0$$

$$A_3\text{（五角形 DEFGH の面積）} = 10(y_1 + y_2)/2 = 10 \times (10.0 + 7.5)/2 = 87.5$$

$$M_D = dA_2 = 36.9 \times 200.0 = 7380\,\mathrm{kN{\cdot}m}$$

$$M_{p1} = L_{p1}A_3 = 31.25 \times 87.5 = 2734\,\mathrm{kN{\cdot}m}$$

$$M_{p2} = L_{p2}A_2 = 10.938 \times 200.0 = 2188\,\mathrm{kN{\cdot}m}$$

活荷重には衝撃係数 i を乗じて，設計曲げモーメント M_L を求める．

$$i = 20/(50 + 40.0) = 0.222$$

$$M_L = (1+i)(M_{p1} + M_{p2}) = 6015\,\text{kN·m}$$

次に鋼部材を下記のように仮定し，断面性能を求める．鋼材は SM490Y とする．

鋼部材の断面性能

		$A\,[\text{mm}^2]$	$y\,[\text{mm}]$	$Ay^2\,[\text{mm}^4]$
UFlg	600×40	24,000	−1,170	32,853,000,000
Web	2300×12	27,600	0	12,167,000,000
LFlg	600×40	24,000	1,170	32,853,000,000
		75,600		$I =$ 77,874,000,000

作用曲げ引張および圧縮応力度は，

$$\begin{aligned}\sigma_{td} = \sigma_{cd} &= \frac{\gamma_{p1}\gamma_{q1}M_D + \gamma_{p2}\gamma_{q2}M_L}{I}y \\ &= \frac{1.0 \times 1.05 \times 7380000000 + 1.0 \times 1.25 \times 6015000000}{77874000000} \times 1190 \\ &= 233.3\,\text{N/mm}^2\end{aligned}$$

である．一方，制限値 σ_{tud}，σ_{tyd} は

$$\sigma_{tud} = \xi_1\xi_2\Phi_{Ut}\sigma_{yk} = 0.9 \times 1.0 \times 0.85 \times 355 = 271.6\,\text{N/mm}^2$$

$$\sigma_{cud} = \xi_1\xi_2\Phi_U\rho_{brg}\sigma_{yk} = 0.9 \times 1.0 \times 0.85 \times 1.0 \times 355 = 271.6\,\text{N/mm}^2$$

であるため，

$$\sigma_{td} = \sigma_{cd} \leqq \sigma_{tud} = \sigma_{cud}$$

となり，限界状態 3 を超えない．

7.3 縦補剛材は，その間隔を調整してウェブのせん断強度の調整を行う．力学的にはせん断座屈を防止し，せん断強度の増加をする．水平補剛材はウェブの板厚に対し，より高い桁高の設計を可能にさせる．力学的にはウェブの曲げ座屈を防止する．

7.4 通常の寸法をもつプレート・ガーダーでは，支間中央部の圧縮フランジが側方，あるいはねじれを伴って側方に変形し，耐力を失う．特殊な場合として，圧縮フランジのウェブの座屈を伴った食い込み，引張フランジの破断，端部のウェブに生じる引張応力（斜張力場）による崩壊など．

演習問題 8

8.1 支間長 40 m の中央での合成前および合成後の最大曲げモーメントを求める．

$$M_{D1} = d_1A_2 = (28.175 + 4.0) \times 200.0 = 6435\,\text{kN·m}$$

$$M_{D2} = d_2A_2 = 4.725 \times 200.0 = 945\,\text{kN·m}$$

$$M_{p1} = L_{p1}A_3 = 31.25 \times 87.5 = 2734\,\text{kN·m}$$

$$M_{p2} = L_{p2} A_2 = 10.938 \times 200.0 = 2188\,\mathrm{kN{\cdot}m}$$

$$i = 20/(50 + L) = 0.222$$

$$M_L = (1 + i)(M_{p1} + M_{p2}) = 6015\,\mathrm{kN{\cdot}m}$$

合成桁断面を**解図 1** のように仮定し，断面性能を求める．

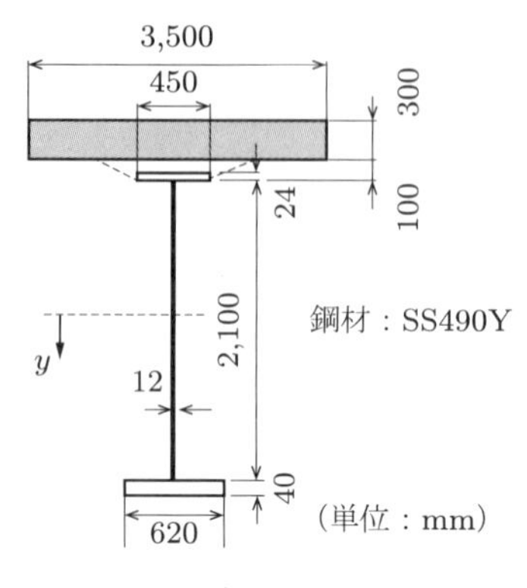

解図 1

鋼桁の断面性能

		$A\,[\mathrm{mm}^2]$	$y\,[\mathrm{mm}]$	$Ay\,[\mathrm{mm}^3]$	$Ay^2\,[\mathrm{mm}^4]$
1-UFlg	450×24	10,800	−1,062	−11,470,000	12,181,000,000
1-Web	2100×12	25,200	0	0	9,261,000,000
1-LFlg	620×40	24,800	1,070	26,536,000	28,394,000,000
		$A_S = 60{,}800$		15,066,000	49,836,000,000

$$e_S = 15066000/60000 = 248\,\mathrm{mm}$$

$$y_U = -1050 - 24 - 248 = -1322\,\mathrm{mm}$$

$$y_L = 1050 + 40 - 248 = 842\,\mathrm{mm}$$

$$I_S = 49836000000 - 60800 \times 248^2 = 46097000000\,\mathrm{mm}^4$$

合成桁の断面性能

		$A\,[\mathrm{mm}^2]$	$y\,[\mathrm{mm}]$	$Ay\,[\mathrm{mm}^3]$	$Ay^2[\mathrm{mm}^4]$
Slab/n	3500×300	150,000	−1,300	−195,000,000	253,500,000,000
					1,125,000,000
1-UFlg	450×24	10,080	−1,062	−11,470,000	12,181,000,000
1-Web	2100×12	25,200	0	0	9,261,000,000
1-LFlg	620×40	24,800	1,070	26,536,000	28,394,000,000
		$A_V = 210{,}080\,\mathrm{mm}^2$		−179,169,000	304,461,000,000

$$e_V = -179169000/210080 = -853\,\mathrm{mm}$$

$$y_{CU} = -1050 - 100 - 300 + 853 = -597\,\mathrm{mm}$$

$$y_U = -1050 - 24 + 853 = -221\,\mathrm{mm}$$

$$y_L = 1050 + 40 + 853 = 1943\,\mathrm{mm}$$

$$I_V = 304461000000 - 210080 \times 853^2 = 151605000000\,\mathrm{mm}^4$$

合成前死荷重による曲げモーメントによる鋼桁の応力度

$$M_{D1} = 6435\,\mathrm{kN{\cdot}m}$$

$$\sigma_{SUD1} = \frac{M_{D1}}{I_S} y_U = \frac{6435 \times 10^6}{46097 \times 10^6} \times (-1322) = -184.5\,\mathrm{N/mm^2}$$

$$\sigma_{SLD1} = \frac{M_{D1}}{I_S} y_L = \frac{6435 \times 10^6}{46097 \times 10^6} \times 842 = 117.4\,\mathrm{N/mm^2}$$

合成後死荷重および活荷重による曲げモーメントによる合成桁の応力度

$$M_{D2} = 945\,\mathrm{kN{\cdot}m}$$

$$M_L = 6015\,\mathrm{kN{\cdot}m}$$

$$\sigma_{CUD2} = \frac{M_{D2}}{nI_V} y_{CU} = \frac{945 \times 10^6}{7 \times 151605 \times 10^6} \times (-597) = -0.53\,\mathrm{N/mm^2}$$

$$\sigma_{CUL} = \frac{M_L}{nI_V} y_{CU} = \frac{6015 \times 10^6}{7 \times 151605 \times 10^6} \times (-597) = -3.38\,\mathrm{N/mm^2}$$

$$\sigma_{SUD2} = \frac{M_{D2}}{I_V} y_{SU} = \frac{945 \times 10^6}{151605 \times 10^6} \times (-221) = -1.4\,\mathrm{N/mm^2}$$

$$\sigma_{SUL} = \frac{M_L}{I_V} y_{SU} = \frac{6015 \times 10^6}{151605 \times 10^6} \times (-221) = -8.8\,\mathrm{N/mm^2}$$

$$\sigma_{SLD2} = \frac{M_{D2}}{I_V} y_{SU} = \frac{945 \times 10^6}{151615 \times 10^6} \times 1943 = 12.1\,\mathrm{N/mm^2}$$

$$\sigma_{SLL} = \frac{M_L}{I_V} y_{SU} = \frac{6015 \times 10^6}{151605 \times 10^6} \times 1943 = 77.1\,\mathrm{N/mm^2}$$

耐荷性能の照査

鋼桁引張側：

作用引張応力度 σ_{tdSL} は

$$\begin{aligned}\sigma_{tdSL} &= \gamma_{p1}\gamma_{q1}(\sigma_{SLD1} + \sigma_{SLD2}) + \gamma_{p2}\,\gamma_{q2}\,\sigma_{SLL} \\ &= 1.0 \times 1.05 \times (117.4 + 12.1) + 1.0 \times 1.25 \times 77.1 = 232.4\mathrm{N/mm^2}\end{aligned}$$

である．一方，制限値 σ_{tudSL} は

$$\sigma_{tudSL} = \xi_1\xi_2\Phi_{Ut}\sigma_{yk} = 0.9 \times 1.0 \times 0.85 \times 355 = 271.6\,\mathrm{N/mm^2}$$

である．したがって，

$$\sigma_{tdSL} \leqq \sigma_{tudSL}$$

となり，限界状態 3 を満足する．

鋼桁圧縮側：

a) 架設時

作用圧縮応力度 σ_{cd1SU} は

$$\sigma_{cd1SU} = \gamma_{p1}\gamma_{q1}\sigma_{SUD1} = 1.0 \times 1.05 \times (-184.5) = -193.7\,\mathrm{N/mm^2}$$

である．一方，制限値 σ_{cud1SU} は

$$\sigma_{cud1} = \xi_1\xi_2\Phi_U\rho_{brg}\sigma_{yk} = 1.0 \times 0.9 \times 0.85 \times 1.0 \times 355 = 271.6\,\mathrm{N/mm^2}$$

$$\sigma_{crld} = \xi_1\xi_2\Phi_U\rho_{crld}\sigma_{yk} = 0.9 \times 1.0 \times 0.85 \times 1.0 \times 355 = 271.6\,\mathrm{N/mm^2}$$

$$\sigma_{cud1SU} = \min(\sigma_{cud1}, \sigma_{crld}) = 271.6\,\mathrm{N/mm^2}$$

である．したがって，

$$\sigma_{cd1SU} \leqq \sigma_{cud1SU}$$

となり，限界状態 3 を満足する．

b) 完成時

作用圧縮応力度 σ_{cd2SU} は

$$\begin{aligned}\sigma_{cd2SU} &= \gamma_{p1}\gamma_{q1}(\sigma_{SUD1} + \sigma_{SUD2}) + \gamma_{p2}\gamma_{q2}\sigma_{SUL} \\ &= 1.0 \times 1.05 \times (-184.5 - 1.4) + 1.0 \times 1.25 \times (-8.8) \\ &= -206.2\,\mathrm{N/mm^2}\end{aligned}$$

である．一方，制限値に関しては，合成後は圧縮フランジが床版で直接固定されるため，$\rho_{brg} = 1.0$ となる．また，局部座屈は無視する．

$$\sigma_{cud2} = \sigma_{crld} = 271.6\,\mathrm{N/mm^2}$$

さらに，床版と鋼桁との合成作用をする際には補正係数 1.15 を考慮してよい．

$$\sigma_{cud2SU} = 271.6 \times 1.15 = 312.3\,\mathrm{N/mm^2}$$

したがって，

$$\sigma_{cd2SU} \leqq \sigma_{cud2SU}$$

となり，限界状態 1 を満足する．

コンクリート圧縮側：

作用圧縮応力度 σ_{cdCU} は

$$\begin{aligned}\sigma_{cdCU} &= \gamma_{p1}\gamma_{q1}\sigma_{CUD2} + \gamma_{p2}\gamma_{q2}\sigma_{CUL} \\ &= 1.0 \times 1.05 \times (-0.53) + 1.0 \times 1.25 \times (-3.38) = -5.02\,\mathrm{N/mm^2}\end{aligned}$$

である．一方，コンクリートの設計基準強度を $27\,\mathrm{N/mm^2}$ とすると，制限値 σ_{cudCU}（限界状態 1）は

$$\sigma_{cudCU} = 10.0\,\mathrm{N/mm^2}$$

である．したがって，

$$\sigma_{cdCU} \leqq \sigma_{cudCU}$$

となり，限界状態 1 を満足する．

8.2 ずれ止めは，曲げを受け，あるいはほかの原因で鋼桁と床版コンクリートの間に生じるずれを止め，それによって生じる力でコンクリートに圧縮応力を生じさせる．これにより鋼桁とコンクリートは一体化される．

8.3 曲げによるコンクリート床版に生じる圧縮力の変化，鋼桁とコンクリート床版間の温度差，コンクリートの乾燥収縮あるいはクリープ．

8.4 PC 鋼棒により引張応力を受ける部分にプレストレスを加える，引張りを受ける部分に膨張性コンクリートを使用する，中間支点をあらかじめ上げ越しておき，コンクリート床版打設後に支点を下げる，あらかじめ鋼桁を曲げておき，コンクリート床版を打設して曲げを開放する．斜張橋や自碇式吊橋の補剛桁に生じる圧縮力を利用するなど．

8.5 中間支点上のコンクリート床版に生じるひび割れ，鉄筋配置，あるいは床版の有効幅など．

演習問題 9

9.1 上弦材 U_2

影響線を用いて部材力を算定する．

$$N_D = dA_1 = 45 \times (-45.724) = -2058\,\mathrm{kN}$$

$$N_{P1} = p_1 A_2 = 40 \times (-14.780) = -595\,\mathrm{kN}$$

$$N_{P2} = p_2 A_1 = 10 \times (-45.724) = -457\,\mathrm{kN}$$

$$N = N_D + N_{P1} + N_{P2} = -3110\,\mathrm{kN}$$

次に，上弦材 U_2 の断面を**解図 2** のように仮定し，応力照査する．鋼材材質は，SM490Y とする．

$$\text{断面二次半径：} r_y = \sqrt{\frac{I_y}{A}} = \sqrt{\frac{478052000}{25840}} = 136\,\mathrm{mm}$$

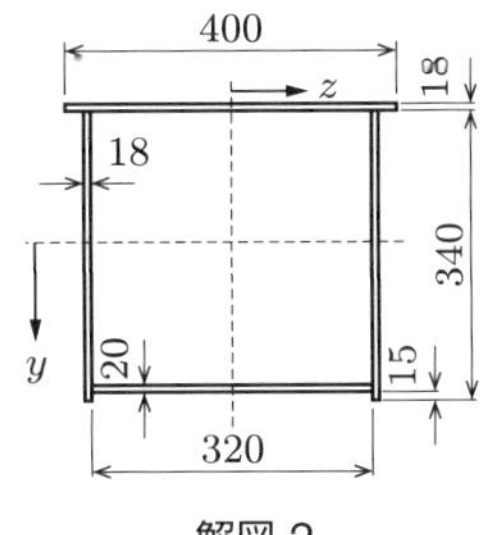

解図 2

$$細長比：\frac{l_y}{r_y} = \frac{8000}{136} = 58.8 < 120$$

$$\begin{aligned}\sigma_{cd} &= \frac{\gamma_{pD}\gamma_{qD}N_D + \gamma_{pL}\gamma_{qL}N_L}{A_g} \\ &= \frac{1.0 \times 1.05 \times (-2058000) + 1.0 \times 1.25 \times (-1052000)}{25840} \\ &= -134.5\,\mathrm{N/mm^2}\end{aligned}$$

$$\lambda = \frac{1}{\pi}\sqrt{\frac{\sigma_{yk}}{E}}\frac{l}{r} = \frac{1}{\pi}\sqrt{\frac{355}{200000}} \times \frac{8000}{136} = 0.788$$

$$\rho_{crg} = \begin{cases} 1.00 & (\lambda \leqq 0.2) \\ 1.059 - 0.258\,\lambda - 0.19\,\lambda^2 & (0.2 < \lambda \leqq 1.0) \\ 1.427 - 1.039\,\lambda - 0.223\,\lambda^2 & (1.0 < \lambda) \end{cases}$$

$$= 1.059 - 0.258 \times 0.788 - 0.19 \times 0.788^2 = 0.737$$

$$\begin{aligned}\sigma_{cud} &= \xi_1\xi_2\Phi_U\rho_{crg}\rho_{crl}\sigma_{yk} \\ &= 0.90 \times 1.0 \times 0.85 \times 0.737 \times 1.0 \times 355 = 200.1\,\mathrm{N/mm^2}\end{aligned}$$

なお，鋼板の局部座屈は無視する．以上より，

$$\sigma_{cd} \leqq \sigma_{cud}$$

であり，限界状態 3 を満足する．

9.2 下弦材 L_4

影響線を用いて部材力を算定する．

$$N_D = dA_1 = 45 \times 54.848 = 2468\,\mathrm{kN}$$

$$N_{P1} = p_1A_2 = 40 \times 17.063 = 683\,\mathrm{kN}$$

$$N_{P2} = p_2A_1 = 10 \times 54.848 = 548\,\mathrm{kN}$$

$$N_L = N_{P1} + N_{P2} = 1231\,\mathrm{kN}$$

次に，下弦材 L_4 の断面を**解図 3** のように仮定し，応力照査する．鋼材材質は，SM490Y とする．

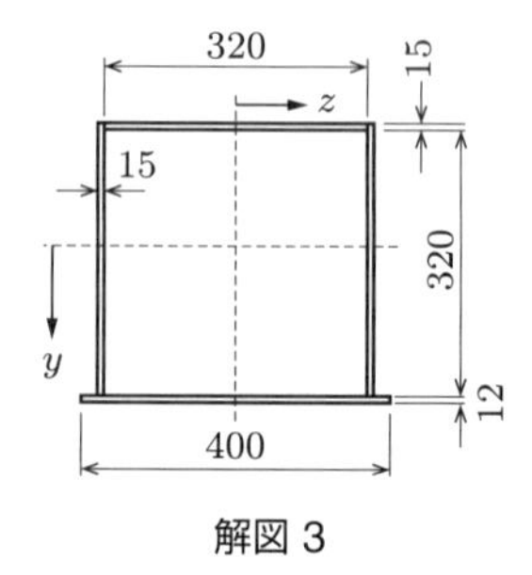

解図 3

$$\text{断面二次半径}：r_y = \sqrt{\frac{I_y}{A}} = \sqrt{\frac{325597000}{19200}} = 130\,\mathrm{mm}$$

$$\text{細長比}：\frac{l_y}{r_y} = \frac{8000}{130} = 62 < 200$$

（引張部材の許容細長比は 200 である）

$$\sigma_{td} = \frac{\gamma_{pD}\gamma_{qD}N_D + \gamma_{pL}\gamma_{qL}N_L}{A_g}$$
$$= \frac{1.0 \times 1.05 \times 2468000 + 1.0 \times 1.25 \times 1231000}{19200} = 215.1\,\mathrm{N/mm^2}$$
$$\sigma_{tyd} = \xi_1 \Phi_{Yt} \sigma_{yk} = 0.90 \times 0.85 \times 355 = 271.6\,\mathrm{N/mm^2}$$

したがって，

$$\sigma_{td} \leqq \sigma_{tyd}$$

であり，限界状態 1 を満足する．

9.3 斜材 D_2

影響線を用いて部材力を算定する．一般に斜材では正負の両者の値をとるが，端部の斜材 D_2 では正のみである．

$$N_D = dA_1 = 45 \times 27.720 = 1247\,\mathrm{kN}$$

$$N_{P1} = p_1 A_2 = 40 \times 9.515 = 381\,\mathrm{kN}$$

$$N_{P2} = p_2 A_1 = 10 \times 27.720 = 277\,\mathrm{kN}$$

$$N_L = N_{P1} + N_{P2} = 658\,\mathrm{kN}$$

次に，斜材 D_2 の断面を**解図 4** のように仮定する．鋼材材質は，SM490Y とする．断面積の算定には，高力ボルトによる断面欠損を差し引かなければならない．この場合，4 本分（孔の直径 25 mm）とする．また，斜材は上下弦材のウェブに差し込まれるため，斜材幅は弦材ウェブ間隔より 2 mm 小さくする．

$$A_n = (2 \times 300 \times 14 - 4 \times 25 \times 14) + 290 \times 10 = 9900\,\mathrm{mm^2}$$

$$\text{断面二次半径}：r_y = \sqrt{\frac{I_y}{A}} = \sqrt{\frac{63024000}{11300}} = 74.7\,\mathrm{mm}$$

$$\text{有効座屈長}：l_y = 0.9 \times 8062 = 7256\,\mathrm{mm}$$

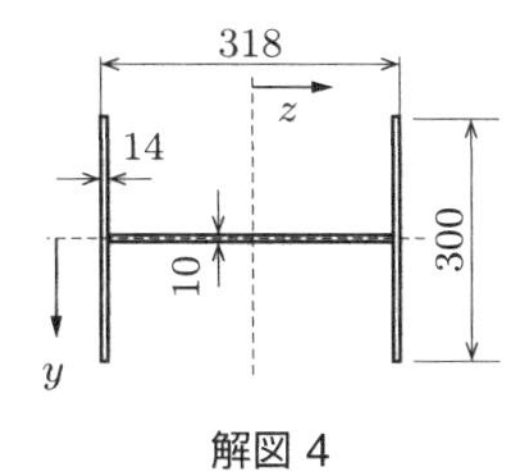

解図 4

（接合ボルト群の中心間距離と考えられるため，格間長の 90% とする）

細長比：$\dfrac{l_y}{r_y} = \dfrac{7256}{74.7} = 97 < 200$

$$\sigma_{td} = \frac{\gamma_{pD}\gamma_{qD}N_D + \gamma_{pL}\gamma_{qL}N_L}{A_n}$$
$$= \frac{1.0 \times 1.05 \times 1247000 + 1.0 \times 1.25 \times 658000}{9900} = 215.3\,\mathrm{N/mm^2}$$
$$\sigma_{tyd} = \xi_1 \Phi_{Yt} \sigma_{yk} = 0.90 \times 0.85 \times 355 = 271.6\,\mathrm{N/mm^2}$$

したがって，

$$\sigma_{td} \leqq \sigma_{tyd}$$

であり，限界状態 1 を満足する．

9.4 斜材 D_3

影響線を用いて部材力を算定する．斜材では正負の両者の値をとり，死荷重に対しては全体の面積を求めるが，活荷重に対しては正または負の領域のみに載荷する．

$$N_D = dA_1 = 45 \times (-18.480) = -652\,\mathrm{kN}$$
$$N_{P1} = p_1 A_2 = 40 \times (-7.365) = -295\,\mathrm{kN}$$
$$N_{P2} = p_2 A_3 = 10 \times (-19.250) = -193\,\mathrm{kN}$$
$$N_L = N_{P1} + N_{P2} = -488\,\mathrm{kN}$$

次に，斜材 D_3 の断面を**解図 5** のように仮定する．鋼材材質は，SM490Y とする．

断面二次半径：$r_y = \sqrt{\dfrac{I_y}{A}} = \sqrt{\dfrac{132463000}{10800}} = 111\,\mathrm{mm}$

細長比：$\dfrac{l_y}{r_y} = \dfrac{7256}{111} = 65.4 < 120$

$$\sigma_{cd} = \frac{\gamma_{pD}\gamma_{qD}N_D + \gamma_{pL}\gamma_{qL}N_L}{A_g}$$
$$= \frac{1.0 \times 1.05 \times (-652000) + 1.0 \times 1.25 \times (-488000)}{10800}$$
$$= -119.8\,\mathrm{N/mm^2}$$

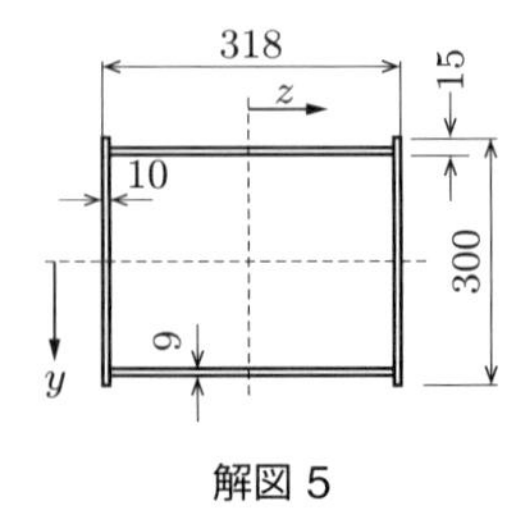

解図 5

$$\lambda = \frac{1}{\pi}\sqrt{\frac{\sigma_{yk}}{E}}\frac{l}{r} = \frac{1}{\pi}\sqrt{\frac{355}{200000}} \times \frac{7256}{111} = 0.877$$

$$\rho_{crg} = \begin{cases} 1.00 & (\lambda \leqq 0.2) \\ 1.059 - 0.258\,\lambda - 0.19\,\lambda^2 & (0.2 < \lambda \leqq 1.0) \\ 1.427 - 1.039\,\lambda - 0.223\,\lambda^2 & (1.0 < \lambda) \end{cases}$$

$$= 1.059 - 0.258 \times 0.877 - 0.19 \times 0.877^2 = 0.661$$

$$\sigma_{cud} = \xi_1\xi_2\Phi_U\rho_{crg}\rho_{crl}\sigma_{yk}$$

$$= 0.90 \times 1.0 \times 0.85 \times 0.661 \times 1.0 \times 355 = 179.5\,\mathrm{N/mm^2}$$

なお，鋼板の局部座屈は無視する．以上より，

$$\sigma_{cd} \leqq \sigma_{cud}$$

であり，限界状態 3 を満足する．

9.5 トラス全体を立体的に安定させる．上横構などに加わる側方からの荷重を支承に伝える．

9.6 トラスの立体的剛度を増加させる．両主構間にある荷重を両主構に均等に配分させる．

9.7 弦材の高さをトラスの高さより比較的小さくなるようにする．通常 1/10 以下にとる．理由は，トラス主構も弦材も曲げを受け同じ曲率をもっていると考えられるので，応力はその高さの比となり，許容されると考えられる二次応力も一次応力の 1/10 以下となるためである．

演習問題 10

10.1 アーチが受ける応力はおもに圧縮応力であり，古代橋梁に使用できる材料である石材は圧縮力に対しては安定した耐力を示すために，石材を使用した橋形式として適していた．また，比較的小さなブロックでアーチを構成させるため，架設が容易であり，しかも各ブロック間には圧縮力が生じ，ブロックの接合に問題が生じなかった．

10.2 上に凸なアーチ・リブをもっており，アーチ・リブの両端が固定されていること．

10.3 断面の核内に圧縮力の合力があればよい．

演習問題 11

11.1 高い強度をもつケーブルを構造主体としている．ケーブルに生じている大きな引張力がそれ自体復元力をもっており，荷重を補剛桁の曲げ強度により抵抗させる必要がないため．

11.2 自碇式吊橋においては，ケーブル張力は補剛桁に圧縮力として導入される．そのため，たわみ変形をした場合，ケーブルの張力による復元力は，補剛桁にはたらく圧縮力による変形を増加させようとする力で打ち消されてしまう．

11.3 他形式の橋梁は，変形を起こした場合には内部に応力が生じ，それに伴う損失エネルギーが発生する．ところが，吊橋の場合はケーブルのたわみ変形だけで復元力が生じるの

で，応力が生じることがないために内部損失エネルギーが小さい．そのために振動が起こりやすい．

11.4 トラスは曲げとねじれ剛性を高く設計しやすい．現場で軽量な部材を使用して架設することができる．ただし自重は大きくなる．流線形断面ボックス・ガーダーは断面形状を適切に選べば適度な耐風性が得られる．トラスに比べ軽量，低コストである．

演習問題 12

12.1 両者ともにケーブル張力を補剛桁にとらせる形式である点で一致している．ただし，斜張橋では荷重はおもに直接いくつかのケーブルを通して分散して塔に導かれるのに対し，吊橋では，荷重は主ケーブルおよび補剛桁の曲率変化により抵抗される．

12.2 解表 2 の通り．

解表 2

	外観	橋幅	補剛桁剛性	架設
1 面ケーブル	単純	碇着部幅だけ大きくなる	補剛桁のねじれ剛性が必要	2 面ケーブルより困難
2 面ケーブル	少々煩雑	とくに大きくはならない	とくにねじれ剛性を必要としない	1 面ケーブルより容易

12.3 最上段のケーブルは下段のケーブルを吊り，斜張ケーブルが自重によりたわみ，剛性が低下することを防いでいる．

演習問題 13

13.1 略

13.2 低温ぜい性の大きい材料の使用に加え，拘束の大きな形式であり，溶接による大きな内部応力が生じていたと考えられる．

演習問題 14

14.1 比較的曲げ剛性の低い床版は，より高い曲げ剛性の縦桁に支持されており，さらに縦桁はより曲げ剛性の大きい横桁に支持されているため，それぞれそれらに強固に支持されているとして取り扱える．四辺支持された短冊形の床板に乗った荷重は，短辺側に伝えられるため，横桁と関係なく床版中央上の荷重は縦桁にのみ伝えられるとして取り扱える．

14.2 道示において，デッキプレートの厚さは 12 mm 以上とされているため，より軽量化して設計するために，設計者は 12 mm を選んできた．ただし，12 mm とすると，デッキプレートには曲げ応力のみならず変形による幕応力，閉断面* 縦リブのゆがみによる応力などが発生し，寿命に影響を与える．

14.3 その面に大きな集中荷重に近い輪荷重を直接受けることである．

14.4 地覆は橋面上の雨水や物品の橋下への直接の落下の防止，自動車が直接防護柵に衝突することの防止などのためにある．

14.5 歩行者・自転車用防護柵を一般には高欄とよんでおり，道示では加わる荷重に対しては高欄のみで抵抗するように設計する．これに対して，自動車用防護柵は床版部分が損傷しないように設計すると定めている．

14.6 略

参考文献

[1] 道路橋示方書・同解説，日本道路協会，丸善，2017
[2] 図解 橋梁用語事典，佐伯彰一編，山海堂，1986
[3] 鋼構造，倉西 茂著，技報堂出版，1974
[4] 眼鏡橋，太田静六著，理工図書，1980
[5] 橋のはなしI・II，吉田 巌編，技報堂出版，1985
[6] 耐風構造，岡内 功・伊藤 学・宮田利雄著，丸善，1977
[7] 橋梁美学，山本 宏著，森北出版，1980
[8] 吊橋の文化史，小田忠樹著，技報堂出版，1981
[9] パリの橋，北嶋廣敏著，グラフ社，1984
[10] 座屈設計ガイドライン，土木学会，1987
[11] 構造システムの最適化，土木学会，1988
[12] 鋼・コンクリート合成構造の設計ガイドライン，土木学会，1991
[13] 新しい英国基準 BS 5400 によるコンクリート橋の設計，L.A. Clark（和訳），国民科学社，1984
[14] プレビーム，奥村敏恵・前田幸雄著，技報堂出版，1981
[15] プレキャスト床版合成桁橋の設計・施工，中井 博編，森北出版，1988
[16] 日本の橋，日本橋梁建設協会編，朝倉書店，1984
[17] BRIDGE AERODYNAMICS, Thomas Telford Limited, London, 1981
[18] BRIDGES AND THEIR BUILDERS, D.B. Steinman & S.R. Watson, Dover Pub., N.Y., 1957
[19] BRIDGES AND MEN, J. Gies, Grosset & Dunlap, N.Y., 1963
[20] BUILDING BRIDGES, H. Wittfoht, Beton-Verlag, Düsseldorf, 1984
[21] SPAN OF BRIDGES, H.J. Hopkins, Praeger Pub., N.Y., 1970
[22] PONTS de FRANCE, G. Grattesat, Presses de l'école Nationaledes Ponts et Chaussées, Paris, 1982
[23] TRANSITIONS IN ENGINEERING, T.F. Peter, Birkhäuser, Basel, Boston, 1987
[24] PLASTIC ANALYSIS OF STRUCTURES, P.G. Hodge Jr., McGraw-Hill, N.Y., 1959
[25] STAHLBAU HANDBUCH, 182, Stahlbau-Verlags, Köln, 1982
[26] BRIDGE ENGINEERING, Vol.I & II, J.A.L. Waddell, John Wiley & Sons, London, 1916
[27] 道路橋耐風設計便覧，日本道路協会，丸善，1991
[28] 鋼道路橋の疲労設計指針，日本道路協会，丸善，2002
[29] サイエンス，日経サイエンス，1987，9
[30] 木橋づくり新時代，（財）日本住宅・木材技術センター，ぎょうせい，1995
[31] 構造の力学基礎，倉西 茂著，森北出版，1999

索　引

■英数字

2 心アーチ　129
2 ヒンジ・アーチ　130, 131, 139, 142, 143, 148, 149
3 ヒンジ・アーチ　131, 136, 139, 148
5 心アーチ　130
6 心アーチ　130
A 活荷重　33
B 活荷重　33, 94
concordant　73
H 形鋼　65, 66, 70, 106, 117
H 形断面　122, 124, 169
I 形鋼　65, 66, 70
I 形鋼桁　70, 97
I 形断面　71, 75, 81, 156
K トラス　115, 124
L 荷重　35
PC　66, 124, 168
PC 桁　100
PC 鋼棒　67, 99
PC 橋　69
S–N 曲線　29
T 荷重　35
T 形はり桁　71
T 断面　117

■あ　行

アイバー　155
アスファルト舗装　35
アーチ　128, 132, 143, 145
アーチ橋　10, 44, 114, 134, 146, 148, 184
アーチ構造　3, 7
アーチ材　132
アーチ作用　128, 132, 133, 141
アーチ軸　142, 147, 149
アーチ軸力　129
アーチ背面　130
アーチ・リブ　129, 140, 145, 147
アーチ・リング　130
圧　縮　51
圧縮応力　18, 71, 97, 98
圧縮強度　47, 50
圧縮部材　5, 112, 114, 123
圧縮フランジ　106
圧縮力　116
アルミニウム　35, 46
アンカー・フレーム　162, 163, 165, 182
アンカー・ブロック　141, 148, 151, 162, 165
安全率　23, 105
維持管理　2
石　橋　13
板構造　187
一般構造用圧延鋼材　45
ウィップル・トラス　114, 115
ウェブ　75, 77, 80, 81, 83–85, 117, 169, 181
ウェブの幅厚比　105
上横構　118
渦　39, 169
エア・スピニング法　155, 163
影響線　24, 25, 35, 81, 94, 120, 121
影響線解析　120
影響線面積　125
影響面　81
円弧アーチ　130
遠心荷重　32
延　性　5, 99
応答解析　42
応　力　18–20, 22, 41, 49, 66, 67, 76, 79, 146
応力集中　47, 123, 148, 165
応力照査　141
応力範囲　29
応力 - ひずみ曲線　48, 50, 67
応力分布　80
オープン・グレーチング床版　156, 190
温度応力　42, 130, 146
温度荷重　42
温度差　42, 100, 103
温度差応力　101
温度変化　162, 169
温度変化の影響　32

■か　行

核　72, 129, 141, 145, 149
格間長　120
下弦材　113, 116, 133
風上側　38
風下側　38
荷　重　1, 6, 9, 10, 16, 18, 20, 22, 25, 30, 32, 65, 77, 85, 101, 119, 132, 139, 151, 155, 157, 159, 187
荷重係数法　21
荷重横分配作用　70
ガスト　38
ガスト応答係数　38
風荷重　26, 32, 38, 77, 85, 117, 124, 160, 168, 170
ガセット・プレート　117, 118, 123
風の息　169
形　鋼　67
片持ち径間　69
片持ち構造　2
片持ちばり　133
型　枠　44
活荷重　25, 32, 33, 69, 93, 105, 122, 142, 144, 145, 164, 172, 175
活荷重強度　94, 125
活荷重合成桁　99
可動橋　14
カバー・プレート　71
下部構造　1, 9, 79, 100
下路橋　14, 117, 124
下路式アーチ橋　131, 144, 147
下路式トラス橋　116
含水率　50

乾燥収縮　67, 72, 99, 180
乾燥収縮の影響　100
カンチ・レバー　10, 69, 79, 113, 142
カンチ・レバー・トラス橋　5
カンチ・レバー形式　3, 113, 148
機械的性質　45
キーストーン　130
基　礎　9, 147, 151
擬母珠　192
逆対称振動　144
ギャロッピング　169
キャンバー　86, 124
橋　脚　9, 69
橋　床　97
橋床版　71, 76, 144
橋　台　9, 31, 130
橋　長　9
強　度　1, 10, 16, 18, 23, 44, 45, 111, 141, 187
強度照査式　23
強度照査法　25
強度設計法　16, 20, 21, 25, 26
橋門構　117
橋　梁　1, 23, 24, 30
曲弦材　132
曲弦トラス　117, 119
曲弦プラット・トラス　115
曲線橋　14, 70
局部座屈　105, 145
曲　率　66, 142, 157
曲率変化　142
許容応力度　19, 26, 79–81, 85
許容応力度設計法　20, 21, 24, 26, 80
許容値　19, 20, 26
切欠きぜい性　47
亀　裂　136
キング・ポスト　115
クイーン・ポスト　115
隅角部　185
空気密度　38
クラウン　130, 145, 146
クラック　67
クラック幅　21
クリープ　67, 72, 99, 100, 180
クリープ係数　48
グルーブ溶接　87
クロム　30, 46
群衆荷重　9
径　間　9
径間長　9
ケイ素　46
桁　178, 184
桁　高　81–83, 117–119
桁構造　9, 111, 113
桁下空間　9
桁下高　9
桁断面　180
桁　橋　10, 65, 67
ケーブル　5, 151, 154, 156, 157, 162, 165, 168, 172, 173, 175, 181, 184
ケーブル形状　156
ケーブル・サグ　156, 157, 162
ケーブル・サドル　164, 168
ケーブル軸力　176
ケーブル・ストランド　163
ケーブル張力　159, 162, 178, 181
ケーブル碇着部　151, 172, 180
ケーブル・バンド　163
ゲルバー桁　10, 69, 79, 148, 184
ケロッグ・トラス　115
限界状態　20, 21
限界状態設計法　20
限界水平反力　143, 144
限界値　21
限界発散振動風速　170
弦　材　116, 123, 136
弦材応力　119
弦材高　119
減　衰　39
懸垂曲線　129, 157
懸垂曲線アーチ　130
建築限界高　120
鋼　5, 35, 44, 46, 184, 185
鋼アーチ　129, 130, 146, 148
高架橋　13
鋼　橋　12, 29, 45
合金止め　165
鋼　桁　42, 93, 98, 100, 103, 105
剛結合　118
鋼構造　16, 20
鋼　材　5, 23, 45, 47, 114
格子桁　70, 189
格子作用　70
鋼　種　94
鋼床版　77, 79, 187, 189
剛　性　26, 133, 152, 170
合　成　173
合成桁　10, 21, 42, 65, 70, 77, 99, 100, 105
合成構造　13, 66, 99
合成作用　99
鋼　線　72, 155
構造解析　19
構造形式　1, 2, 9, 16, 25, 146
構造減衰　169, 170
構造不安定　21
構造力学　18, 19, 21, 26
高速自動車道　33
高張力鋼　113
高張力鋼棒　66
剛　度　1, 10, 17, 19, 39, 113, 156, 187
交番部材　122
降　伏　105, 106
降伏応力度　76, 84, 90
降伏点　46, 145
鋼　棒　72, 73
広葉樹　50
高　欄　10, 26, 169, 192
抗力係数　38
高力ボルト　90
高力ボルト摩擦接合　86
後輪荷重　35
跨線橋　13
固定アーチ　130, 131, 133, 139, 142, 148, 149
固定荷重　33
固定端　3
固定モーメント　148
コーベル・アーチ　3, 128, 134
固有振動周期　39, 145
コンクリート　7, 35, 44, 47, 105, 184, 185
コンクリート・アーチ　145
コンクリート桁　47
コンクリート構造　16, 20, 22
コンクリート床版　42, 101
コンクリートの乾燥収縮の影響　32

コンクリートのクリープの影響　32
コンクリート橋　12
コンクリート標準示方書　48
コンパクト断面　105

■さ　行

載荷位置　26, 35
細骨材　44
最大応力　26
最大断面力　26
最大細長比　123
最大曲げモーメント　95
細部構造　26, 30
材　料　44
材料強度　20
材料特性　48
材齢 28 日　48
サ　グ　177
座　屈　5, 19, 76, 81, 84, 113, 115, 118, 142–144, 148, 178
座屈応力　76
座屈荷重　145
座屈強度　84, 149
座屈係数　143
座屈水平反力　144
サグ比　162
サドル　162, 168
サドル・カバー　168
錆　29
桟　橋　13
支　圧　182
死荷重　16, 26, 32, 33, 86, 99, 101, 105, 122, 129, 144, 145, 164, 168, 172, 175
死荷重強度　94, 125, 145
死活荷重合成桁　99
支　間　139, 149, 162
時間依存性　48
支間長　144
軸　線　128, 129, 139, 145
軸　力　129, 133, 139
軸力部材　149
試験片　50
時刻歴応答解析　42
自　重　39
支　承　9, 26, 31, 79
地震応答特性　39
地震による水平荷重　39
地震の影響　32, 168
地震力　26, 67, 77, 85, 124
下横構　118
支　柱　146
失速振動　169
自碇式吊橋　151, 154, 159, 178
磁鉄鉱　44
支点移動の影響　32
自動車荷重　33
自動車列　1
地　盤　9, 39
地盤沈下　131
地盤の種類　39
地盤変動の影響　32
地　覆　10, 192
斜　橋　14, 70
斜　材　114, 117, 119, 152
斜張橋　8, 11, 172, 175, 180, 184
ジャッキアップ　99
シャルピー吸収エネルギー　46
シャルピー衝撃試験　47
縦横比　84
終局強度　22, 23, 26, 98, 105
終局強度設計法　20, 21, 24, 26, 79, 80, 105
終局限界　21
終局状態　24, 25
収縮ひずみ　48
集水桝　193
縦断勾配　86
重力加速度　144
主荷重　17, 117
主径間　176
主　桁　9, 25, 26, 69, 70, 76, 85, 93, 100, 187
主　構　117
主構間隔　124, 149
主　塔　166, 167
寿　命　23, 26
準コンパクト断面　106
純断面積　122
昇開橋　14
仕様規定　26
衝　撃　1, 32, 36, 122, 164
衝撃荷重　105, 145
衝撃係数　36
衝撃の影響　25
使用限界状態　48
上弦材　116, 118
使用性　23
衝突荷重　32
床　版　10, 35, 47, 77, 93, 120, 132, 149, 168, 188, 189
床版幅　124
上部構造　9
上路式　14, 124, 133
上路式アーチ　146
上路式補剛アーチ　131
初期たわみ　80
自励振動　156, 169
伸縮継手　26, 69, 193
靭　性　5, 45, 46, 99
振　動　6, 23, 142, 147, 168, 180
振動係数　144
振動減衰率　39
震度法　41
針葉樹　50
水　圧　32
水管橋　13
垂直材　114, 117, 118, 136
垂直補剛材　84, 85
垂直補剛材間隔　84
水平震度　39
水平反力　139, 144, 146, 157, 159
水平変位　132, 141, 168
水平補剛材　82, 85, 95
水路橋　13
スキューバ　130
スタッド　99
スターラップ　71
ストランド　163, 165
スパンドレル　130, 133
スパンドレル・アーチ　133
スパンドレル・ブレースト・アーチ　131, 133, 147
スプリンキング　130, 145, 148
スプレー・サドル　162, 164, 165
すみ肉溶接　87
スラブ止め　97, 105
スラブ橋　65
ぜい性破断　47
静定構造　21, 22, 69, 130, 147, 148, 151
静定鋼構造物　20

制動荷重 32
性能規定 26
性能照査設計 23, 26
石造アーチ 4, 129, 130, 138, 145
石 版 2, 65
設 計 1, 135
設計荷重 21, 24
設計基準風速 38
設計法 23
接 合 99
接合部 26
セメント 44
旋回橋 14
線形たわみ度理論 159, 168
全塑性モーメント 80, 105
センター・ダイヤゴナル・ステイ 161
せん断 80, 114
せん断応力 72, 78
せん断剛度 144
せん断降伏 84
せん断変形 78
せん断力 76, 83, 85, 117, 122
銑 鉄 44
尖頭アーチ 129
線膨張係数 103
側径間 133, 146, 173, 176
ソケット 165
粗骨材 44
塑性化 19, 23
塑性解析 182
塑性設計 21
塑性断面係数 80
塑性モーメント 24
素 線 163, 165
ソフィット 130
ソリッド・グレーチング 190

■た 行

タ イ 132, 141, 144, 147, 154
耐荷力 16
耐久性 67, 111
対傾構 26, 76, 77, 85, 118
台形断面 100
耐候性 30, 46
耐候性鋼材 30
タイド・アーチ 131, 132, 147
耐風安定性 172
耐風性 8, 151–153, 168, 179, 180, 190
耐風設計 7, 156
ダイヤフラム 77, 123, 124
耐 力 26, 46
楕円アーチ 130
多室構造 166
脱酸作用 46
縦 桁 120, 187, 188
縦リブ 189
ダブル・ワーレン・トラス 115, 120, 124
タワー 114
たわみ 21
たわみ曲線 157
たわみ度理論 155, 158, 168
単位重量 33
単弦アーチ橋 147
単純桁 10, 67, 68, 74, 79, 83, 98
単純支持 2
単純トラス 116
単純ばり 121, 140
弾性一次解析 145
弾性一次構造解析 148
弾性構造解析法 20
弾性座屈応力度 80
弾性変形 49
炭 素 46
断面強度 22
断面形状 38
断面係数 79
断面重心 66
断面二次半径 143
断面力 22, 100
チェーン 5, 155
力の多角形 128
中央径間 173
中間ヒンジ 120
鋳 鉄 5, 35, 112, 114
中立軸 66
中路橋 14
長円アーチ 130
跳開橋 14
長径間 39
調質鋼 46
長大橋梁 151
張力場 81, 85
直 橋 14, 70
直弦トラス 117
直弦プラット・トラス 115
直弦ワーレン・トラス 119
直線橋 14
直交異方性版 189
突合せ溶接 87
継 手 119, 124
土煉瓦 3
吊径間 69
吊 材 132, 147, 151, 161, 168, 172
吊支間 133
吊 橋 5, 11, 151, 157, 168, 170, 172, 180, 184
吊橋の補剛桁 113
抵抗能力 19
抵抗曲げモーメント 24, 66, 71
碇 着 165
碇着装置 67
碇着部 164, 181
碇着方法 67
碇着径間 69
鉄 筋 29, 44, 49, 66
鉄筋コンクリート 7, 35, 99, 124
鉄筋コンクリート橋 12, 65, 66, 71
鉄筋コンクリート床版 10, 77, 97, 187, 189
鉄筋量 71
鉄 線 5, 155
鉄道橋 13, 113, 133
デフレクター 169
添 接 123
添接板 90
土 圧 32
塔 172, 178
銅 30, 46
塔 高 176
道 示 26, 33, 35, 145
動的耐風性 39
動的な影響 39
等分布荷重 139
道路橋 1, 9, 13, 26, 32
道路橋示方書 17
特殊荷重 17
ドーズ橋 73
塗 装 30

突縁板 75
トラス 4, 16, 111, 121, 124, 147, 151, 169, 179, 180, 184
トラス桁 65, 156
トラス構造 153, 168
トラス橋 5, 10, 69, 111, 114, 116
トラスモデル 182
トレッスル 114
ドロップ・パネル 71

■な 行

二次応力 119, 136, 182
二次的応力 164
二次的部材 17, 30
二次部材 117
ニッケル 30, 46
ニューマチック・ケーソン 5
ニールセン・アーチ 131, 147
ニールセン桁 152
ニールセン・トラス 119
ねじれ 143, 144, 160, 169
ねじれ剛性 117, 143, 144, 148, 170, 173
ねじれ座屈 170
ねじれ振動 169
熱処理 46
伸 び 45
伸び剛性 158, 177
伸び剛度 176
伸び変形 47
ノンコンパクト断面 105

■は 行

波 圧 32
排水設備 26
パイプ断面 113
ハイブリッド構造 13
ハウ・トラス 112, 115
パーカー・トラス 115
箱形断面 71, 117, 122, 124, 149, 169
箱形ラーメン 10
箱 桁 10
橋の等級 26
端補剛材 85
パーシャル・プレストレシング 73
柱強度照査式 149
破 断 47
バックル・プレート 189
発散振動 169, 170
バー・トラス 115
幅厚比 80–84
ハープ形 179
パラペット 130
バランスド・アーチ 131, 133, 148
は り 65
バルチモア・トラス 114, 115
半円アーチ 130, 135
半載荷重 141, 146
ハンチ 102
パンチング 182
ハンド・ホール 124
版 橋 65
ピアノ線 163, 165
非合成桁 70
微小変形理論 139, 145
非直線性 72
引張り 51
引張応力 18, 66, 72, 73, 129
引張強度 5, 46, 48–50
引張鉄筋 71
引張部材 5, 112, 122
引張力 116
必要剛度 82
標準水平震度 39
比例限度 50
疲 労 23, 29
疲労強度 48
疲労亀裂 29, 85
疲労設計 20, 29
疲労設計指針 29
疲労破壊 119
ヒンジ 74, 118, 148
品 質 67
品質管理 44
フィレット 123
フィーレンディール桁 185
フィーレンディール橋 11, 136
フィンガー形式 193
フィンク・トラス 115
風 圧 39
風 速 169
フェアリング 169
付加的曲げモーメント 144, 145
複弦アーチ橋 148
復元力 178
複合橋梁 173
複合構造 13, 133, 137, 184
腹 材 117, 118, 123, 124
腹 板 75
部材軸力 120
部材断面 122
部材力 125
腐 食 6, 30, 73
不静定 176
不静定構造 21, 23, 130, 152, 172
不静定構造物 20, 25, 180
不静定力 49, 102
武装橋 134
付着強度 48
船 橋 11
負の減衰 169
フラッター 169, 170
フラット・スラブ橋 71
プラット・トラス 114
フランジ 75, 83, 105, 116
浮 力 32
フル・プレストレシング 73
プレキャスト 191
プレキャスト・コンクリート版 191
プレストレス 32, 99, 100, 102
プレストレスト・ケーブル 72
プレストレスト・コンクリート 7, 73, 173, 180
プレストレスト・コンクリート橋 12, 65, 72
プレストレスト・コンクリート版 191
プレテンション法 73
プレート・ガーダー 5, 10, 65, 75, 76, 81, 85, 87, 97, 100, 105, 116, 151, 156, 169, 179, 184
プレビーム 100
プレファブリケイテッド・ストランド 155, 163
分配横桁 70
平 板 170
平面構造 149
平面保持 49, 78
ベース・プレート 166

ペチット・トラス　115
変　位　23, 144, 145
変　形　1, 20, 41, 67
変形特性　48
偏　載　85, 144
ペンシルバニア・トラス　114, 115
ポアソン比　48
防護柵　10
放射形　179
防　食　29, 30
防　錆　30
方杖桁　11
放物線　129, 139, 156, 157
放物線アーチ　130
補　強　136
補剛アーチ　132
補剛桁　6, 8, 13, 79, 132, 133, 141, 144, 146, 147, 149, 151, 156–158, 160, 162, 168
母　材　90
ボーストリング・トラス　115
舗　装　93
細長比　143, 145, 147
ボックス・ガーダー　5, 8, 10, 65, 77–79, 152, 156, 168, 169, 173, 179
歩　道　35
歩道橋　13, 136
ポニー・トラス　118, 149
骨組構造　21
ボルト軸力　90
ボルト締め　124
ポルトランド・セメント　7
ボルマン・トラス　5, 114, 115
ポンツーン橋　11

■ま　行

曲げ応力　76, 79
曲げ強度　48, 50
曲げ剛性　7, 66, 69, 132, 141, 144–148, 157, 158, 188
曲げモーメント　49, 71, 72, 75, 79, 81, 83, 116, 119, 129, 130, 132, 140, 142, 146, 147
摩擦接合　90
摩擦力　90
丸木橋　65
マンガン　46
見かけ上の剛度　151, 154, 162, 178
見かけ上の伸び剛度　176
見かけ上の曲げ剛性　157
面外荷重　187
面外座屈　144
面外振動　145, 161
面内荷重　187
面内座屈　143, 144, 148
面内振動　144, 160
木　橋　2, 12, 49
木　材　35, 44, 49, 50
木造アーチ　4
木　目　50
モーダル・アナリシス　42
モード　170
モノヒンジ・アーチ　131
門形ラーメン　184

■や　行

焼入れ　46
焼戻し　46
屋根トラス　115
山形鋼　117
ヤング係数　48, 49
ヤング率　99, 100
有限変位　144, 145, 148, 149, 178
有限変位理論　6, 155
有効座屈長　85, 126, 144, 149, 168
有効断面積　90
有効長　88
遊動円木振動　161
床　組　10, 35, 76, 118, 120, 132, 146, 147, 149, 168, 187, 189
床組高　120
床構造　9, 10, 187
雪荷重　32
揚圧力　32
溶鉱炉　44
養　生　48
溶　接　46, 123, 136
溶接構造用圧延鋼材　45
溶接接合　86
溶着金属　87
横　桁　69, 76, 77, 85, 118, 147, 187, 189
横　構　26, 76, 85, 117, 124, 126, 136, 148, 149
横倒れ座屈　77
横はり　118
横分配作用　76
横リブ　189
横　力　118

■ら　行

ライズ　130, 139
ライズ・スパン比　139, 143, 145
ラチス・トラス　114
ラーメン橋　10, 184
ラーメン形式　153
ラーメン構造　21, 74, 117, 118
ランガー桁　65, 119, 131, 132, 136, 141, 144, 146, 147, 152
力学的性質　50
陸　橋　13
立体構造　10, 148, 160
立体的強度　149
流線形断面　8, 39, 156, 168, 171, 180
連　結　124
連結板　90
レンズ橋　132
連続桁　10, 19, 67, 68, 74, 77, 79, 81, 99, 102
連続トラス　120
レンチキュラー・トラス　115
錬　鉄　5, 112, 114
連力図　128
連力線　129
連力線図　145
ローゼ桁　131, 132, 136, 141, 144, 147
ロックド・コイル　163
ロープ　169

■わ　行

ワーレン・トラス　112, 115, 120, 152

■ 橋 名 ■

アイアンブリッジ　5, 29, 136
アイル橋　173
アヴィニョン橋　4
明石海峡大橋　8, 154, 163, 165
アラミリョ橋　173
アレキサンダー三世橋　136
生口橋　13, 180
イーズ橋　5
因島大橋　162
ヴェッキオ橋　4, 134
ヴェラザノ・ナローズ橋　152
ウォータールー橋　135
うさぎ橋　158
牛深ハイヤ大橋　69
永代橋　139
エラスムス橋　173
大鳴門橋　154
大三島橋　131, 133, 137, 141
かずら橋　154
桂川橋梁　120
カペル橋　12
ガール水道橋　3
カールス橋　4, 135
カルーセル橋　7
清洲橋　155
錦帯橋　4, 138
クラッパー橋　65
来島大橋　154
グレート・ベルト・イースト橋　152
ケベック橋　5, 69, 113
ゴールデン・ゲート橋　6, 153, 156
ゴールデン・ホーン橋　77
コンコルド橋　135
西海橋　130, 139
サヴァ橋　77
桜宮橋　131
猿　橋　3
サン・ミシェール橋　7
サンタ・トリニタ橋　135
サンタンジェロ橋　134
サンフランシスコ・オークランド・ベイ橋　6
ザンベジ橋　6
シドニー・ハーバー橋　6, 137
下津井瀬戸大橋　154, 163
ジャック・カルティエ橋　100
ジョージ・ワシントン橋　6, 153
白金橋　154, 175
新町橋　138
セヴァーン吊橋　8
夕照橋　68, 193
タコマ橋　7, 156
ターシン橋　136
多々羅大橋　173
趙州橋　4
テオドール・ホイス橋　173
デュースブルク・ラインハウゼン橋　132
デュッセルドルフ・ノイス橋　78
デュッセルドルフ・ノルド橋　8
天門橋　120
豊平橋　138
豊海橋　185
トラヤン橋　111
ドンルイス一世橋　136
南北備讃瀬戸大橋　154
ニュイ橋　137
ニュー・リバー・ゴージ橋　130
ノートルダム橋　135
ノルド・エルベ橋　132
ハーヴル橋　136
ハッセルト橋　136
バレントレ橋　134
晩翠橋　133
ハンバー橋　8
ファティ・スルタン・メーメト橋　166
フェーマルン海峡橋　137
フェリペ二世橋　137
フォース鉄道橋　5, 113
武漢長江大橋　120
ブルックリン橋　6, 29, 155, 173
ブロトンヌ橋　173
ブロンクス・ホワイトストーン橋　153
ベイヨン橋　6, 136
ヘル・ゲート鉄道橋　6
ヘル・ゲート橋　136
ポンヌフ　135
ボン・ノルド橋　173
万県大橋　137
マンハッタン橋　6, 156
神子畑橋　138
三坂大橋　133
港大橋　113
ミラボー橋　136, 192
メナイ海峡橋　155
メナイ吊橋　6
八ッ山橋　138
ライヒス橋　73
リアルト橋　4
リリ・ベルト橋　161
ルアーブルの歩道橋　174
ルチアーナ橋　137
ルードヴィヒスハーフェン橋　173
霊台橋　138
ロイヤル・アルバート橋　172
盧浦大橋　137
ロンドン橋　4, 134

著 者 略 歴

倉西　茂（くらにし・しげる），工学博士

1930 年　（昭和 5 年）6 月 7 日生まれ
1959 年　東京大学大学院数物系研究科博士課程土木工学専攻修了
1959 年　東北大学工学部土木工学科講師
1961 年　東北大学工学部土木工学科助教授
1961 年　土木学会奨励賞受賞
1972 年　東北大学工学部土木工学科教授
1978 年　土木学会田中賞受賞
1989 年　土木学会鋼構造委員会委員長
1994 年　関東学院大学教授
1994 年　東北大学名誉教授
2001 年　関東学院大学退職
2022 年　逝去

中村　俊一（なかむら・しゅんいち），Ph.D.

1950 年　（昭和 25 年）10 月 5 日生まれ
1976 年　京都大学大学院修士課程交通土木工学専攻修了
1976 年　新日本製鐵(株)入社
1986 年　Imperial College of Science and Technology, University of London，博士課程修了
1997 年　東海大学工学部土木工学科教授
2000 年　土木学会田中賞（論文部門）受賞
2002 年　土木学会論文賞受賞
2002 年　University of Surrey（英国），客員教授
2005 年　Institution of Structural Engineers（英国），Henry Adams Award 受賞
2005 年　国際橋梁構造学会（IABSE），Outstanding paper Award 受賞
2017 年　国際橋梁構造学会（IABSE）副会長
2018 年　東海大学工学部土木工学科非常勤講師
2021 年　東海大学名誉教授

編集担当　宮地亮介・大野裕司（森北出版）
編集責任　富井　晃（森北出版）
組　　版　ウルス
印　　刷　丸井工文社
製　　本　　同

最新 橋構造（第3版）

1990年10月 4日　第1版第1刷発行
2000年 4月15日　第1版第6刷発行
2004年 3月20日　第2版第1刷発行
2018年 2月 9日　第2版第4刷発行
2018年11月30日　第3版第1刷発行
2022年 8月19日　第3版第3刷発行

著　　者　倉西　茂・中村俊一
発 行 者　森北博巳
発 行 所　**森北出版株式会社**
東京都千代田区富士見 1-4-11（〒102-0071）
電話 03-3265-8341／FAX 03-3264-8709
https://www.morikita.co.jp/
日本書籍出版協会・自然科学書協会　会員
JCOPY ＜（一社）出版者著作権管理機構 委託出版物＞

落丁・乱丁本はお取替えいたします.

Printed in Japan／ISBN978-4-627-43023-5

MEMO

MEMO

MEMO

MEMO

MEMO